万用表使用从入门到精通

孙立群　王　飚◎编著

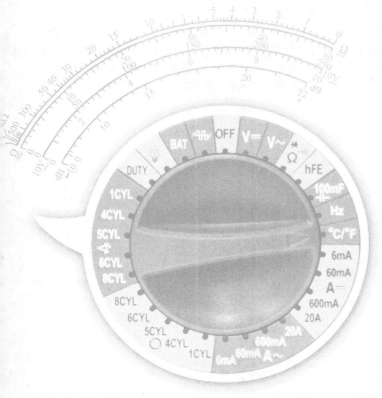

人民邮电出版社

北京

图书在版编目（CIP）数据

万用表使用从入门到精通 / 孙立群，王飚编著. --
4版. -- 北京 : 人民邮电出版社，2018.6（2023.1重印）
ISBN 978-7-115-47892-4

Ⅰ. ①万… Ⅱ. ①孙… ②王… Ⅲ. ①复用电表—使
用方法 Ⅳ. ①TM938.107

中国版本图书馆CIP数据核字（2018）第032795号

内 容 提 要

本书专门介绍如何使用万用表。全书内容分为"入门篇""提高篇"和"精通篇"三部分，循序渐进地介绍了万用表使用的基础知识和方法，重点介绍了指针型万用表和数字型万用表在检测常见电子元器件、特殊电子元器件、显示器件、集成电路、小家电、电冰箱、洗衣机、彩色电视机中的实际应用。

本书通俗易懂，图文并茂，可供广大家电维修人员和电子技术爱好者阅读。

◆ 编　著　孙立群　王　飚
　　责任编辑　黄汉兵
　　责任印制　彭志环
◆ 人民邮电出版社出版发行　　北京市丰台区成寿寺路 11 号
　　邮编　100164　　电子邮件　315@ptpress.com.cn
　　网址　http://www.ptpress.com.cn
　　固安县铭成印刷有限公司印刷
◆ 开本：787×1092　1/16
　　印张：20　　　　　　　　　　2018 年 6 月第 4 版
　　字数：499 千字　　　　　　　2023 年 1 月河北第 8 次印刷

定价：59.00 元

读者服务热线：**(010)81055493**　印装质量热线：**(010)81055316**
反盗版热线：**(010)81055315**

前　言

　　万用表具有用途多、量程广、使用方便等优点，是电子电工测量中最常用的工具，掌握万用表的使用方法是学习电子技术的一项基本内容。正确、熟练地使用万用表，可以帮助电子工作者顺利完成测量、检测工作，还可以避免使用不当造成万用表的损坏。而小小万用表，其实也有很多的使用技巧。掌握这些技巧，可以极大地提高工作效率，甚至起到事半功倍的效果。为了帮助广大从事电工电子方面工作的人员掌握万用表的使用方法与技巧，我们编写了该书。

　　本书旨在介绍万用表的使用方法和技巧，指导维修人员和电子技术爱好者快速入门、逐步提高，最终成为万用表使用的行家里手。本书第 1 版于 2009 年 11 月出版，第 2 版于 2012 年 6 月出版，第 3 版于 2014 年 11 月出版。几年的时间里，本书好评如潮并重印多次。有很多热心读者打来电话，对本书给予了很高的评价，同时也指出了一些不足。综合读者意见，我们对第 3 版进行修订，以提高本书的品质和适应性，来答谢读者。

　　本书按照循序渐进的原则分为"入门篇"、"提高篇"和"精通篇"。

　　"入门篇"首先介绍万用表的种类、特点、基本功能和使用方法，然后重点介绍了如何使用万用表检测常用元器件的检测方法。为今后的维修工作打下坚实基础。

　　"提高篇"重点介绍了特殊元器件及 LED 数码显示器件、显像管、集成电路等特殊元器件的检测方法，进一步提高万用表的使用技能。

　　"精通篇"详细介绍了使用万用表检修小家电、彩色电视机等电器的方法和技巧。掌握本篇内容，读者可在实践中提高灵活使用万用表的能力，快速成为万用表使用高手。

　　本书采用了大量的现场实物照片，清晰、直观、易学，并将万用表使用方法与实际应用紧密结合，力求做到好学实用。

　　参加本书编写的还有韩立明、孙立刚、赵月茹、孙立新、陈志敏、孙昊、李瑞梅、陈立新、孙立杰、赵晓东、傅靖博、刘众等，在此表示衷心的感谢！

作　者

2018 年 1 月

目 录

入门篇

提高篇

精通篇

入门篇

第一章　万用表使用的基础知识

万用表是万用电表的简称，万用表因具有多项测量功能、操作简单且携带方便，成为最常用、最基本的电工电子测量仪表之一。对于广大电工以及家电维修、通信设备维修等从业人员，尤其是电工、电子技术初学者和无线电爱好者来说，掌握万用表的使用方法和技巧是快速判断元器件好坏、检测电气设备线路（或电路）是否正常的基础。因此，学会本章内容，读者不仅可以了解如何选购万用表，而且能够掌握万用表的基本原理、使用方法和注意事项。

第一节　万用表的分类和构成

一、万用表的分类

1. 按表头的构成分类

万用表按表头的构成可分为机械型（指针型）万用表和数字显示型（简称数字型）万用表两类。目前，常见的指针型万用表有 MF47、MF500 等，常见的数字型万用表有 DT890、DT9205 等。常见的指针型万用表和数字型万用表如图 1-1 所示。

（a）指针型万用表　　　　　　　　　　　　　（b）数字型万用表

图 1-1　常见万用表的实物外形

2. 按功能操作旋钮分类

万用表按功能操作旋钮可分为单旋钮型万用表和双旋钮型万用表两类。常见的单旋钮型万用表有 MF47、DT9205 等，而常见的双旋钮型为 MF500。

3．按测量功能分类

万用表按测量功能可分为普通型万用表和多功能型万用表两类。普通型万用表只能测量电阻、电压、电流，所以也叫三用表，并且测量的电流容量较小，如常见的 MF500 就属于此类万用表。而早期的多功能型万用表仅增加了三极管放大倍数测量功能、大电流测量功能，如 MF30 和部分 MF47 型万用表；后期生产的多功能型万用表还增加了短路（通路）/断路测量功能、电容测量功能，甚至有的万用表还增加了欠电压（电池电量不足）提示、自动延迟关机、音频电平、温度、电感量、频率测量和遥控器信号检测等功能，并且多功能型万用表的保护功能也越来越完善。

二、万用表的构成

1．指针型万用表的构成

指针型万用表由磁电式表头、功能旋钮、调零旋钮、插孔、表笔、外壳等构成。

（1）表头

表头由磁铁、线圈、游丝、表针（指针）构成。当线圈通过电流时，它就会产生磁场，驱动表针从左侧向右侧偏转。电流越大，偏转角度也越大。因为线圈采用线径较细的漆包线绕制，所以需要通过电阻降压、限流为它供电，这样才能获得较大的量程范围和较多的测量项目。

（2）表盘

表盘上有大量的图形、符号，并且还有多条刻度线。图 1-2 是 MF500 型万用表的表盘示意图。

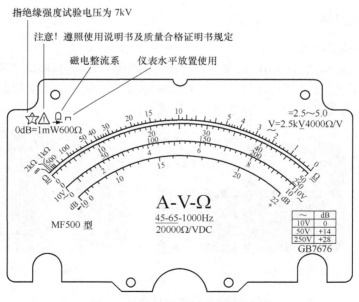

图 1-2　MF500 型万用表的表盘示意图

第 1 条刻度线是电阻挡的读数，它的右端为"0"，左端为"无穷大（∞）"，所以读数要从右向左读，也就是说表针越靠近右端，数值越小。

第 2 条刻度线是交流、直流电压及直流电流的读数，它的左端为"0"，右端为最大值，所以读数要从左向右读，也就是说表针越靠近右端，数值越大。如果量程开关的位置不同，即使表针在同一位置，数值也是不同的。

第 3 条刻度线是为了提高 0~10V 交流电压的读数精度而设置的，它的左端为"0"，右端为"10V"，所以读数要从左向右读，也就是说表针越靠近右端，数值越大。

第 4 条刻度线是分贝的读数，它的左端为"−10dB"，右端为"+22dB"，所以读数要从左向右读，也就是说表针越靠近右端，数值越大。

2. 数字型万用表的构成

数字型万用表主要由两大部分构成：第一部分是输入与变换部分，其主要作用是通过电流/电压转换器（I/U 转换器）、交流/直流转换器（AC/DC 转换器）、电阻/电压转换器（R/U 转换器）将各被测量转换成直流电压量，再通过量程选择，经放大或衰减电路送入模/数转换器（A/D 转换器）进行转换处理；第二部分是 A/D 转换电路、译码电路与显示部分，其构成和作用与直流数字电压表的电路相同。因此，数字型万用表是以直流数字电压表作基本表，配接与之成线性关系的直流电压、交流电压、电流、电阻变换器，即能将各自对应的电参量准确地用数字显示出来。数字型万用表的基本组成如图 1-3 所示。

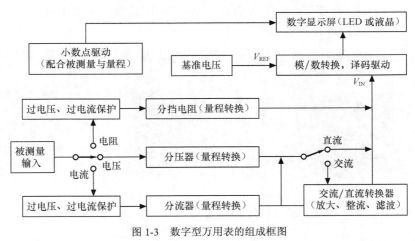

图 1-3　数字型万用表的组成框图

第二节　万用表的使用方法

一、指针型万用表的使用方法

1. 检查表头、表针

使用指针型万用表之前，首先要晃动万用表察看表针能否灵活摆动。若不能灵活摆动，说明表针或游丝异常，需要校正或更换。晃动万用表后，察看表针能否回到左侧的"0"位置。若不能，则需要用"一"字螺钉旋具调节面板上的调零钮，使指针回到"0"位置上，如图 1-4 所示。

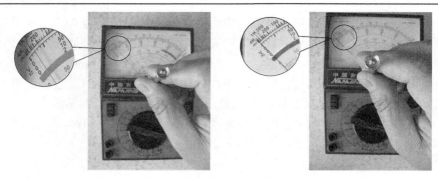

图 1-4　指针型万用表表针复位的调整

 提 示　调零钮位于表头与功能调节钮之间。调整调零钮时只能调整半圈，否则容易损坏调零钮下面的调整螺钉。

2. 安装表笔

测量前，先将负表笔（黑表笔）插入"–"或"*"插孔内，将正表笔（红表笔）插入"+"插孔内，如图 1-5（a）所示。若需要测量大电流或高电压，则需要将正表笔插入"5A"或"2 500V"的插孔内，如图 1-5（b）、（c）所示。

（a）　　　（b）　　　（c）

图 1-5　指针型万用表安装表笔示意图

3. 电阻挡的使用

使用电阻挡测量前，先对接表笔，看表针能否指在"0"的位置。若不能，则用手旋转面板上的"Ω"旋钮，使表针指在"0"的位置，如图 1-6 所示。若变换电阻挡位，则需要再次进行调零。

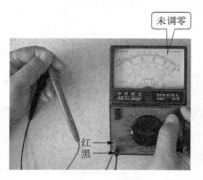　　　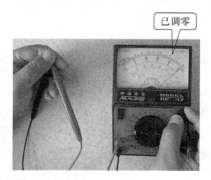

图 1-6　指针型万用表表针调"0"示意图

若采用 "R×1" 挡测量 6.8Ω电阻时，表针指示到 "6.8" 的位置，如图 1-7（a）所示，则
说明该电阻的阻值为 6.8×1=6.8(Ω)；若用 "R×100" 挡测量 790Ω电阻时，表针指示到 "7.9"
的位置，如图 1-7（b）所示，则说明该电阻的阻值为 7.9×100=790(Ω)；若用 "R×1k" 挡测量
5.6kΩ电阻时，表针指示到 "5.6" 的位置，如图 1-7（c）所示，则说明该电阻的阻值为
5.6×1 000=5 600(Ω)，即 5.6kΩ。

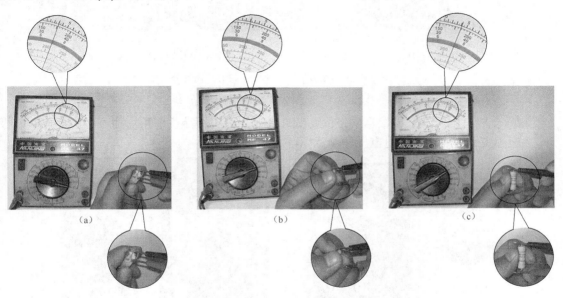

图 1-7　指针型万用表的电阻挡使用示意图

4. 直流电压挡的使用

测量直流电压时，要先根据电压的高低选择好直流电压挡位。若被测电压为 10V 以内，
则选择 "10V" 直流电压挡；若被测电压的范围为 10～50V，则选择 "50V" 直流电压挡；以
此类推。选择正确的挡位不仅可以准确测出电压值，而且不会出现因为选择的挡位小，使表
针出现因过冲而被 "打弯" 等异常现象。比如，测量 1.5V 电池时，首先选择直流 "2.5V" 电
压挡，再将红表笔接电池的正极，黑表笔接电池的负极，此时表针停留在 250 刻度盘的 152
的位置，所测数值为 152/100 等于 1.52，说明该电池的电压为 1.52V，如图 1-8 所示。

（a）电压挡位的选择　　　　　　　　　（b）1.5V 电池电压的测量

图 1-8　指针型万用表的直流电压挡使用示意图

5. 交流电压挡的使用

测量交流电压时，只要根据电压的高低选择好交流电压挡位即可，而不必考虑表笔的极性。图 1-9 是测量 220V 市电电压的示意图。

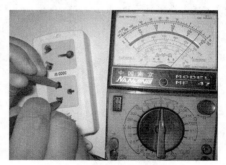

（a）电压挡位的选择　　　　　　　　　（b）220V 市电电压的测量

图 1-9　指针型万用表的交流电压挡使用示意图

6. 直流电流挡的使用

测量直流电流时，首先应将量程开关拨至直流电流的合适挡位。被测电流小于 500mA 时，红表笔插入"+"插孔内，被测电流大于 500mA 时插入"5A"插孔内；黑表笔插入"COM"插孔内。测量电流时，需要将万用表串联在被测电路中，表针偏转，通过观察停留的位置就可以得到所测的电流值。比如，怀疑 9V 电池电量不足，需要测量它的电流时，首先选择"500mA"的直流电流挡位，然后将一只 18Ω电阻与 9V 电池的负极连接，再将红表笔接电池的正极，黑表笔接电阻，组成一个串联电路。此时表针停留在 250 刻度的 85 的位置，再将 85×2 等于 170，说明该回路的直流电流为 170mA，如图 1-10 所示。

7. 三极管放大倍数挡的使用

下面以 MF47 型万用表为例介绍指针型万用表的三极管放大倍数挡的使用方法。

第 1 步，表笔插入普通插孔内，如图 1-11（a）所示。

第 2 步，将量程开关置于"ADJ"挡，短接表笔的探针，如图 1-11（b）所示。

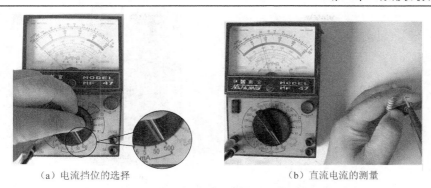

（a）电流挡位的选择　　　　　　　　（b）直流电流的测量

图 1-10　指针型万用表的直流电流挡使用示意图

第 3 步，调节"Ω"旋钮，使表针指示在"300h$_{FE}$"的刻度线上，如图 1-11（c）所示；断开表笔，并将量程开关置于"h$_{FE}$"的位置即可，再将 NPN 型或 PNP 型三极管 b、c、e 引脚对应插入面板上的"b"、"c"、"e"插孔内，表针就会偏转并停留在某一刻度，表针偏转的角度越大，说明被测三极管的放大倍数就越大。

比如，将三极管 9014 的引脚插入 NPN 型放大倍数测量孔内，表针指示的刻度就是该管的放大倍数，如图 1-11（d）所示。

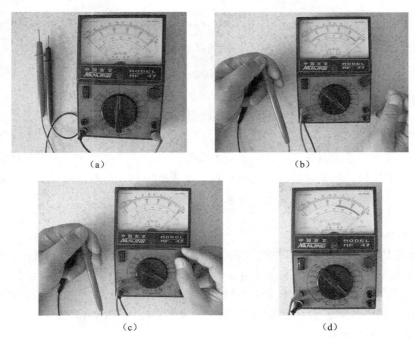

（a）　　　　　　　　　　（b）

（c）　　　　　　　　　　（d）

图 1-11　指针型万用表的三极管放大倍数挡使用示意图

二、数字型万用表的使用方法

1. 开/关机操作

在关机状态下，按电源开关，使其处于"ON"位置，显示屏显示数字"1"，即说明已开机；开机状态下，再按电源开关使其处于"OFF"位置，显示屏熄灭，即说明已关机，如图 1-12 所示。

（a）开机　　　　　　　　　（b）关机

图 1-12　数字型万用表的开/关机示意图

2. 直流电压挡的使用

　　测量直流电压时，根据需要将量程开关拨至 DCV（直流）的合适挡位，红表笔插入"V/Ω"插孔内，黑表笔插入"COM"插孔内，并将表笔与被测线路并联，显示屏就会显示读数。比如，测量 9V 电池的电压时，先将万用表置于"20V"直流电压挡，再将表笔接在 9V 电池的正、负极上，此时显示屏显示的数值为"9.15"，说明该电池的电压为 9.15V，如图 1-13 所示。

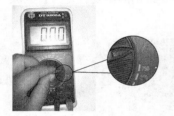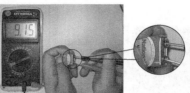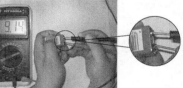

（a）电压挡位的选择　　　　　　　　　　　（b）9V 电池电压的测量

图 1-13　数字型万用表的直流电压挡使用示意图

 提示　测量时若显示屏显示的数字前面有负号，说明表笔接反了，也就是说黑表笔接了电池的正极，红表笔接了电池的负极。由于数字型万用表采用了数字电路，所以可自动识别电压的极性，这也是数字型万用表的优点之一。

3. 交流电压挡的使用

　　测量交流电压时，根据需要将量程开关拨至 ACV（交流）的合适挡位，红表笔插入"V/Ω"插孔内，黑表笔插入"COM"插孔内并将表笔与被测线路并联，显示屏就会显示读数。比如，测量市电电压时，先将万用表置于交流"750V"电压挡，再将两个表笔插入市电插座中，显示屏显示的数字为"228"，说明所测的市电电压为 228V，如图 1-14 所示。

4. 交流电流挡的使用

　　测量交流电流时，将量程开关拨至 ACA（交流）的合适挡位，被测电流小于 200mA 时红表笔插入"A"插孔内，被测电流大于 200mA 时插入"20A"插孔内，黑表笔插入"COM"插孔内，如图 1-15（a）、（b）所示。

　　如图 1-15（c）所示，测量开关电源板的交流电流时，先取下市电输入回路的熔断器（保险管），将万用表置于交流"200mA"挡，再将表笔接在熔断器管座的两端，为开关电源板通电后，显示屏上就可以显示电流值。由于该电路板未通电，所以显示屏显示的数字为"0"。

（a）电压挡位的选择　　　　　　　　　（b）220V市电电压的测量

图 1-14　数字型万用表的交流电压挡使用示意图

（a）200mA电流挡　　　　　（b）20A电流挡　　　　　（c）交流电流的测量

图 1-15　数字型万用表的交流电流挡使用示意图

5. 直流电流挡的使用

测量直流电流时，将量程开关拨至 DCA（直流）的合适挡位，被测电流小于 200mA 时红表笔插入"A"插孔内，被测电流大于 200mA 时插入"20A"插孔内，黑表笔插入"COM"插孔内，如图 1-16（a）、（b）所示。测量时，先选择好挡位，再将万用表串联在被测电路中，显示屏就会显示相应的读数。比如，测量 9V 电池与 18Ω电阻构成的回路电流时，先选择"200mA"的直流电流挡位，然后将 18Ω电阻与 9V 电池的负极连接，再将红表笔接电池的正极，黑表笔接电阻，组成一个串联电路。显示屏显示的数值为 135，说明该回路的直流电流为 135mA，如图 1-16（c）所示。

6. 电阻挡的使用

测量电阻时，将量程开关拨至Ω的合适挡位，红表笔插入"V/Ω"插孔内，黑表笔插入"COM"插孔内，如图 1-17（a）所示。如果被测电阻值超出所选择量程的最大值，显示屏仅在最高位显示 1，其他位无显示。这种情况被称为溢出值，应选择更高的量程。比如，用"2k"电阻挡测量 5.6kΩ电阻时，显示屏显示"1"，说明该挡位量程低；再将旋钮旋置"20k"电阻挡时，显示屏才能显示"5.55"，如图 1-17（b）、（c）所示。

7. 二极管挡/通断测量挡的使用

测量二极管时，将量程开关拨至"二极管"挡，红表笔插入"V/Ω"插孔内，黑表笔插入"COM"插孔内，如图 1-18（a）所示。红表笔接二极管的正极，黑表笔接二极管的负极，如图 1-18（b）所示。

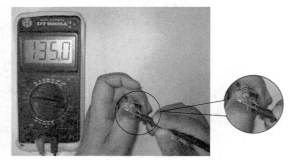

（a）200mA电流挡　　　（b）20A 电流挡　　　（c）直流电流的测量

图 1-16　数字型万用表的直流电流挡使用示意图

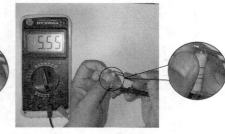

（a）挡位的选择　　　（b）用 2kΩ挡测量　　　（c）用 20kΩ挡测量

图 1-17　数字型万用表的电阻挡使用示意图

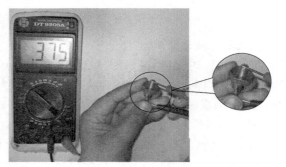

（a）挡位的选择　　　（b）二极管的测量

（c）击穿管子的测量　　　（d）铜箔的检测

图 1-18　数字型万用表的二极管挡使用示意图

提示　数字万用表的二极管挡实际为 PN 结导通压降测量挡，所以图 1-18（b）所测的数值不是二极管的阻值，而是二极管的导通压降。另外，该万用表还具有通断测量挡（俗称蜂鸣挡），检测的物体阻值较小时，不仅蜂鸣器鸣叫，而且指示灯也会发光。这样，在检测二极管时，若二极管击穿，通过鸣叫就可以得知，并且在检测电路板铜箔、导线等的通断时也比较直观。若被测的元器件击穿或电路板上的铜箔连通正常，则显示屏显示的数值为"0"或近于"0"，并且蜂鸣器鸣叫、指示灯闪烁；若铜箔或导线断路，蜂鸣器不会鸣叫，并且指示灯也不发光，如图 1-18（c）、（d）所示。

8. 三极管放大倍数挡（h_{FE} 挡）的使用

数字型万用表都具有三极管放大倍数测量功能，测量方法和指针型万用表相同，不同的是它是通过显示屏显示数值。数值越大，说明被测三极管的放大倍数就越大。

如图 1-19 所示，将 1 只 PNP 型三极管的 b、c、e 3 个极插入对应的插孔后，显示屏显示的数值为"111"，说明该三极管的放大倍数为 111。

图 1-19　数字型万用表的放大倍数挡使用示意图

第三节　万用表的使用注意事项

一、指针型万用表的使用注意事项

指针型万用表的使用注意事项如下。

（1）应在无强磁场的条件下使用指针型万用表，否则会导致其测量误差过大。

（2）在使用万用表的过程中，不能用手去接触表笔的金属部分。这样一方面可以保证测量的准确性，另一方面也可以保证人身安全。

（3）测量电流与电压时不能旋错挡位，否则容易损坏万用表。另外，也不能在测量的同时切换挡位，尤其是在测量高电压或大电流时，更应注意。否则，容易产生电弧，烧毁开关触点。如果需要切换挡位，应先拿开表笔，换好挡位后再测量。

（4）当不清楚被测电压或电流值的大小时，应先用最高挡，然后再根据测量的结果选择合适的挡位，以免表针偏转过大将表针打弯或损坏表头。不过，所选用的挡位越接近被测值，测量的数值就越准确。

（5）测量直流电压和直流电流时，注意正、负极，不要接错。发现表针反转，应立即调换表笔，以免损坏表针、表头等。

（6）使用完毕，应将转换开关置于交流电压的最高挡位。如果长期不使用，还应将电池取出来，以免电池腐蚀表内其他元器件。

二、数字型万用表的使用注意事项

数字型万用表的使用注意事项如下。

（1）如果无法预先估计被测电压或电流的大小，则应先拨至最高量程挡测量一次，再根据实际情况逐渐把量程减小到合适位置。测量完毕，应将量程开关拨到最高电压挡，并关闭电源开关。

（2）满量程时，仪表显示溢出值"1"，这时应选择更高的量程。

（3）测量电压时，应将数字型万用表与被测电路并联；测量电流时，应将数字型万用表与被测电路串联。测交流量时，不必考虑正、负极性。

（4）当误用交流电压挡去测量直流电压或者误用直流电压挡去测量交流电压时，显示屏将显示"000"或低位上的数字出现跳动。

（5）测量时，不能将显示屏对着阳光直晒，否则不仅会导致显示的数值不清晰，而且还会影响显示屏的使用寿命，且万用表不要在高温的环境中存放。

（6）禁止在测量高电压（220V 以上）或大电流（0.5A 以上）时切换量程，以防止产生电弧，烧毁开关触点。

（7）测量电容时，注意要将电容插入专用的电容测试座中，不要插入表笔插孔内；每次切换量程时都需要一定的复零时间，待复零结束后再插入待测的电容；测量大电容时，显示屏显示稳定的数值需要一定的时间。

（8）显示屏显示电池符号、"BATT"或"LOW BAT"时，说明电池电压过低，需要更换电池。

（9）使用完毕后，对于没有自动关机功能的万用表应将电源开关拨至"OFF"（关闭）状态。

第二章　使用万用表检测常用电子元器件

　　电子产品是由大量的电子元器件构成的，要想成为一名合格的电子产品维修人员，必须先了解这些元器件的作用、工作原理和检测方法，否则是无法胜任维修工作的。为此，本章针对常用电子元器件进行详尽分类、简单分析，并详细介绍了使用万用表对常用电子元器件进行检测的方法与技巧，这些无论是对于初学者，还是对于电子产品维修人员都是极为重要的。

　　常用的电子元器件有电阻、电容、二极管、三极管、熔丝管（俗称保险管）、晶闸管、电感、变压器、场效应管、开关、继电器等。

第一节　使用万用表检测电阻

一、电阻的作用

　　电阻（电阻器的简称）的作用就是阻止电流，也可说它是一个耗能元件，电流经过它就产生热能。电阻在电路中通常起分压限流、温度检测、过电流保护、过电压保护等作用。它与电压、电流的关系是：$R = U/I$。式中，R 是电阻，U 是电压，I 是电流。

二、电阻的型号命名方法

　　根据《电阻器、电容器型号命名方法》的规定，电阻器产品的型号由 4 个部分组成，各部分的含义如下。

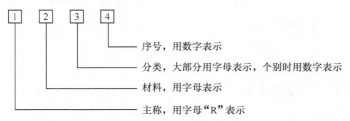

三、电阻的单位

　　电阻的单位用欧姆（Ω）表示。为了对不同阻值的电阻进行标注，还可以使用千欧（kΩ）、兆欧（MΩ）等单位。其换算关系为：$1MΩ = 1\ 000kΩ$，$1kΩ = 1\ 000Ω$。

四、电阻的分类及特点

　　电阻根据阻值能否变化而分为固定电阻、可变电阻和排电阻 3 大类。

1. 固定电阻

顾名思义，固定电阻的阻值是不可变的。根据作用不同固定电阻又分为普通固定电阻和保险电阻两类。

（1）普通固定电阻

普通固定电阻根据材料的不同可分为碳膜电阻、金属膜电阻、合成膜电阻、线绕电阻等，其中常用的是碳膜电阻和金属膜电阻。普通固定电阻在电路中通常用字母"R"表示，其电路符号如图2-1所示，实物外形如图2-2所示。

图2-1 普通固定电阻的电路符号

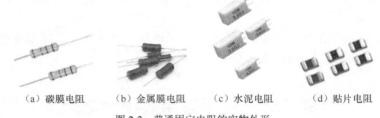

（a）碳膜电阻　　（b）金属膜电阻　　（c）水泥电阻　　（d）贴片电阻

图2-2 普通固定电阻的实物外形

（2）保险电阻

保险电阻既有过电流保护的作用，又有限流的作用。保险电阻通常安装在供电回路中，实现限流供电和过电流保护的双重功能。当流过它的电流达到保护阈值时，它的阻值迅速增大到标称值的数十倍，甚至会熔断开路，避免了故障扩大，实现过电流保护功能。因此，此类电阻损坏后，除了应检查是否因过电流熔断，还必须采用同规格的电阻更换。常见的保险电阻实物外形和电路符号如图2-3所示。

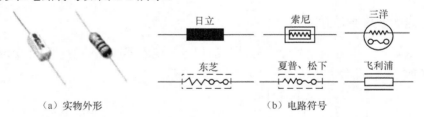

（a）实物外形　　　　　　　　（b）电路符号

图2-3 常见的保险电阻

2. 可变电阻

可变电阻就是阻值可变的电阻。它分为可调电阻、光敏电阻、压敏电阻、热敏电阻等。

（1）可调电阻

可调电阻就是旋转它的滑动端时阻值也随之变化的电阻。可调电阻在电路中通常用"R"、"RP"等表示，常见的可调电阻实物外形和电路符号如图 2-4 所示。可调电阻多采用直标法和数字标注法进行阻值标注。

（a）实物外形　　　　　　　　（b）电路符号

图2-4 常见的可调电阻

（2）压敏电阻

压敏电阻 VSR 是一种非线性元件，当它两端的压降超过标称值后阻值会急剧变小。电子产品采用此类电阻用于市电过电压保护。常见的压敏电阻实物外形和电路符号如图 2-5 所示。

（a）实物外形　　　　　（b）电路符号

图 2-5　压敏电阻

（3）热敏电阻

热敏电阻就是在不同温度下阻值会变化的电阻。热敏电阻有正温度系数热敏电阻和负温度系数热敏电阻两种。正温度系数热敏电阻的阻值随温度升高而增大，负温度系数热敏电阻的阻值随温度升高而减小。正温度系数热敏电阻主要应用在 CRT 彩电/彩显的消磁电路或电冰箱压缩机的启动回路中。负温度系数热敏电阻主要应用在供电限流回路或温度检测电路中。常见的热敏电阻实物外形如图 2-6 所示，其电路符号如图 2-7 所示。

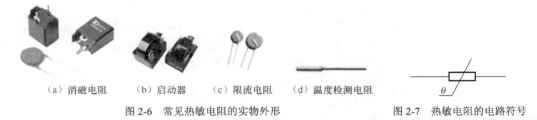

（a）消磁电阻　　（b）启动器　　（c）限流电阻　　（d）温度检测电阻

图 2-6　常见热敏电阻的实物外形　　　　　　图 2-7　热敏电阻的电路符号

（4）光敏电阻

光敏电阻是应用半导体光电效应原理制成的一种元件，当光线照射到光敏电阻的表面时，光敏电阻的阻值迅速减小。常见的光敏电阻实物外形和电路符号如图 2-8 所示。

3．排电阻

排电阻由多个阻值相同的电阻构成，它和集成电路一样，有单列和双列两种封装结构，所以也叫集成电阻。典型的单列排电阻实物外形、内部构成和电路符号如图 2-9 所示。

（a）实物外形　　　　（b）电路符号

图 2-8　光敏电阻

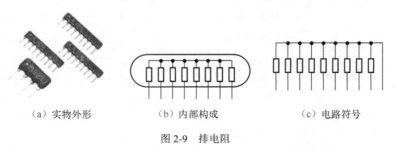

（a）实物外形　　　　（b）内部构成　　　　（c）电路符号

图 2-9　排电阻

五、阻值的标注

固定电阻通常采用直标法、数字标注法、色环标注法 3 种标注方法。

1. 直标法

直标法就是直接在电阻表面标明其阻值，如 100Ω、1kΩ、2.2MΩ等。

2. 数字标注法

数字标注法就是在电阻表面用 3 位数表示其阻值的大小，3 位数的前 2 位是有效数字，第 3 位数是 10 的指数。例如，100 表示阻值为 10Ω，101 表示阻值为 100Ω。当阻值小于 10Ω时，用 "R" 代替小数点。例如，4R7 表示阻值为 4.7Ω，R33 表示阻值为 0.33Ω。

3. 色环标注法

色环标注法简称色标法，它是利用颜色表示元件的各种参数值，并直接标注在产品表面上的一种方法。通常可调电阻、水泥电阻采用该标注方法。

在色环中，紧靠电阻体引脚根部一端的色环为第 1 道色环，以后依次排列。各种颜色表示的数值如表 2-1 所示。

表 2-1 电阻表面色环与数字的关系

颜　　色	数　　字	倍　乘　数	允许误差	颜　　色	数　　字	倍　乘　数	允许误差
银色	—	10^{-2}	±10%	黄色	4	10^4	—
金色	—	10^{-1}	±5%	绿色	5	10^5	±0.5%
黑色	0	10^0	—	蓝色	6	10^6	±0.2%
棕色	1	10^1	±1%	紫色	7	10^7	±0.1%
红色	2	10^2	±2%	灰色	8	10^8	—
橙色	3	10^3	—	白色	9	10^9	−20%～+5%

碳膜电阻多采用四色环标注阻值，第 1 道色环表示十位数，第 2 道色环表示个位数，第 3 道色环表示应乘的倍数，第 4 道色环表示允许误差。

金属膜电阻多采用五色环标注阻值，第 1 道色环表示百位数，第 2 道色环表示十位数，第 3 道色环表示个位数，第 4 道色环表示应乘的倍数，第 5 道色环表示允许误差。

图 2-10 所示为电阻色环标注示意图。

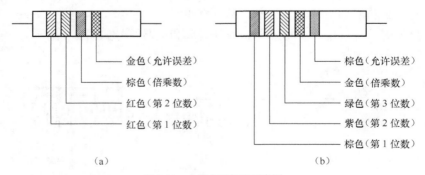

金色（允许误差）
棕色（倍乘数）
红色（第 2 位数）
红色（第 1 位数）

棕色（允许误差）
金色（倍乘数）
绿色（第 3 位数）
紫色（第 2 位数）
棕色（第 1 位数）

（a） （b）

图 2-10 电阻色环标注示意图

根据表 2-1，图 2-10（a）中电阻上色环表示它的阻值为 220Ω，允许误差为±5%；图 2-10（b）中电阻上色环表示它的阻值为 17.5Ω，允许误差为±1%。

提示 部分保险电阻仅有 1 道色环，不同颜色的色环代表不同的阻值和特性。比如，色环为黑色，说明它的阻值为 10Ω，并且在通过的电流达到 0.85A 时，1min 内它的阻值会迅速增大，并超过标称值的 50 倍；色环为红色，说明它的阻值为 2.2Ω，当通过它的电流达到 3.5A 时，2s 内阻值就会迅速超过标称值的 50 倍；色环为白色，说明它的阻值为 1Ω，并且在通过的电流达到 2.8A 时，10s 内它的阻值会迅速超过标称值的 400 倍。

六、电阻的串/并联

1. 电阻的串联

如图 2-11（a）所示，一个电阻的一端接另一个电阻的一端，称为串联。串联后电阻的阻值为这两个电阻阻值之和，即 $R_1+R_2=R$。比如，R1、R2 是 3.3kΩ 的电阻，那么 R 的阻值为 6.6kΩ。

2. 电阻的并联

如图 2-11（b）所示，两个电阻的两端并接，称为并联。并联后电阻的阻值为两个电阻的阻值相乘再除以它们的和，即 $R = R_1×R_2/(R_1 + R_2)$。比如，R1、R2 是 20kΩ 的电阻，那么 R 的阻值为 10kΩ。

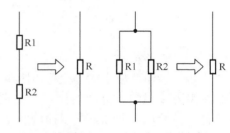

（a）电阻串联示意图　　（b）电阻并联示意图

图 2-11　电阻串/并联示意图

七、电阻的检测

1. 固定电阻

有的固定电阻开路或阻值增大后表面有裂痕或颜色变黑，所以通过直观检查就可以确认其好坏。若被怀疑的电阻外观正常，则需要用万用表对其进行检测，来判断它是否正常。用万用表检测电阻有非在路检测和在路检测两种方法。非在路检测就是将电阻从电路板上取下或悬空一个引脚后进行检测，判断它是否正常的方法；在路检测就是在电路板上直接测量所怀疑电阻的阻值，判断它是否正常的方法。

提示 固定电阻损坏后主要会出现开路、阻值增大、阻值不稳定或引脚脱焊的现象。另外，测量前要根据被测电阻的估测值（电阻自身标注值或图纸上的数据）来选择万用表合适的量程。

（1）非在路检测

如图 2-12（a）所示，将万用表的表笔接在被测电阻两端，若测量的阻值与标称值相同，说明该电阻正常；若阻值大于标称值，说明该电阻阻值增大或开路。固定电阻一般不会出现阻值变小的现象。

注意 如图 2-12（b）所示，在测量大阻值电阻，尤其是阻值达几十千欧，甚至更大的电阻时，不能用手同时接触被测电阻的两个引脚，以免人体的电阻与被测电阻并联后，导致测量的数据低于正常值。另外，若被测电阻的引脚严重氧化，测量前要用刀片、锉刀等工具将氧化层清理干净。

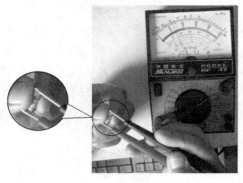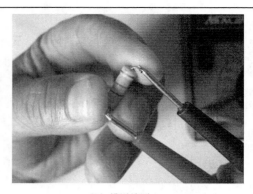

（a）正确检测　　　　　　　　　　　　（b）错误检测

图2-12　固定电阻非在路检测示意图

（2）在路检测

当怀疑电路板上的小阻值电阻阻值增大或开路时，可采用指针型万用表的"R×1"挡或数字型万用表的"200"电阻挡对其进行在路检测。由于电路中还有二极管、三极管等其他元器件与被测电阻并联，所以检测的结果有时会小于该电阻的标称值，因此该方法仅作为初步测量。

将指针型万用表置于"R×1"挡，测量彩电电路板上开关电源电路限流电阻的阻值为6.8Ω，如图2-13（a）所示。若阻值过大，说明该电阻异常。将数字型万用表置于"200"电阻挡，测量该电阻的阻值为7.4Ω，如图2-13（b）所示。若阻值过大，说明电阻异常。

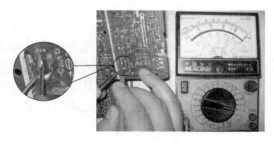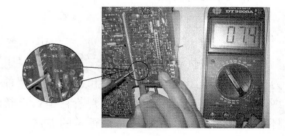

（a）用指针型万用表检测　　　　　　　　　（b）用数字型万用表检测

图2-13　固定电阻在路检测示意图

 提 示 部分数字型万用表的"200"电阻挡测量小阻值电阻时，显示屏显示的数值会略高于标称值，这也是此类万用表的不足之处。

2. 可调电阻

如图2-14所示，首先测两个固定脚间的阻值等于标称值，再分别测固定脚与可调脚间的阻值，若两阻值之和等于标称值，则说明该电阻正常；若阻值大于标称值或不稳定，则说明该电阻变值或接触不良。

提 示 可调电阻损坏后主要会出现开路、阻值增大、阻值变小、接触不良或引脚脱焊的现象。可调电阻氧化是接触不良和阻值不稳定的主要原因。

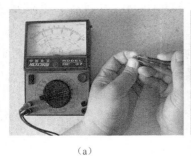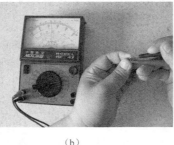

（a）　　　　　　　　　　　（b）　　　　　　　　　　　（c）

图 2-14　可调电阻检测示意图

3. 热敏电阻

检测热敏电阻时，不仅需要在室温状态下测量，还要在确认室温阻值正常后为其加热，检测它的热敏性能是否正常。下面以电磁炉功率管温度传感器为例介绍电磁炉温度传感器的测量方法。

首先，室温状态下，用"R×1k"挡测量该热敏电阻的阻值为 80kΩ，用电烙铁为它加热后，再测量它的阻值迅速减小为 50kΩ，如图 2-15 所示。室温状态下，若阻值过小，说明它漏电；阻值过大，说明它开路；若加热后阻值不能下降，说明它的热敏性能差。

（a）常温下检测示意图　　　　　　（b）加热示意图　　　　　　（c）加热后检测示意图

图 2-15　热敏电阻检测示意图

方法
与
技巧

测量热敏电阻的冷态阻值正常，再用电烙铁为热敏电阻加热后若阻值减小（负温度系数热敏电阻）或增大（正温度系数热敏电阻），说明热敏电阻正常，否则说明热敏电阻的热敏性能下降。

八、电阻的更换

电阻损坏后，最好采用相同阻值、相同功率的同类电阻更换。比如，正温度系数热敏电阻损坏后必须采用同类、同阻值电阻更换，保险电阻损坏应采用同规格的保险电阻更换。而对于普通电阻的要求相对低一些，通常允许用功率大的电阻更换功率小的电阻，但不允许用小功率电阻更换大功率电阻；当手头上没有阻值、功率合适的电阻更换时，可采用串联、并联的方法进行代换。比如，需要更换的电阻为 2.2kΩ/0.25W，而手头只有 1kΩ/0.25W 的电阻，可以将两只 2.2kΩ/0.25W 的电阻串联后进行更换，当然也可以用两只 4.3kΩ 的电阻并联后更换。而保险电阻具有过电流保护功能，所以对功率要求比较严格。若 4.7Ω/1W 保险电阻损坏，可用两只 2.2Ω/0.5W 的保险电阻串联后更换，当然也可采用两只 10Ω/0.5W 的保险电阻并联后更换。

方法与技巧 　更换可调电阻时除了应采用同阻值、同规格的可调电阻外，还应先将更换的可调电阻调到原电阻的位置或中间位置，这样安装后需要再调整的范围较小。

第二节　使用万用表检测电容

一、电容的作用

电容（电容器的简称）的主要物理特征是储存电荷，就像蓄电池一样可以充电（charge）和放电（discharge）。电容在电路中通常用字母"C"表示，它在电路中的主要作用是滤波、耦合、延时等。

二、电容的特性

与电阻相比，电容的性能相对复杂一点。它的主要特点是：电容两端的电压不能突变。就像一个水缸一样，要将它装满需要一段时间，要将它全部倒空也需要一段时间。电容的这个特性对于电路的分析很有用。在电路中，电容有通交流隔直流、通高频阻低频的功能。

三、电容的型号命名方法

根据《电阻器、电容器型号命名方法》的规定，电容产品的型号由4个部分组成，各部分的含义如下。

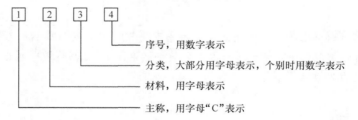

四、电容的单位

电容的单位用法拉（F）表示。但 F 的单位太大，通常使用微法（μF）、纳法（nF）、皮法（pF）等单位。其换算关系为：1F = 1 000 000μF，1μF = 1 000nF，1nF＝1 000pF。

五、电容的分类

1. 按构成材料分类

电容按采用的材料可分为电解电容、瓷片电容、涤纶（聚酯）电容、钽电容等，其中钽电容特别稳定。电容的电路符号如图 2-16 所示，常见的电容实物外形如图 2-17 所示。

（a）有极性电容　　（b）无极性电容

图 2-16　电容的电路符号

2. 按焊接方式分类

按采用的焊接方式，电容分为插入焊接式电容和贴面焊接式电容两种。

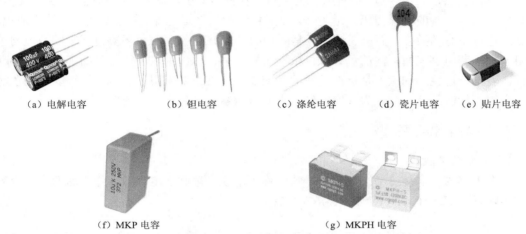

（a）电解电容　　　　（b）钽电容　　　　（c）涤纶电容　　　　（d）瓷片电容　　　　（e）贴片电容

（f）MKP 电容　　　　　　　　　　（g）MKPH 电容

图 2-17　常见的电容实物外形

 注意　贴片电容和贴片电阻的外形基本相同，维修时要注意，不要混淆。

---

3. 按有无极性分类

电容按有无极性可分为无极性电容和有极性电容两种。其中，图 2-17（a）所示的电解电容是有极性的，它的表面上有明显的正极或负极标志。在更换此类电容时应注意极性，若接错极性则会导致其过电压损坏。而图 2-17 中的涤纶电容、瓷片电容通常是无极性电容。

4. 按结构分类

电容按结构可分为固定电容、半可变电容、可变电容。所谓的半可变电容和可变电容就是通过调节，电容的容量会发生变化的电容。半可变电容和可变电容多应用在早期的收音机和扩音机等设备中，现在的电子产品中主要应用的是固定电容。

六、容量的标注

电容的容量通常采用直标法、数字标注法、色环标注法 3 种标注方法。

1. 直标法

直标法就是直接在电容表面标明其容量的大小，电解电容多采用此类标注方法，如 2.2μF、10μF、100μF 等。有的厂家将 2.2μF 标注为 2μ2，省略了小数点；也有的厂家用"R"代替小数点，如 3R3 表示容量为 3.3μF，R22 表示容量为 0.22μF。另外，还有的厂家标注电解电容的容量时省略了单位，如将 560μF 的电解电容标注为 560。

2. 数字标注法

数字标注法是在电容表面用 3 位数表示其容量的大小，瓷介电容、金属氧化物电容多采用此类标注方式。3 位数的前 2 位是有效数字，第 3 位数是 10 的指数。此类电容的单位是 pF，如 103 表示容量为 10 000pF，104 表示容量为 100 000pF，即 0.1μF。

3. 色环标注法

色环标注法是利用 3 道、4 道色环表示电容容量的大小，独石电容多采用此类标注方式。紧靠电容引脚一端的色环为第 1 道色环，以后依次为第 2 道色环、第 3 道色环。第 1 道色环、第 2 道色环是有效数字，而第 3 道色环是所加的"0"的个数。各色环颜色代表的数值与色环电阻一样，若电容表面标注的色环颜色依次为橙、橙、棕，则表明该电容的容量为 330pF。另外，若某一道色环的宽度是标准色环的 2 或 3 倍，则说明采用了 2 或 3 道该颜色的色环，如电容表面标注的色环颜色为（宽）红，表明该电容的容量为 2 200pF。

七、电容的串/并联

1. 电容的串联

一个电容的一端接另一个电容的一端，称为串联。串联后电容的容量为这两个电容容量相乘再除以它们之和，即 $C=C_1\times C_2/(C_1+C_2)$。

 方法与技巧 将两个有极性的电容逆向串联（也就是负极接负极或正极接正极）后，就会成为一个大容量的无极性电容。

 注意 在串联电容时，要注意电容的耐压值，以免电容因耐压不足而损坏，导致电容击穿或爆裂。原则上，选用的串联的电容耐压值应不低于或略低于原电容的耐压值。

2. 电容的并联

两个电容两端并接，称为并联。并联后电容的容量是这两个电容容量之和，即 $C=C_1+C_2$。电容并联时，电容的耐压值应与原电容相同或高于原电容。

八、电容的检测

电容的检测常采用代换法和仪器检测法。仪器检测法可以用数字型万用表的电容挡或电容表测量被检电容的容量，也可用指针型万用表的电阻挡检测该电容的阻值，以判断它是否正常。

 提示 因为数字型万用表的电容挡一般只能测量20μF或200μF以内的电容，所以超过20μF或200μF的电容应采用电容表、指针型万用表检测或采用代换法检测。

1. 电容的放电

若被测电容存储电荷时，应先将它存储的电荷放掉，以免损坏万用表、电容表或电击伤人。被测电容存储电荷较多时，可用电烙铁的插头碰触电容的引脚，利用电烙铁的内阻将电压释放掉，这样可减小放电电流；若电容存储的电荷较少，可用万用表表笔或螺钉旋具的金属部位短接电容的两个引脚，将存储的电荷直接放掉，如图 2-18 所示。

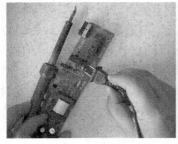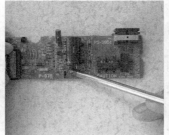

（a）高耐压电容放电　　　　　　　　　（b）低耐压电容放电

图 2-18　电容放电示意图

2. 用数字型万用表检测电容

用数字型万用表测量电容的方法比较简单，首先将功能开关置于电容量程"C（F）"，再将电容插入测试座中，显示屏就可以显示电容的容量。若数值小于标称值，说明电容容量减小；若数值大于标称值，说明电容漏电。

如图 2-19 所示，若需要测量的电解电容的容量为 10μF，将万用表置于"20μ"电容挡，再将该电容插入电容测试座中，显示屏显示为"10.14"，说明该电容的容量值为 10.14μF；若需要测量电容的容量为 5 600pF（5n6），将万用表置于"20n"电容挡，再将该电容插入电容测试座中，显示屏显示为"5.52"，说明该电容的容量值为 5 520pF。

（a）10μF 电解电容的测量　　　　　　（b）5n6 涤纶电容的测量

图 2-19　用数字型万用表电容挡检测电容示意图

 注意　测量电容时，一是注意要将电容插入专用的电容测试座中，而不要插入表笔插孔内；二是注意每次切换量程时都需要一定的复零时间，待复零结束后再插入待测的电容；三是要注意测量大电容时，显示屏显示稳定的数值需要一定的时间。

 提示　新型数字型万用表取消了电容专用测量插孔，在测量电容的容量时，直接用表笔接电容的引脚就可以，使测量电容和测量电阻一样简单。

---

3. 用指针型万用表检测电容

用指针型万用表电阻挡检测电容时，首先，为存电的电容放电后，再根据电容容量大小来选择万用表电阻挡的挡位，将红、黑表笔分别接在电容的两个引脚上，通过表针的偏转角度来判断电容是否正常。若表针快速向右偏转，然后慢慢向左退回原位，一般来说电容是好的。如果表针摆起后不再回转，说明电容已经击穿。如果表针摆起后逐渐停留在某一位置，则说明该电容已经漏电；如果表针不能右摆，说明被测电容的容量较小或无容量。比如，测量 47μF 的电容时，首先选择 "R×1k" 挡，用两个表笔接电容的两个引脚时，表针因电容被充电迅速向右偏转，随后电容因放电而慢慢回到左侧 "0" 的位置，这说明该电容正常，如图 2-20 所示。

图 2-20　用指针型万用表检测电容示意图

方法与技巧　有些漏电的电容用上述方法不易准确判断出好坏。当电容的耐压值大于万用表内电池的电压值时，根据电解电容正向充电时漏电电流小、反向充电时漏电电流大的特点，可采用 "R×10k" 挡，为电容反向充电，观察表针停留位置是否稳定，即反向漏电电流是否恒定，由此判断电容是否正常的准确性较高。比如，黑表笔接电容的负极、红表笔接电容的正极时，表针迅速向右偏转，然后逐渐退至某个位置（多为 "0" 的位置）停止不动，则说明被测的电容正常；若表针停留在 50～200kΩ 内的某一位置或停留后又逐渐慢慢向右移动，说明该电容已漏电。

九、电容的更换

更换电容时主要应注意 3 个方面：一是类别，若损坏的是涤纶电容，维修时就不能用同容量的电解电容进行更换；二是容量，维修时不能用容量偏差太大的电容进行更换，不过，原则上电源滤波电容可以用容量大些的电容进行更换，这样不仅可排除故障，而且滤波效果会更好；三是耐压，维修时不要用耐压低的电容更换已损电容，否则轻则会导致更换的电容过电压损坏，重则会导致其他元器件损坏。

维修时，若无相同容量的电容进行更换，也可采用串联、并联的方法来代替，如需要更换 47μF/25V 电容，可用两只 100μF/16V 电容串联后代替，也可以用两只 22μF/25V 电容并联后代替。

注意　电磁炉功率变换部分的高频谐振电容采用的是 MKPH 电容，此类电容具有高频特性好、过电流和自愈能力强的优点，其最高工作温度可达到 105℃，所以不能采用普通的电容更换，以免造成电磁炉加热不正常，甚至发生 IGBT 等器件损坏的故障。

第三节　使用万用表检测二极管

二极管是最常见的半导体器件之一。二极管有两个引脚，一个是正极（也称阳极 A），另一个是负极（也称阴极 K），所以它被称为二极管。

一、二极管的分类、特点和主要参数

1．二极管的分类

二极管根据作用的不同可分为普通二极管、开关二极管、快恢复/超快恢复二极管、肖特基二极管、变容二极管、稳压二极管、发光二极管、红外发光二极管等。二极管根据材料的不同可分为硅二极管和锗二极管。

2．二极管的特点

二极管有正极、负极之分（或称阳极与阴极），并且导通电流只能从二极管的正极流向负极。严格地说，二极管是一个非线性器件，当二极管两端的电压加到一定时，二极管才开始导通；当电压大到一定程度时，电流就不再上升。

通常把二极管导通时的电压称为起始电压。不同材料构成的二极管的起始电压不同，一般来说，锗材料二极管的起始电压为 0.25V 左右，硅材料二极管的起始电压为 0.65V 左右。

普通二极管工作时需要加正偏电压，即二极管的正极接电源的正极，二极管的负极接电源的负极；而稳压二极管等特殊二极管工作时需要加反偏电压，即二极管的正极接电源负极，二极管的负极接电源正极。

3．二极管的主要参数

正向整流电流 I_F：在额定功率下，允许通过二极管的电流值。

正向电压降 U_F：二极管通过额定正向电流时，在两极间所产生的电压降。

最大整流电流（平均值）I_{OM}：在半波整流连续工作的情况下，允许的最大半波电流的平均值。

反向击穿电压 U_B：二极管反向电流急剧增大到出现击穿现象时的反向电压值。

反向峰值电压 U_{RM}：二极管正常工作时所允许的反向电压峰值，通常 U_{RM} 为 U_B 的 2/3 或略小一些。

反向电流 I_R：在规定的反向电压条件下流过二极管的反向电流值。

最高工作频率 f_M：二极管具有单向导电性的最高交流信号的频率。

二、普通二极管的识别与检测

1．普通二极管的识别

普通二极管是利用二极管的单向导电性来工作的，它有两个引脚，有白色或黑色竖条的一端为负极，另一端为正极。其实物外形和电路符号如图 2-21 所示。常见的普通二极管有1N4001～1N4007（1A）、1N5401～1N5408（3A）等。

2. 普通二极管的检测

二极管可以用指针型万用表的电阻挡或数字型万用表的二极管挡进行检测。采用指针型万用表测量二极管，有非在路检测和在路检测两种方法。非在路检测就是将被测二极管从电路板上取下或悬空一个引脚后进行检测，判断它是否正常的方法；在路检测就是在电路板上直接对它进行检测，判断它是否正常的方法。

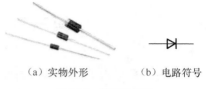

（a）实物外形　　　　（b）电路符号

图 2-21　普通二极管

（1）用指针型万用表检测二极管

采用指针型万用表测量二极管的正向电阻时，应将黑表笔接二极管的正极，红表笔接二极管的负极，而调换表笔后就可以测量二极管的反向电阻。普通二极管的正向电阻阻值（简称正向阻值）范围多为 3～8kΩ，反向电阻的阻值（简称反向阻值）应为无穷大。

提示　若二极管表面的负极标记不清晰，也可以通过测量确认正、负极。先用红、黑表笔任意测量二极管两个引脚间的阻值，若测得的阻值较小，说明此时黑表笔接的是正极。

① 非在路检测。将万用表置于"R×1k"挡，用黑表笔接二极管 RM11 的正极，红表笔接它的负极，所测得正向阻值为 7.2kΩ左右，如图 2-22（a）所示；将万用表置于"R×10k"挡，调换表笔测量它的反向阻值为无穷大，如图 2-22（b）所示。若正向阻值过大或为无穷大，说明该二极管导通电阻大或开路；若反向阻值过小或为 0，说明该二极管漏电或击穿。

（a）正向阻值的测量　　　　　　　　（b）反向阻值的测量

图 2-22　用指针型万用表非在路检测普通二极管示意图

② 在路检测。如图 2-23 所示，将万用表置于"R×1"挡，测二极管的正向阻值应为十几欧，而反向阻值应为无穷大。若正向阻值过大，则说明该二极管导通电阻过大或开路；若反向阻值过小或为 0，则说明该二极管漏电或击穿。

提示　若被测量的器件两端并联了小阻值元件，就会导致测量结果不准确，即测量数据低于标称值。因此，当怀疑二极管漏电时，还需要采用非在路检测法对其进行复测。

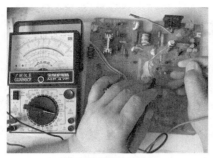

（a）正向电阻的测量　　　　　　　　　　　（b）反向电阻的测量

图 2-23　用指针型万用表在路检测普通二极管示意图

（2）用数字型万用表检测二极管

采用数字型万用表测量二极管时，先应采用 PN 结压降测量挡（俗称二极管挡），将红表笔接二极管的正极，黑表笔接二极管的负极，所测的数值为它的正向导通压降；调换表笔后就可以测量二极管的反向导通压降，一般为无穷大（大部分数字型万用表显示的溢出值为"1"，少部分显示"OL"）。采用数字型万用表检测二极管也有非在路检测和在路检测两种方法，但无论哪种检测方法，都应将万用表置于"二极管"挡。

非在路检测普通二极管时，将数字型万用表置于"二极管"挡，所测得的正向导通压降值为"0.5～0.7"，如图 2-24（a）所示；调换表笔后，测得反向导通压降值为无穷大，如图 2-24（b）所示。若测试时数值相差较大，则说明被测二极管损坏。

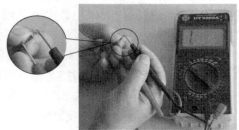

（a）正向导通压降的测量　　　　　　　　　（b）反向导通压降的测量

图 2-24　用数字型万用表检测普通二极管示意图

三、快恢复/超快恢复整流二极管的识别与检测

1. 快恢复/超快恢复整流二极管的识别

快恢复整流二极管（FRD）/超快恢复整流二极管（SRD）是一种新型的半导体器件，具有反向恢复时间极短、开关性能好、正向电流大、体积小等优点。它包括小功率、中功率和大功率 3 大类。其中，小功率整流二极管的外形和普通整流二极管相似；中功率整流二极管（电流为 20～30A）采用 TO-220 封装结构，如图 2-25 所示；大功率整流二极管（电流大于30A）采用 TO-3P 封装结构，如图 2-26 所示；快恢复/超快恢复整流二极管的电路符号如图 2-27所示。

（a）单整流二极管　　（b）双整流二极管

图 2-25　TO-220 封装结构的整流二极管

 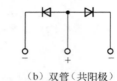 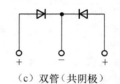

图 2-26　TO-3P 封装结构的整流二极管

（a）单管　　　　　（b）双管（共阳极）　　　（c）双管（共阴极）

图 2-27　快恢复/超快恢复整流二极管的电路符号

 提示　常见的共阴极超快恢复整流二极管有 MUR3040PT 等，常见的共阳极超快恢复整流二极管有 MUR16870A 等。

2. 快恢复/超快恢复整流二极管的检测

单管的快恢复/超快恢复整流二极管（如图 2-27（a）所示）的检测和普通二极管基本相同，但其正向导通压降值要小一些。由图 2-27（b）、（c）中可以看出，双管快恢复/超快恢复整流二极管由两个二极管构成。用数字型万用表测量图 2-27（b）所示的共阳极型快恢复二极管时，需要将万用表置于"二极管"挡，再将红表笔接在该二极管的中间引脚上，黑表笔分别接在两侧的引脚上，测得的正向导通压降值应在"0.5"以内，并且两次测量数值要一样；而黑表笔接中间引脚，红表笔分别接两侧引脚时，测得的反向导通压降值应该为无穷大；否则，说明该二极管已损坏。而图 2-27（c）所示的快恢复/超快恢复整流二极管的测量方法与图 2-27（b）所示的二极管正好相反。

四、肖特基二极管的识别与检测

1. 肖特基二极管的识别

肖特基（schottky）二极管是一种大电流、低功耗、超高速半导体器件，其反向恢复时间可缩短到几纳秒，正向导通压降多不足 0.4V。

肖特基二极管在结构上与 PN 结二极管有很大区别，它的内部是由阳极金属（用钼或铝等材料制成的阻挡层）、二氧化硅（SiO_2）、N–外延层（砷材料）、N 型硅基片、N＋阴极层及阴极金属等构成的，如图 2-28（a）所示。二氧化硅（SiO_2）用来消除边缘区域的电场，提高管子的耐压值。N 型硅基片的导通电阻很小，其掺杂浓度比 N–层高许多。在基片下边形成 N＋阴极层，其作用是减小阴极的接触电阻。通过调整结构参数，可在基片与阳极金属之间形成合适的肖特基势垒。当加上正偏压时，阳极金属和 N 型硅基片分别接电源的正、负极，此时势垒宽度变窄，其内阻变小；加负偏压时，势垒宽度就增加，其内阻变大。肖特基二极管的实物外形和电路符号分别如图 2-28（b）和图 2-28（c）、（d）所示。

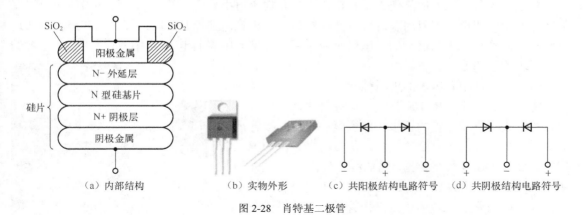

（a）内部结构　　　　（b）实物外形　　（c）共阳极结构电路符号　（d）共阴极结构电路符号

图 2-28　肖特基二极管

2．肖特基二极管的检测

肖特基二极管的检测方法和双管快恢复整流二极管相同，不再介绍。

五、稳压二极管的识别、标注与检测

1．稳压二极管的识别

稳压二极管简称稳压管，它是利用二极管的反向击穿特性来工作的。稳压二极管常用于基准电压形成电路和保护电路。稳压二极管的外形和普通二极管基本相同，如图 2-29（a）所示。其电路符号如图 2-29（b）所示。

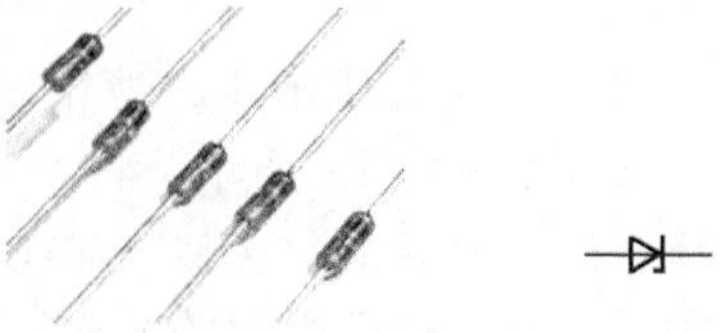

2．稳压二极管的标注

稳压二极管的稳压值多采用直标法、色环标注法标注。

（a）实物外形　　　（b）电路符号

图 2-29　稳压二极管

（1）直标法

直标法就是直接在稳压二极管的表面标明二极管的名称或稳压二极管的击穿电压值（即稳压值），并通过一条白色或其他颜色的色环表示极性。

（2）色环标注法

部分稳压二极管采用 2 道或 3 道色环表示击穿电压值的大小，紧靠阴极引脚一端的色环为第 1 道色环，以后依次为第 2 道色环、第 3 道色环。各色环颜色代表的数值与色环电阻一样。

采用 2 道色环标注时，第 1 道色环表示十位上的数值，第 2 道色环表示个位上的数值，例如，若稳压二极管所标注的色环颜色依次为棕、绿色，则表明该稳压二极管的击穿电压值为 15V。

采用 3 道色环标注，并且第 2 道色环和第 3 道色环采用的颜色相同时，第 1 道色环表示个位上的数值，第 2 道色环、第 3 道色环共同表示十分位上的数值，即小数点后面第一位的数值。例如，若稳压二极管所标注的色环颜色依次为绿、棕、棕，则表明该稳压二极管的击穿电压值为 5.1V。

采用 3 道色环标注，并且第 2 道色环和第 3 道色环采用的颜色不同时，第 1 道色环表示十位上的数值，第 2 道色环表示个位上的数值，第 3 道色环表示十分位上的数值，即小数点后面第一位的数值。例如，若稳压二极管所标注的色环颜色依次为棕、红、蓝，则表明该稳压二极管的稳压值为 12.6V。

3. 稳压二极管的检测

稳压二极管常见的故障现象是开路、击穿和稳压值不稳定。稳压二极管的检测也可以用数字型万用表和指针型万用表进行。当怀疑稳压二极管击穿或开路时，可采用在路检测法进行判断。而检测稳压二极管的稳压值时应采用指针型万用表的电阻挡测量或采用稳压电源结合万用表测量的方法。

（1）用指针型万用表的电阻挡测量

将万用表置于"R×10k"挡，并将表针调零后，用红表笔接稳压二极管的正极，黑表笔接稳压二极管的负极，当表针摆到一定位置时，从万用表直流10V挡的刻度上读出其稳定数据。用估测的数值10V减去刻度上的数值，再乘以1.5即可得到稳压二极管的稳压值。比如，测量12.7V稳压二极管时，表针停留在1.5V的位置，这样，（10V−1.5V）×1.5＝12.75V，说明被测稳压二极管的稳压值大约为12.75V，如图2-30所示。

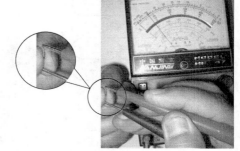

图2-30　用指针型万用表检测稳压二极管稳压值示意图

提示　若被测稳压二极管的稳压值高于万用表R×10k挡电池电压值（9V或15V），则被测的稳压二极管不能被反向击穿导通，也就无法测出该稳压二极管的反向电阻阻值。

（2）使用稳压电源、万用表电压挡测量

如图2-31（a）所示，将一只限流电阻通过导线接在0~35V稳压电源的正极输出端子上，再将稳压二极管的负极接在电阻上，正极接在稳压电源的负极输出端上。接通稳压电源的电源开关后，旋转稳压电源的输出旋钮，使输出电压逐渐增大，测量稳压二极管两端的电压值。待稳压电源输出电压升高，而稳压二极管两端电压保持稳定后，所测电压值就是该稳压二极管的稳压值。比如，将一只1kΩ电阻和一只稳压二极管串联后，接在稳压电源的直流电压输出端子上，打开稳压电源的开关，并调整旋钮使其输出电压为15V后，测稳压二极管两端电压时，显示屏显示的数值为"12.23"，说明被测稳压二极管的稳压值是12V，如图2-31（b）所示。

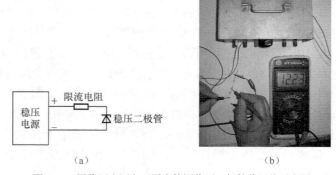

（a）　　　　　　　　　　　　　　（b）

图2-31　用稳压电源和万用表检测稳压二极管稳压值示意图

六、开关二极管的识别与检测

1．开关二极管的识别

开关二极管也是利用二极管的单向导电性来实现开关控制功能的，它导通后相当于开关的接通，截止时相当于开关的断开。目前，应用最广泛的开关二极管是1N4148、1N4448。实物外形与图2-29所示的稳压二极管基本相同，而电路符号与普通二极管相同。

2．开关二极管的检测

开关二极管的检测和快恢复整流二极管相同，在此不再介绍。

七、发光二极管的识别与检测

1．发光二极管的识别

发光二极管（LED）简称发光管，它主要应用在电子产品中，用来作电源或工作状态的指示灯。按发光颜色的不同，发光二极管一般分发红光、绿光、黄光等几种。按引脚数目的不同，发光二极管有二脚型和三脚型两种，二脚型发光二极管仅有一个发光二极管，三脚型发光二极管内有两个发光颜色不同的发光二极管，如图2-32（a）所示。其电路符号如图2-32（b）所示。

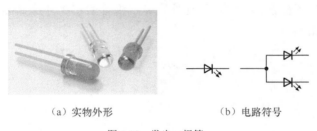

　　（a）实物外形　　　　　　　　　（b）电路符号

图2-32　发光二极管

发光二极管的工作电流一般为几毫安至几十毫安，发光二极管的发光强度基本上与发光二极管的正向电流成线性关系。发光二极管只工作在正向偏置状态。正常情况下，发光二极管的正向导通电压多为1.5～3V，常见的发光二极管导通电压多为1.8V左右。

 提示　若流过发光二极管的导通电流太大，就有可能造成发光二极管过电流损坏。在实际应用中，一般在发光二极管供电回路中串接一只限流电阻，以防止它过电流损坏。

2．发光二极管的检测

极性的判别：引脚（电极）可通过查看管帽内的晶片体积来确认，体积大的晶片所接的引脚是负极，体积小的晶片所接的引脚是正极。

好坏的检测：将数字万用表置于"二极管"检测挡，检测方法如图2-33所示。先将两个表笔接发光二极管两个电极，若测得的导通压降值为1.766V，并且发光二极管能发出较弱的光，说明它是好的，并且红表笔接的是正极，黑表笔接的是负极；若调换表笔后发光二极管仍不能发光，并且显示的溢出值"1"或过小（如为"0"），则说明它已损坏。

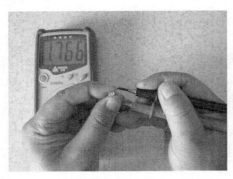 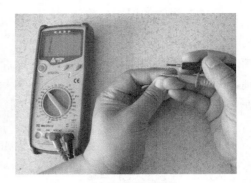

（a）正向导通压降的测量　　　　　　　　　　　（b）反向导通压降的测量

图 2-33　用数字型万用表检测发光二极管示意图

八、红外发光二极管的识别与检测

1. 红外发光二极管的识别

红外发光二极管是一种把电能信号直接转换为红外光信号的发光二极管，虽然它采用砷化镓（GaAs）材料制成，但也具有半导体的 PN 结。红外发光二极管主要应用在彩电、VCD、空调器等设备的红外遥控器内。常见的红外发光二极管的实物外形如图 2-34 所示，它的电路符号和发光二极管相同。

图 2-34　红外发光二极管

2. 红外发光二极管的检测

将数字万用表置于"二极管"挡，用红表笔接红外发光二极管的正极、黑表笔接它的负极，所测得的正向导通压降值为 1.019 左右，如图 2-35（a）所示；调换表笔测量它的反向导通压降值应为无穷大，如图 2-35（b）所示。

若正向导通压降值或正向导通阻值过大，说明被测管性能差或开路；若反向导通压降值或阻值过小，说明它漏电或击穿。

 提示　部分红外发光二极管的引脚的极性可以通过塑料壳内的金属片大小来区分，较小较窄金属片所接的引脚是正极，而较宽较大金属片所接的引脚是负极。

目前，新型的 MF47 万用表具有红外发光二极管检测功能，将该表置于红外发光二极管检测挡位上，再将红外发光二极管对准表头上的红外检测管，然后把另一块 MF47 型万用表置于"R×1k"挡，用黑表笔接红外发光二极管的正极，用红表笔接它的负极，正常时表头上的红外检测管会闪烁发光，如图 2-35（c）所示。

（a）正向电阻的测量

（b）反向电阻的测量

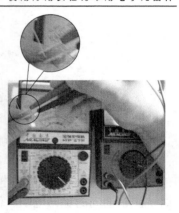
（c）利用红外接收功能检测

图 2-35　用万用表检测红外发光二极管示意图

九、双基极二极管的识别与检测

双基极二极管也叫单结晶体管（UJT），它是一种只有 1 个 PN 结的 3 个电极半导体器件。

1. 双基极二极管的识别

由于双基极二极管具有负阻的电气性能，所以它和较少的元器件就可以构成阶梯波发生器、自激多谐振荡器、定时器等脉冲电路。其内部构成与等效电路如图 2-36 所示。

如图 2-36 所示，双基极二极管有两个基极 b1、b2 和一个发射极 e。其中，b1 和 b2 与高电阻率的 N 型硅片相接，并且 b2 与硅片的另一侧有一个 PN 结，在 P 型半导体上引出的电极就是发射极 e。因 b1、b2 之间的 N 型区域可以等效为一个纯电阻 Rbb，所以 Rbb 就被称为基区电阻。国产的双基极二极管的 Rbb 的阻值范围多为 2～10kΩ。又因 Rbb 由 Rb1（b1 与 e 间的电阻）和 Rb2（b2 与 e 间的电阻）构成，所以 Rb1 的阻值随发射极电流 I_e 而变化，就像一只可调电阻。双基极二极管的实物外形和电路符号如图 2-37 所示。

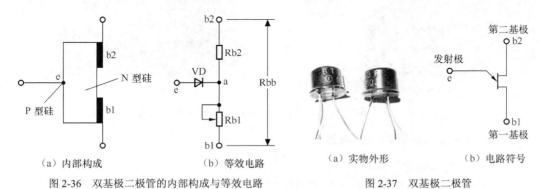

（a）内部构成　　　　　（b）等效电路

图 2-36　双基极二极管的内部构成与等效电路

（a）实物外形　　　（b）电路符号

图 2-37　双基极二极管

2. 双基极二极管的检测

（1）引脚的判断

BT31～BT33 等双基极二极管引脚的功能及名称通过图 2-38 就可以识别。

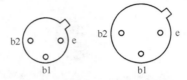

图 2-38　BT31～BT33 等双基极二极管的引脚布局示意图

（2）好坏的检测

采用指针型万用表检测双基极二极管的检测方法如图 2-39 所示。

首先，将万用表置于"R×1k"挡，黑表笔接双基极二极管 BT33F 的 e 极，红表笔接它的 b1 极，测它们间的正向电阻阻值为 15kΩ左右，如图 2-39（a）所示；红表笔接它的 b2 极时，测它们间的正向电阻阻值为 10kΩ左右，如图 2-39（b）所示；将红表笔接 e 极，黑表笔分别接两个基极，测它的反向电阻阻值应为无穷大，如图 2-39（c）所示；而两个基极间的阻值为 7kΩ，如图 2-39（d）所示。若正向电阻的阻值过大或为无穷大，说明该二极管导通电阻过大或开路；若反向电阻的阻值过小或为 0，说明它漏电或已击穿。

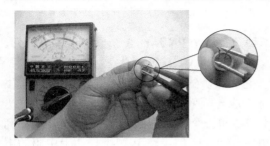

（a）b1、e 正向电阻

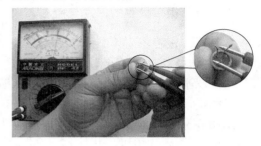

（b）b2、e 正向电阻

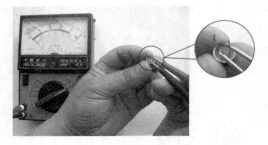

（c）反向电阻的测量

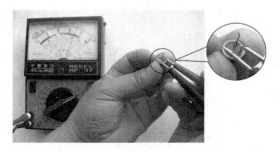

（d）b1、b2 正向电阻

图 2-39　用万用表检测双基极二极管示意图

十、双向触发二极管的识别与检测

1. 双向触发二极管的识别

双向触发二极管（DIAC）是一种双向的交流半导体器件。它伴随双向晶闸管产生，具有性能优良、结构简单、成本低等优点。双向触发二极管的实物外形、结构、等效电路、电路符号和伏安特性如图 2-40 所示。

如图 2-40 所示，双向触发二极管属于三层双端半导体器件，具有对称性质，可等效于基极开路、发射极与集电极对称的 NPN 型三极管。其正、反向伏安特性完全对称，当器件两端的电压 $U < U_{BO}$ 时，管子为高阻状态；当 $U > U_{BO}$ 时进入负阻区。当 $U > U_{BR}$ 时也会进入负阻区。

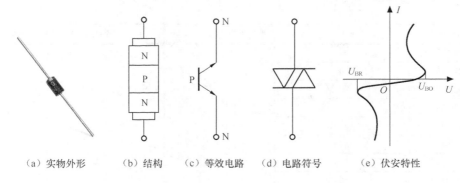

（a）实物外形　　（b）结构　　（c）等效电路　　（d）电路符号　　（e）伏安特性

图2-40　双向触发二极管

　提示　U_{BO} 是正向转折电压，U_{BR} 是反向转折电压。转折电压的对称性用 ΔU_B 表示，ΔU_B ≤2V。

2. 双向触发二极管的检测

将指针型万用表置于"R×1k"挡，测量双向触发二极管的正、反向阻值都应为无穷大。若阻值过小或为0，说明该二极管漏电或已击穿。

十一、二极管的更换

二极管损坏后最好采用相同种类、相同参数的二极管更换；若没有同型号的二极管，也应采用参数相近的二极管更换。比如，双向触发二极管损坏后，必须采用相同型号的双向触发二极管更换；红外光二极管损坏后必须用同型号的红外光二极管更换。而市电整流电路的1N4007损坏后，可以用参数相近的1N4004更换。

　注意　维修开关电源时，绝对不能用低频二极管更换高频二极管，如不能用1N4007更换RU2。另外，在更换稳压二极管时必须采用稳压值和功率值相同的稳压二极管进行更换。

十二、常用二极管的型号及主要参数

1. 常用整流二极管的型号及主要参数

常用1N系列整流二极管的型号及主要参数如表2-2所示。

表2-2　　　　　　　　　　常用1N系列整流二极管的型号及主要参数

型　　号	反向工作电压 U_{RM}（V）	正向整流电流 I_F（A）	正向压降 U_F（V）	工作频率 f（kHz）
1N4000	25			
1N4001	50			
1N4002	100			
1N4003	200			
1N4004	400	1	≤1	3
1N4005	600			
1N4006	800			
1N4007	1 000			

续表

型　号	反向工作电压 U_{RM}（V）	正向整流电流 I_F（A）	正向压降 U_F（V）	工作频率 f（kHz）
1N5100/5391	50			
1N5101/5392	100			
1N5102/5393	200			
1N5103/5394	300			
1N5104/5395	400	1.5	≤1	3
1N5105/5396	500			
1N5106/5397	600			
1N5107/5398	800			
1N5108/5399	1 000			
1N5200	50			
1N5201	100			
1N5202	200			
1N5203	300			
1N5204	400	2	≤1	3
1N5205	500			
1N5206	600			
1N5207	800			
1N5208	1 000			
1N5400	50			
1N5401	100			
1N5402	200			
1N5403	300			
1N5404	400	3	≤0.8	3
1N5405	500			
1N5406	600			
1N5407	800			
1N5408	1 000			

2. 常用快恢复/超快恢复整流二极管的型号及主要参数

常用快恢复/超快恢复整流二极管的型号及主要参数如表 2-3 所示。

表 2-3　　　　　　　　常用快恢复/超快恢复整流二极管的型号及主要参数

型　号	最高反向工作电压（V）	平均整流电流（A）	反向恢复时间
EGP20G	400	2	50ns
ES1A	400	0.75	1.5μs
EU1	400	0.35	0.4μs
EU01A	600	0.35	0.4μs
EU2	400	1	0.3μs
EU2Z	200	1	0.3μs
EU3A	600	1.5	0.4μs

续表

型　号	最高反向工作电压（V）	平均整流电流（A）	反向恢复时间
FR307	1 000	3	500ns
HER306	600	3	70ns
MUR460	600	4	75ns
RC2	100	1	0.4μs
RU2	600	1	0.4μs
RU3	800	1.5	0.4μs
RGP10	600	1	0.4μs
S5295G	400	0.5	0.4μs
S5295J	600	0.5	0.4μs
SMI-02FRA	200	0.8	0.4μs
TVR06	400	0.6	0.3μs
UF5405	500	3	50ns
UF5407	800	3	75ns
V09	400	0.8	0.3μs
V09C	200	0.8	0.3μs
3JH61	600	3	0.2μs
31DF4	400	3	35ns
31DF6	600	3	35ns
BYV26E	1 000	1	75ns
BY329X-1200	1 200	8	120ns

3. 常用肖特基二极管的型号及主要参数

常用插入焊接式肖特基二极管的型号及主要参数如表 2-4 所示，常用贴面焊接式肖特基二极管的型号及主要参数如表 2-5 所示。

表 2-4　　　　　　　　常用插入焊接式肖特基二极管的型号及主要参数

型　号	额定整流电流（A）	峰值电流（A）	最大正向压降（V）	反向击穿电压（V）	反向恢复时间（ns）	内部封装结构	封装形式
1280-004	15	250	0.55	40	<10	单管	TO-3P
1382-004	5	100	0.55	40	<10	共阴对管	TO-220
MBR1545	15	150	0.7	45	<10	共阴对管	TO-220
MBR2535	30	300	0.73	35	<10	共阴对管	TO-220
RB015T-40	10	60	0.55	40	—	—	TO-220FP
RB025T-40	5	60	0.55	40	—	—	TO-220FP
RB100A	1	40	0.55	40	—	—	MSR

表 2-5   **常用贴面焊接式肖特基二极管的型号及主要参数**

型号	最高反向电压（V）	额定正向电流（A）	峰值电流（A）	最大正向压降（V）	最大反向电流（μA）	封装结构及形式	引脚引出方式	用途
RB035B-40	40	4	30	0.55	3 500	CPD（D PAK）	G	
RB031B-40	40	3	40	0.55	2 000	CPD（D RAK）	I	
RB160L-40	40	1	30	0.55	1 000	PSM	J	
RB110C	40	1	5	0.6	80	MPD（SOT-89）	F	
RB401D	40	0.5	3	0.5	70	MPD（SC-59/SOT-23）	D	
KB111C	40	1	5	0.5	100	MPD（SOT-89）	F	
RB435C	20	0.5	3	0.55	30	MPD(SOT-89)	G	整流
RB400D	20	0.5	3	0.5	30	SMD(SC-59/SOT-23)	D	
RB411D	20	0.5	3	0.5	30	SMD	D	
RB420D	25	0.1	1	0.45	1	SMD	D	
RB421D	20	0.1	1	0.55	30	SMD	D	
RB425D	20	0.1	1	0.55	30	SMD	A	
RB450F	25	0.1	1	0.45	1	UMD	D	
RB451F	20	0.1	1	0.55	30	UMD	D	
RB471E	20	0.1	1	0.55	30	FMD(SOT-25)	E	
RB701D	25	0.03	0.2	0.37	1	SMD(SC-59/SOT-23)	D	
RB705D	25	0.03	0.2	0.37	1	SMD	A	
RB706D	25	0.03	0.2	0.37	1	SMD	C	
RB715F	25	0.03	0.2	0.37	1	UMD	A	小信号检波
RB717F	25	0.03	0.2	0.37	1	UMD	B	
RB751H	25	0.03	0.2	0.37	1	DSM	J	
RB731C	25	0.03	0.2	0.37	1	IMD(SOT-36)	H	

4. 常用稳压二极管的型号及主要参数

常用稳压二极管的型号及主要参数如表 2-6 所示。

表 2-6   **常用稳压二极管的型号及主要参数**

型号	最大耗散功率（W）	额定电压（V）	最大工作电流（mA）	可代换型号
1N708	0.25	5.6	40	BWA54、2CW28-5.6V
1N709	0.25	6.2	40	2CW55/B、BWA55/E
1N710	0.25	6.8	36	2CW55A、2CW105-6.8V
1N711	0.25	7.5	30	2CW56A、2CW28-7.5V、2CW106-7.5V
1N712	0.25	8.2	30	2CW57/B、2CW106-8.2V
1N713	0.25	9.1	27	2CW58A/B、2CW74
1N714	0.25	10	25	2CW18、2CW59/A/B
1N715	0.25	11	20	2CW76、2DW12F.BS31-12
1N716	0.25	12	20	2CW61/A、2CW77/A
1N717	0.25	13	18	2CW62/A、2DW12G

续表

型　　号	最大耗散功率（W）	额定电压（V）	最大工作电流(mA)	可代换型号
1N718	0.25	15	16	2CW112-15V、2CW78/A
1N719	0.25	16	15	2CW63/A/B、2DW12H
1N720	0.25	18	13	2CW20B、2CW64/B、2CW64-18
1N721	0.25	20	12	2CW65-20、2DW12I、BWA65
1N722	0.25	22	11	2CW20C、2DW12J
1N723	0.25	24	10	WCW116、2DW13A
1N724	0.25	27	9	2CW20D、2CW68、BWA68/D
1N725	0.4	30	13	2CW119-30V
1N726	0.4	33	12	2CW120-33V
1N727	0.4	36	11	2CW120-36V
1N748	0.5	3.8～4	125	HZ4B2
1N752	0.5	5.2～5.7	80	HZ6A
1N753	0.5	5.8～6.1	80	2CW132
1N754	0.5	6.3～6.8	70	H27A
1N755	0.5	7.1～7.3	65	HZ7.5EB
1N757	0.5	8.9～9.3	52	HZ9C
1N962	0.5	9.5～11	45	2CW137
1N963	0.5	11～11.5	40	2CW138、HZ12A-2
1N964	0.5	12～12.5	40	HZ12C-2、MA1130TA
1N969	0.5	21～22.5	20	RD245B
1N4240A	1	10	100	2CW108-10V、2CW109、2DW5
1N4724A	1	12	76	2DW6A、2CW110-12V
1N4728	1	3.3	270	2CW101-3V3
1N4729/A	1	3.6	252	2CW101-3V6
1N4730A	1	3.9	234	2CW102-3V9
1N4731/A	1	4.3	217	2CW102-4V3
1N4732/A	1	4.7	193	2CW102-4V7
1N4733/A	1	5.1	179	2CW103-5V1
1N4734/A	1	5.6	162	2CW103-5V6
1N4735/A	1	6.2	146	1W6V2、2CW104-6V2
1N4736/A	1	6.8	138	1W6V8、2CW104-6V8
1N4737/A	1	7.5	121	1W7V5、2CW105-7V5
1N4738/A	1	8.2	110	1W8V2、2CW106-8V2
1N4739/A	1	9.1	100	1W9V1、2CW107-9V1
1N4740/A	1	10	91	2CW286-10V、B563-10
1N4741/A	1	11	83	2CW109-11V、2DW6
1N4742/A	1	12	76	2CW110-12V、2DW6A

型　　号	最大耗散功率（W）	额定电压（V）	最大工作电流（mA）	可代换型号
1N4743/A	1	13	69	2CW111-13V、2DW6B、BWC114D
1N4744/A	1	15	57	2CW112-15V、2DW6D
1N4745/A	1	16	51	2CW112-16V、2DW6E
1N4746/A	1	18	50	2CW113-18V
1N4747/A	1	20	45	2CW114-20V、BWC115E
1N4748/A	1	22	41	2CW115-22V
1N4749/A	1	24	38	2CW116-24V
1N4750/A	1	27	34	2CW117-27V
1N4751/A	1	30	30	2CW118-30V、2DW19F
1N4752/A	1	33	27	2CW119-33V
1N5226/A	0.5	3.3	138	2CW51-3V3、2CW5226
1N5227/A/B	0.5	3.6	126	2CW51-3V6、2CW5227
1N5228/A/B	0.5	3.9	115	2CW52-3V9、2CW5228
1N5229/A/B	0.5	4.3	106	2CW52-4V3、2CW5229
1N5230/A/B	0.5	4.7	97	2CW53-4V7、2CW5230
1N5231/A/B	0.5	5.1	89	2CW53-5V1、2CW5231
1N5232/A/B	0.5	5.6	81	2CW103-5.6、2CW5232
1N5233/A/B	0.5	6	76	2CW104-6V、2CW5233
1N5234/A/B	0.5	6.2	73	2CW104-6.2V、2CW5234
1N5235/A/B	0.5	6.8	67	2CW105-6.8V

5．常用开关二极管的型号及主要参数

常用开关二极管的型号及主要参数如表2-7所示。

表 2-7　　　　　　　　　　　常用开关二极管的型号及主要参数

型　　号	最高反向工作电压（V）	平均整流电流（A）	反向恢复时间（μs）
1N4148	75	0.15	4
1N4448	75	0.15	4

第四节　使用万用表检测整流桥堆和高压硅堆

整流桥堆和高压硅堆（高压整流管）的作用是将交流电压变换为脉动直流电压。

一、整流桥堆的分类、构成和检测

1．整流桥堆的分类

按构成整流桥堆可分为全桥整流堆和半桥整流堆两类，按功率大小整流桥堆可分为小功率整流堆、中功率整流堆和大功率整流堆3类；按外形结构整流桥堆可分为方形、扁形和圆形3类；按焊接方式整流桥堆可分为插入式和贴片式两类。常用的整流桥堆实物外形如图2-41所示。

图 2-41　整流桥堆的实物外形

2. 整流桥堆的构成

半桥整流堆由 2 只二极管构成，而全桥整流堆由 4 只二极管构成，它们的电路符号如图 2-42 所示。

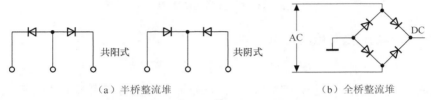

（a）半桥整流堆　　　　　　　　　　　　　　　（b）全桥整流堆

图 2-42　整流桥堆的电路符号

3. 整流桥堆的检测

由于半桥整流堆和全桥整流堆是由二极管构成的，所以可通过检测每只二极管的正、反向导通压降值（或阻值）来判断它是否正常，如图 2-43 所示。

将数字万用表置于"二极管"挡，测得 AC 脚与+脚间的正向导通压降值为 0.547（即二极管的正向导通压降值），如图 2-43（a）所示；测得—脚与 AC 脚间正向导通压降值为 0.544（即二极管的正向导通压降值），如图 2-43（b）所示；测得+脚与—脚间的正向导通压降值为 1.009（即 2 个二极管的正向导通压降值），如图 2-43（c）所示；测得+脚与—脚间的反向导通压降值为无穷大，如图 2-43（d）所示。而接其他引脚，测量二极管的反向导通压降值也都为无穷大。

（a）AC、+间的正向导通压降值的检测

（b）AC、－脚间正向电阻的测量

图 2-43　整流桥堆的检测

（c）+、－脚间正向电阻的测量　　　　　　　（d）+、－脚间反向电阻的测量

图 2-43　整流桥堆的检测（续）

二、高压硅堆的识别与检测

1. 高压硅堆的识别

高压硅堆俗称硅柱，它是一种硅高频、高压整流管。因为它由若干个整流管的管芯串联后构成，所以它整流后的电压可达到几千伏到几十万伏。高压硅堆早期主要应用在黑白电视机的行输出变压器中，现在主要应用在微波炉等电子产品中。

常见的高压硅堆如图 2-44 所示。其中，大功率高压硅堆的表面标注的参数为 0.2～0.8A/100kV，说明该高压硅堆的整流电流可达到 0.2～0.8A，最大耐压值为 100kV。

（a）小功率高压硅堆　　（b）大功率高压硅堆

图 2-44　高压硅堆实物外形

2. 高压硅堆的检测

高压硅堆由若干个整流管的管芯组成，所以测量时反向电阻的阻值应为无穷大，而正向阻值也为无穷大。下面以微波炉使用的高压整流堆（高压整流二极管）为例介绍高压硅堆的检测方法。

（1）数字型万用表检测

采用数字型万用表测量高压硅堆时，应该将万用表置于"二极管"挡，测得的正、反向导通压降都应为无穷大，如图 2-45 所示。若导通压降值较小或为 0，则说明它漏电或击穿。

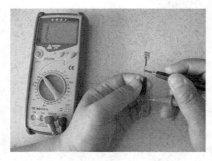 

（a）正向导通压降　　　　　　　　　　（b）反向导通压降

图 2-45　数字型万用表检测高压硅堆

（2）指针型万用表检测

采用指针型万用表检测高压硅堆时，将它置于"R×10k"挡，黑表笔接正极，红表笔接

负极，测得正向电阻阻值为 150kΩ左右，如图 2-46（a）所示；调换表笔测量的反向电阻阻值为无穷大，如图 2-46（b）所示。

（a）正向阻值　　　　　　　　　　　　　（b）反向阻值

图 2-46　指针型万用表检测高压硅堆

三、整流桥堆、高压硅堆的更换

整流桥堆、高压硅堆损坏后最好采用相同参数的产品更换。

 方法与技巧　若手头没有整流桥堆，可以采用 2 只或 4 只参数符合要求的整流管组成整流桥堆，来更换半桥整流堆或全桥整流堆。

四、常用整流桥堆的型号及主要参数

1. 常用 RS 系列整流桥堆的型号及主要参数

常用 RS 系列整流桥堆的型号及主要参数如表 2-8 所示。

表 2-8　　　　　　　　　　　　常用 RS 系列整流桥堆的型号及主要参数

型　号	电流（A）	耐压（V）	型　号	电流（A）	耐压（V）
RS201	2	50	RS601	6	50
RS202	2	100	RS602	6	100
RS203	2	200	RS603	6	200
RS204	2	400	RS604	6	400
RS205	2	600	RS605	6	600
RS206	2	800	RS606	6	800
RS207	2	1 000	RS607	6	1 000
RS401	4	50	RS801	8	50
RS402	4	100	RS802	8	100
RS403	4	200	RS803	8	200
RS404	4	400	RS804	8	400
RS405	4	600	RS805	8	600
RS406	4	800	RS806	8	800
RS407	4	1 000	RS807	8	1 000

2. 常用 BR 系列整流桥堆的型号及主要参数

常用 BR 系列整流桥堆的型号及主要参数如表 2-9 所示。

表 2-9 常用 BR 系列整流桥堆的型号及主要参数

型 号	电流（A）	耐压（V）	封 装	型 号	电流（A）	耐压（V）	封 装
BR31	3	100		BR152	15	200	
BR32	3	200		BR154	15	400	BR15
BR34	3	400	BR3	BR156	15	600	
BR36	3	600		BR252	25	200	
BR305	3	50		BR254	25	400	BR25
BR310	3	1 000		BR256	25	600	
BR61	6	100		BR352	35	200	
BR62	6	200		BR354	35	400	
BR64	6	400		BR3502	35	200	
BR66	6	600	BR6	BR3506	35	600	BR35
BR68	6	800		BR3508	15	800	
BR605	6	50		BR3510	15	1 000	
BR610	6	1 000		BR502	50	200	
BR101	10	100		BR504	50	400	
BR102	10	200		BR506	50	600	BR50
BR104	10	400		BR508	50	800	
BR106	10	600	BR10	BR510	50	1 000	
BR108	10	800					
BR1005	10	50					
BR1010	10	1 000					

第五节　使用万用表检测三极管

三极管也称晶体管或晶体三极管，它是电子产品中应用最广泛的半导体器件之一。

一、三极管的作用和分类

1. 三极管的作用

三极管在电路中通常起放大与开关作用，放大器工作在三极管的线性区域，开关电路中的三极管工作在饱和区与截止区。通过设置三极管电路不同的参数及外围电路，可以构成多种多样的电路。三极管的 3 个电极分别为基极（base，简称为 b）、集电极（collector，简称为 c）与发射极（emitter，简称为 e）。常用的三极管实物外形如图 2-47所示。

图 2-47　三极管实物外形

2．三极管的分类

（1）按构成材料分类

按构成的材料三极管可分为硅三极管和锗三极管两种。目前，常用的是硅三极管。

（2）按结构分类

按结构不同三极管可分为 NPN 型与 PNP 型。

（3）按功率分类

按功率三极管可分为小功率三极管、中功率三极管和大功率三极管 3 种。

（4）按封装结构分类

按封装结构三极管可分为塑料封装三极管和金属封装三极管两种。目前，常用的是塑料封装三极管。

（5）按工作频率分类

按工作频率三极管可分为低频三极管和高频三极管两种。

（6）按功能分类

按功能三极管可分为普通三极管、达林顿三极管、带阻三极管、光敏三极管等多种。目前，常用的是普通三极管。

（7）按焊接方式分类

按焊接方式三极管可分为插入式焊接三极管和贴片式焊接三极管两类。

二、三极管的主要技术参数

三极管的主要技术参数包括直流电流放大倍数、发射极开路集电极—基极反向截止电流、基极开路集电极—发射极反向截止电流、集电极最大电流、集电极最大允许功耗、反向击穿电压等。

1．直流电流放大倍数 h_{FE}

在共发射极电路中，三极管基极输入信号不变化的情况下，三极管集电极电流 I_c 与基极电流 I_b 的比值就是直流电流放大倍数 h_{FE}，也就是 $h_{FE}=I_c/I_b$。直流放大倍数是衡量三极管直流放大能力最重要的参数之一。

2．交流放大倍数 β

在共发射极电路中，三极管基极输入交流信号的情况下，三极管变化的集电极电流 ΔI_c 与变化的基极电流 ΔI_b 的比值就是交流放大倍数 β，也就是 $\beta=\Delta I_c/\Delta I_b$。

提示　虽然交流放大倍数 β 与直流放大倍数 h_{FE} 的含义不同，但大部分三极管的 β 与 h_{FE} 值相近，所以在应用时也就不再对它们进行严格区分。

3. 发射极开路时集电极—基极反向截止电流 I_{cbo}

在发射极开路的情况下，为三极管的集电极输入规定的反向偏置电压时，产生的集电极电流就是集电极—基极反向截止电流 I_{cbo}。下标中的"o"表示三极管的发射极开路。

在一定温度范围内，当集电结处于反向偏置状态后，即使再增大反向偏置电压，I_{cbo} 也不再增大，所以 I_{cbo} 也被称为反向饱和电流。一般的小功率锗三极管的 I_{cbo} 从几微安到几十微安，而硅三极管的 I_{cbo} 通常为纳安数量级。NPN 和 PNP 型三极管的集电极—基极反向截止电流 I_{cbo} 的方向是不同的，如图 2-48 所示。

4. 基极开路时集电极—发射极反向截止电流 I_{ceo}

在基极开路的情况下，为三极管的发射极加正向偏置电压，为集电极加反向偏置电压时产生的集电极电流就是集电极—发射极反向截止电流 I_{ceo}，俗称穿透电流。下标中的"o"表示三极管的基极开路。

NPN 和 PNP 型三极管的集电极—发射极反向截止电流 I_{ceo} 的方向是不同的，如图 2-49 所示。

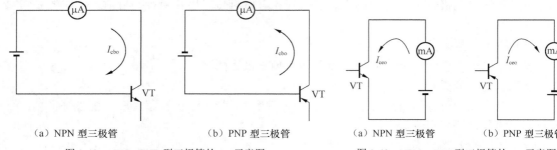

（a）NPN 型三极管　　　（b）PNP 型三极管　　　　（a）NPN 型三极管　　　（b）PNP 型三极管

图 2-48　NPN、PNP 型三极管的 I_{cbo} 示意图　　　图 2-49　NPN、PNP 型三极管的 I_{ceo} 示意图

 提示　I_{ceo} 约是 I_{cbo} 的 h_{FE} 倍，即 $I_{ceo}/I_{cbo} = h_{FE} + 1$。$I_{ceo}$、$I_{cbo}$ 反映了三极管的热稳定性，它们越小，说明三极管的热稳定性越好。实际应用中，它们会随温度的升高而增大，尤其锗三极管更明显。

---

5. 集电极最大电流 I_{cm}

当基极电流增大使集电极电流 I_c 增大到一定值后，会导致三极管的 β 值下降，β 值下降到正常值的 2/3 时的集电极电流就是集电极允许的最大电流 I_{cm}。实际应用中，若三极管的 I_c 超过 I_{cm} 后，就容易过电流损坏。

6. 集电极最大功耗 P_{cm}

当三极管工作时，集电极电流 I_c 在它的发射极—集电极电阻上产生的压降为 U_{ce}，而 I_c 与 U_{ce} 相乘后就是集电极功耗 P_c，也就是 $P_c = I_c \times U_{ce}$。因为 P_c 将转换为热能使三极管的温度升高，所以当 P_c 值超过规定的功率值后，三极管 PN 结的温度会急剧升高，三极管就容易击穿损坏，这个功率值就是三极管集电极最大功耗 P_{cm}。

 提示　实际应用中，大功率三极管通常需要加装散热片进行散热，以降低三极管的工作温度，提高它的 P_{cm}。

---

7. 最大反向击穿电压 $V_{(BR)}$

当三极管的 PN 结承受较高电压时，PN 结就会反向击穿，结电阻的阻值急剧减小，结电流急剧增大，使三极管过电流损坏。三极管击穿电压的高低不仅仅取决于三极管自身的特性，还受外电路工作方式的影响。

三极管的击穿电压包括集电极—发射极反向击穿电压 $V_{(BR)ceo}$ 和集电极—基极反向击穿电压 $V_{(BR)cbo}$ 两种。

（1）集电极—发射极反向击穿电压 $V_{(BR)ceo}$

$V_{(BR)ceo}$ 是指三极管在基极开路时，允许加在集电极和发射极之间的最高电压。下标中的"o"表示三极管的基极开路。

（2）集电极—基极反向击穿电压 $V_{(BR)cbo}$

$V_{(BR)cbo}$ 是指三极管在发射极开路时，允许加在集电极和基极之间的最高电压。下标中的"o"表示三极管的发射极开路。

 注意 应用时，三极管的集电极、发射极间电压不能超过 $V_{(BR)ceo}$，同样集电极、基极间电压也不能超过 $V_{(BR)cbo}$，否则会引起三极管损坏。

----

8. 频率参数

当三极管工作在高频状态时，就要考虑它的频率参数，三极管的频率参数主要包括截止频率 f_α 与 f_β、特征频率 f_T 以及最高频率 f_m。在这些频率参数里最重要的是特征频率 f_T，下面对其进行简单介绍。

三极管工作频率超过一定值时，β 值开始下降，当它下降到 1 时，所对应的频率就是特征频率 f_T。当三极管的频率 $f=f_T$ 时，三极管就完全失去了电流放大功能。

 提示 正常时，三极管的特征频率 f_T 等于三极管的频率 f 乘以放大倍数 β，即 $f_T = f \times \beta$。

三、普通三极管的检测

普通三极管由两个 PN 结构成，其电路符号如图 2-50 所示。普通三极管的检测可以使用指针型万用表的电阻挡，也可以使用数字型万用表的二极管挡。

 提示 如图 2-50 所示，为了和集电极区别，三极管的发射极上都画有箭头。箭头的方向代表发射结在正向电压下的电流方向。箭头向外的是 NPN 型三极管，箭头向内的是 PNP 型三极管。用万用表测量三极管基极和发射极 PN 结的正向压降时，硅管的正向压降一般为 0.5～0.7V，锗管的正向压降多为 0.2～0.4V。

----

1. 引脚及 NPN、PNP 型三极管的判别

（1）三极管类型及基极的判别

判断三极管是 NPN 型还是 PNP 型，并且判断出哪个引脚是基极，对于普通三极管的识别和检测是极为重要的。判断时可采用数字型万用表的二极管挡，也可以采用指针型万用表的电阻挡。

（a）NPN 型三极管　　（b）PNP 型三极管

图 2-50　三极管的电路符号

① 采用数字型万用表的判别方法。

首先假设三极管的第 1 个引脚为基极，然后将数字型万用表置于"二极管"挡，用红表笔接三极管假设的基极，黑表笔分别接第 2、3 个引脚，若显示屏显示数值都为"0.5～0.7"，说明假设的第 1 个脚的确是基极，并且该管为 NPN 型三极管，如图 2-51 所示。若红表笔接第 1 个引脚、黑表笔接第 2 个引脚时，显示屏显示的数值为"0.5～0.7"，而黑表笔接第 3 个引脚时，数值为无穷大（有的数字型万用表显示"1"，有的显示"OL"），则让黑表笔重新接第 2 个引脚，用红表笔接第 3 个引脚，若显示屏显示"0.5～0.7"，说明该管是 PNP 型三极管，并且第 2 个脚就是基极，如图 2-52 所示。若红表笔接第 1 个引脚、黑表笔接第 2、3 个引脚时，显示屏显示的数值均为无穷大，说明假设的引脚不是基极，需要重新假设，再进行测量即可。

图 2-51　用数字型万用表判别 NPN 型三极管示意图

图 2-52　用数字型万用表判别 PNP 型三极管示意图

② 采用指针型万用表的判别方法。

采用指针型万用表判别管型和基极时，首先将万用表置于"R×1k"挡，黑表笔接假设的基极、红表笔接另两个引脚时表针指示的阻值为 10kΩ 左右，则说明假设的基极正确，并且被判别的三极管是 NPN 型，如图 2-53 所示。若红表笔接假设的基极、黑表笔接另两个引脚时表针指示的数值为 10kΩ 左右，则说明红表笔接的引脚是基极，并且被测量的三极管是 PNP 型，如图 2-54 所示。

 提示　日本产三极管（如 2SA966、2SC1815）的基极都在一侧，而国产三极管（如 3DA87、3DG12）的中间脚是基极。

（2）集电极、发射极的判别（放大倍数检测）

实际使用三极管时，还需要判断哪个引脚是集电极，哪个引脚是发射极。用万用表通过测量 PN 结和三极管放大倍数 h_{FE} 就可以判别三极管的集电极、发射极。

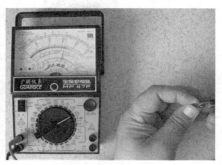

图 2-53　用指针型万用表判别 NPN 型三极管示意图

图 2-54　用指针型万用表判别 PNP 型三极管示意图

① 通过 PN 结阻值判别的方法。

参见图 2-51，显示屏显示的导通压降值为 "0.563" 时，说明黑表笔接的引脚是集电极；导通压降值为 0.566 时，说明黑表笔接的引脚是发射极。

参见图 2-54，采用指针型万用表测量 PNP 型三极管时，用红表笔接基极，黑表笔分别接另两个引脚，所测两个阻值也会一大一小。在阻值小的一次测量中，黑表笔所接的是集电极，剩下的引脚就是发射极。

② 通过 h_{FE} 判别的方法。

如图 2-55 所示，万用表的面板都有 NPN、PNP 型三极管 "b"、"c"、"e" 引脚插孔，所以检测三极管的 h_{FE} 时，首先要确认被测三极管是 NPN 型还是 PNP 型，然后将它的基极（b）、集电极（c）、发射极（e）3 个引脚插入面板上相应的 "b"、"c"、"e" 插孔内，再将万用表置于 "h_{FE}" 挡，通过显示屏显示的数据就可以判断出三极管的 c 极、e 极。若数据较小或为 0，可能是假设的 c、e 极反了，再将 c、e 引脚调换后插入，此时数据较大，则说明插入的引脚就是正确的 c、e 极了。

 提示　该方法不仅可以识别出三极管的引脚，而且可以确认三极管的放大倍数。图 2-55（b）所示的三极管的放大倍数为 112。

（a）引脚不正确　　　　　　　　　　　　（b）引脚正确

图 2-55　通过 h_{FE} 挡判别三极管 c 极、e 极示意图

2. 三极管好坏的判断

用万用表检测三极管好坏时，可采用在路检测和非在路检测的方法进行。

（1）在路检测

将数字型万用表置于"二极管"挡，在测量 NPN 型三极管时，红表笔接三极管的 b 极，黑表笔分别接 c 极和 e 极，测得的正向导通压降值为"0.685"左右，如图 2-56（a）、（b）所示。用黑表笔接 b 极，红表笔接 c、e 极时，测它们的反向导通压降值为无穷大（显示"1"），如图 2-56（c）、（d）所示；而 c、e 极间的正向导通压降值为"1.258"，反向导通压降值为无穷大（显示"1"），如图 2-56（e）、（f）所示。若测得的数值偏差较大，则说明该三极管已坏或电路中有小阻值元件与它并联，需要将该三极管从电路板上取下或引脚悬空后再测量，以免误判。

（a）be 结正向电阻　　　　　　（b）bc 结正向电阻　　　　　　（c）bc 结反向电阻

（d）be 结反向电阻　　　　　　（e）c、e 极正向电阻　　　　　　（f）c、e 极反向电阻

图 2-56　用数字型万用表在路判别三极管好坏示意图

提示 PNP 型三极管的检测跟 NPN 型三极管正好相反，黑表笔接在 b 极，红表笔分别接 c 极和 e 极。

将指针型万用表置于"R×1"挡，在测量 NPN 型三极管时，黑表笔接三极管的 b 极，红表笔分别接 c 极和 e 极，所测的正向电阻都应在 20Ω 以内，如图 2-57（a）、（b）所示。用红表笔接 b 极，黑表笔接 c 极和 e 极，无论表笔怎样连接，反向电阻都应该是无穷大，如图 2-57（c）、（d）所示。而 c、e 极间的正向电阻的阻值应大于 200Ω，反向电阻的阻值为无穷大，如图 2-57（e）、（f）所示。否则，说明该三极管已坏。

（a）be 结正向电阻

（b）bc 结正向电阻

（c）be 结反向电阻

（d）bc 结反向电阻

（e）c、e 极正向电阻

（f）c、e 极反向电阻

图 2-57 用指针型万用表在路判别三极管好坏示意图

（2）非在路检测

采用指针型万用表非在路检测 NPN 型三极管时，其方法和在路检测的方法一样，但反向阻值必须是无穷大。下面以常见的 NPN 型三极管 2SC1815 为例进行介绍。

采用指针型万用表判别 2SC1815 好坏时，首先将万用表置于"R×1k"挡，黑表笔接 b 极、红表笔接另两个引脚时阻值应为 15kΩ 左右，如图 2-58（a）、（b）所示。调换表笔，并且将万用表置于"R×10k"挡，红表笔接 b 极，黑表笔接 c、e 极时的阻值应大于 500kΩ，如图 2-58（c）、（d）所示，c、e 极间的正向阻值大于 500kΩ，而反向阻值应为无穷大，如图 2-58（e）、（f）所示。否则，说明被测三极管已损坏。

3. 估测穿透电流 I_{ceo}

利用万用表测量三极管的 c、e 极间电阻，可估测出该三极管穿透电流 I_{ceo} 的大小。下面以常见的 PNP 型三极管 2SA733P 和常见的 NPN 型三极管 2SD313 为例进行介绍。

（1）PNP 型三极管

如图 2-59 所示，将万用表置于"R×10k"挡，黑表笔接 e 极，红表笔接 c 极，阻值应为几十千欧到无穷大。如果阻值过小或表针缓慢向左移动，说明该管的穿透电流 I_{ceo} 较大。

（a）be 结正向电阻　　　　　　（b）bc 结正向电阻　　　　　　（c）be 结反向电阻

（d）bc 结反向电阻　　　　　（e）c、e 极正向电阻　　　　　（f）c、e 极反向电阻

图 2-58　用指针型万用表非在路判别三极管好坏示意图

图 2-59　估测 PNP 型三极管穿透电流示意图

 提示　锗材料的 PNP 型三极管的穿透电流 I_{ceo} 比硅材料的 PNP 型三极管大许多。采用 R ×1k 挡测量 c、e 极间的电阻时都会有阻值。

（2）NPN 型三极管

如图 2-60 所示，将万用表置于"R×10k"挡，红表笔接 e 极，黑表笔接 c 极，阻值应为几百千欧，调换表笔后，阻值应为无穷大。如果阻值过小或表针缓慢向左移动，说明该管的穿透电流 I_{ceo} 较大。

图 2-60　估测 NPN 型三极管穿透电流示意图

4．高频管、低频管的判断

根据三极管型号区分高频管、低频管比较方便，而对于型号模糊不清的三极管则需要通过万用表检测后进行确认。

将万用表置于"R×1k"挡，黑表笔接 e 极，红表笔接 b 极，阻值应大于几百千欧或为无穷大。然后，将万用表置于"R×10k"挡，若表针不变化或变化范围较小，则说明被测的三极管是低频管，如图 2-61（a）所示；若表针摆动的范围较大，则说明被测的三极管为高频管，如图 2-61（b）所示。

（a）低频管

（b）高频管

图 2-61　低频管、高频管判断示意图

四、行输出管的识别与检测

1．行输出管的分类和特点

行输出管是彩电、彩显内行输出电路采用的一种大功率三极管。常用的行输出管从外形上分为两种：一种是金属封装，另一种是塑料封装。从内部结构上行输出管分为两种：一种是不带阻尼二极管和分流电阻的行输出管，另一种是带阻尼二极管和分流电阻的大功率管。其中，不带阻尼二极管和分流电阻的行输出管的检测和普通三极管的检测是一样的，而带阻尼二极管和分流电阻的行输出管的检测与普通三极管的检测有较大区别。带阻尼二极管和分流电阻的行输出管的实物外形和电路符号如图 2-62 所示。

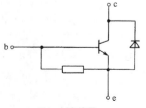

（a）实物外形　　　　　　　　　　　　　　　　　　（b）电路符号

图 2-62　行输出管

2. 行输出管好坏的判断

用万用表检测带阻尼的行输出管好坏时，可采用非在路检测和在路检测的方法进行。检测时可采用数字型万用表的二极管挡，也可以采用指针型万用表的电阻挡。

（1）非在路检测

采用数字型万用表非在路检测行输出管时，应使用"200Ω"电阻挡和"二极管"挡进行测量，测量步骤如图 2-63 所示。

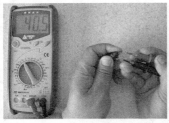
（a）be 结正、反向电阻

（b）bc 结正向电阻

（c）bc 结反向电阻

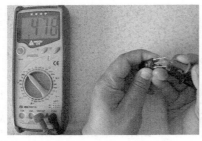
（d）c、e 极正向电阻

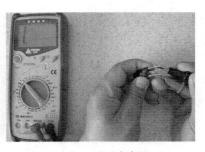
（e）c、e 极反向电阻

图 2-63　用数字型万用表非在路检测行输出管好坏示意图

用"200Ω"电阻挡测量 b、e 极间的正向、反向阻值时，显示为"40.5"。随后，将万用表置于"二极管"挡，红表笔接 b 极，黑表笔接 c 极，测 bc 结的正向导通压降值为"0.452"；黑表笔接 b 极，红表笔接 c 极，测 bc 结的反向导通压降时为溢出值"1"，说明导通压降为无穷大。用红表笔接 e 极，黑表笔接 c 极，测量 c、e 极的正向导通压降值为"0.478"；黑表笔接 e 极，红表笔接 c 极，所测的反向导通压降为无穷大。若数字偏差较大，则说明被测的行输出管损坏。

提示　因为 c、e 极上并联了阻尼二极管，所以测得的 c、e 极间正、反向导通压降值也就是阻尼二极管的导通压降值。由于 be 结上并联了分流电阻，所以测得的 b、e 极间正、反向电阻的阻值基本上就是分流电阻的阻值。不同的行输出管并联的分流电阻有所不同，但阻值为 20～40Ω 比较常见。

注意　若采用指针型万用表测量行输出管，测量 be 结的正、反向电阻时都需要采用"R×1"挡，测量 bc 结、c/e 极正向电阻时应采用"R×1"或"R×1k"挡，而测量它们的反向电阻应采用"R×1k"或"R×10k"挡。

（2）在路检测

采用数字型万用表在路检测行输出管的方法，和非在路检测的方法一样，但 be 结的阻值应是 0，这是由于行输出管的 b、e 极与行激励变压器的二次绕组并联所致。

如图 2-64 所示，采用指针型万用表在路判别行输出管好坏时，首先将万用表置于"R×1"挡，黑表笔接 b 极、红表笔接 e 极时，测得正向电阻阻值为 0，而接 c 极时测得的正向电阻阻值为几十欧；调换表笔后测 bc 结反向电阻，阻值为无穷大。测量 c、e 极间的正向电阻，阻值为几十欧，反向电阻的阻值应为无穷大。否则，说明该行输出管已损坏。

（a）be 结正向、反向电阻　　　（b）bc 结正向电阻　　　（c）bc 结反向电阻

（d）c、e 极正向电阻　　　　（e）c、e 极反向电阻

图 2-64　用指针型万用表在路检测行输出管示意图

五、达林顿管的识别与检测

1. 达林顿管的构成和分类

（1）达林顿管的构成

达林顿管是一种复合三极管，多由两只三极管构成。其中，第 1 只三极管的 e 极直接接在第 2 只三极管的 b 极上，最后引出 b、c、e 3 个引脚。由于达林顿管的放大倍数是级联三极管放大倍数的乘积，所以可达到几百、几千，甚至更高，如 2SB1020 的放大倍数为 6 000，2SB1316 的放大倍数达到 15 000。

 提示　常见的达林顿管多由两只三极管级联构成。

（2）达林顿管的分类

达林顿管按功率可分为小功率、中功率和大功率 3 种；按封装结构达林顿管可分为塑料封装和金属封装两种；按结构，达林顿管可分为 NPN 型和 PNP 型两种。

2. 达林顿管的特点

（1）小功率达林顿管的特点

通常将功率不足 1W 的达林顿管称为小功率达林顿管，它仅由两只三极管构成，并且无电阻、二极管等构成的保护电路。常见的小功率达林顿管的实物外形和电路符号如图2-65 所示。

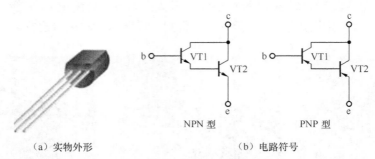

（a）实物外形　　　　　　　　　　（b）电路符号

图 2-65　小功率达林顿管

（2）大功率达林顿管的特点

因为大功率达林顿管的电流较大，所以它内部的大功率管的温度较高，导致前级三极管的 b 极漏电流增大，被逐级放大后就会导致达林顿管整体的热稳定性能下降。因此，当环境温度较高且漏电流较大时，不仅容易导致大功率达林顿管误导通，而且容易导致它损坏。为了避免这种危害，大功率达林顿管在内部设置了保护电路。常见的大功率达林顿管的实物外形和电路符号如图 2-66（a）、（b）所示。

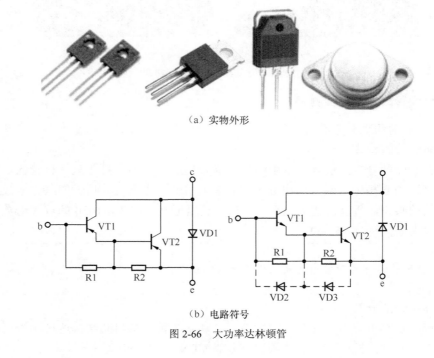

（a）实物外形

（b）电路符号

图 2-66　大功率达林顿管

如图 2-66（b）所示，前级三极管 VT1 和大功率管 VT2 的 be 结上还并联了泄放电阻 R1、R2。R1 和 R2 的作用是为漏电流提供泄放回路。因为 VT1 的 b 极漏电流较小，所以 R1 可以选择阻值为几千欧的电阻；VT2 的漏电流较小，所以 R2 选择几十欧的电阻。另外，大功率达林顿管的 c、e 极间安装了一只续流二极管。当线圈等感性负载停止工作后，该线圈的电感特性会使它产生峰值很高的反向电动势。该电动势通过续流二极管 VD1 泄放到供电电源，从而避免了达林顿管内的大功率管被过高的反向电压击穿，实现了过电压保护功能。

3. 达林顿管的检测

（1）引脚和管型的判别

判断达林顿管是 NPN 型还是 PNP 型，并且判断出引脚的名称，是正确使用达林顿管的基础。判断时可采用数字型万用表的二极管挡，也可以采用指针型万用表的电阻挡。下面以常见的达林顿管 TIP122 为例进行介绍。

提示　　如图 2-66（b）所示，大功率达林顿管的 b、c 极间仅有一个 PN 结，所以 b、c 极间应为单向导电特性；而 be 结上有两个 PN 结，所以正向导通电阻大。通过该特点就可以很快确认引脚名称。

---

① 用数字型万用表判别的方法。

如图 2-67 所示，首先假设 TIP122 的一个管脚为基极，随后将万用表置于二极管挡，用红表笔接在假设的基极上，再用黑表笔分别接另外两个管脚。若显示屏显示数值分别为 0.710、0.624，说明假设的管脚就是基极，并且数值小时黑表笔接的管脚为集电极，数值大时黑表笔所接的管脚为发射极，同时还可以确认该管为 NPN 型达林顿管。

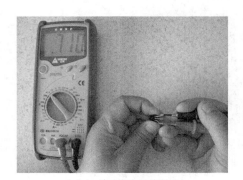

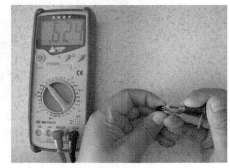

（a）be 结正向电阻的测量　　　　　　　　　　（b）bc 结正向电阻的测量

图 2-67　用数字型万用表判别达林顿管管型及引脚示意图

提示　　测量过程中，若黑表笔接一个引脚、红表笔接另两个引脚时，显示屏显示的数据符合前面的数值，则说明黑表笔接的是 b 极，并且被测量的达林顿管是 PNP 型。

---

② 用指针型万用表判别的方法。

采用指针型万用表判别管型和引脚时，首先将指针型万用表置于"R×1k"挡，黑表笔接假设的 b 极，红表笔接另两个引脚时表针摆动，则说明黑表笔接的是 b 极，并且数值小时红表笔接的引脚为 c 极，数值大时红表笔所接的引脚为 e 极，同时还可以确认该管为 NPN 型达林顿管，如图 2-68 所示。

 提 示　测量过程中，若红表笔接一个引脚、黑表笔接另两个引脚时表针摆动，则说明红表笔接的是 b 极，并且被测量的达林顿管是 PNP 型。

（2）达林顿管好坏的判别

首先将数字型万用表置于"二极管"挡，用红表笔接 e 极，黑表笔接 c 极时，显示屏显示的 c、e 极正向导通压降值为"0.472"，如图 2-69（a）所示；调换表笔后，测 c、e 极的反向导通压降值为溢出值"1"，如图 2-69（b）所示。同样，黑表笔接 b 极，红表笔接 e、c 极时，测 be、bc 结的反向导通压降值也为无穷大。

（a）be 结正向电阻的测量　　　　　（b）bc 结正向电阻的测量　　　　　（c）c、e 极正向电阻的测量

图 2-68　用指针型万用表判别达林顿管管型及引脚示意图

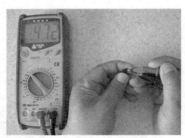 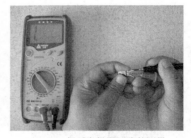

（a）c、e 极正向导通压降的测量　　　　（b）c、e 极反向导通压降的测量

图 2-69　达林顿管的非在路检测

六、带阻三极管的识别与检测

1. 带阻三极管的构成与特点

带阻三极管在外观上与普通的小功率三极管几乎相同，但内部构成却不同，它是由 1 个三极管和 1～2 个电阻构成的。在家电设备中，带阻三极管多由 2 只电阻和 1 只三极管构成。图 2-70（a）所示为带阻三极管的内部构成。带阻三极管在电路中多用字母 QR 表示。不过，因带阻三极管多应用在国外或合资的电子产品中，所以电路符号及字母符号有较大的区别，图 2-70（b）所示为几种常见的带阻三极管的电路符号。

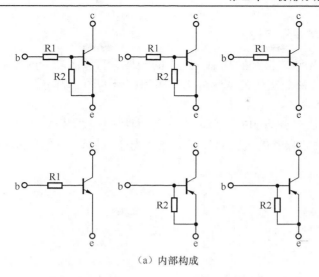

（a）内部构成

公司 类型	松下、东芝、蓝宝	三洋、日电、罗兰士	夏普、飞利浦	日立	富丽、珠波
PNP 型					
NPN 型					

（b）几种常见的带阻三极管的电路符号

图 2-70 带阻三极管

带阻三极管通常被用作开关，当三极管饱和导通时 I_c 很大，c、e 极压降较小；当它截止时，c、e 极压降较大，约等于供电电压 U_{CC}。管中内置的 b 极电阻 R 越小，管子导通程度越强，c、e 极压降就越低，但该电阻不能太小，否则会影响开关速度，甚至导致三极管损坏。

2. 带阻三极管的检测

带阻三极管的检测方法与普通三极管基本相同，不过在测量 bc 结的正向电阻时需要加上 R1 的阻值，而测量 be 结正向电阻时需要加上 R2 的阻值。因为 R2 并联在 be 结两端，所以实际测量的 be 结阻值要小于 bc 结阻值。另外，bc 结的反向电阻阻值为无穷大，但 be 结的反向电阻阻值为 R2 的阻值，所以阻值不再是无穷大。

七、光敏三极管的识别与检测

光敏三极管是在光敏二极管的基础上产生的一种具有放大功能的光敏器件，在电路中多用 VT 表示。常见的光敏三极管的实物外形和电路符号如图 2-71 所示。

1. 光敏三极管的分类与特点

光敏三极管按构成可分为 NPN 型和 PNP 型两种，按放大能力光敏三极管可分为普通型和达林顿型两种。光敏三极管的工作原理可等效为光敏二极管和普通三极管的组合，如图 2-72 所示。

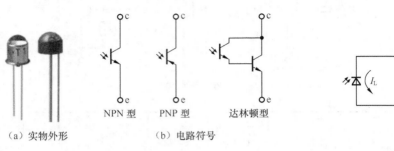

NPN 型　　PNP 型　　达林顿型	
（a）实物外形　　　（b）电路符号	
图 2-71　光敏三极管	图 2-72　光敏三极管的等效电路

如图 2-72 所示，b、c 极间的 PN 结就相当于一个光敏二极管，有光照时，光敏二极管导通，由其产生的导通电流 I_L 输入到三极管的 b 极，使三极管导通，它的 c 极流过的电流就是 c 极电流 I_c（βI_L）。由于光敏三极管的 b 极输入的是光信号，所以它的外部仅有 c、e 极两个引脚。

2. 光敏三极管的主要参数

（1）最高工作电压 U_{ceo}

最高工作电压是指在无光照的状态下，c、e 极间漏电流未超过规定电流（0.5μA）时，光敏三极管所允许施加的最高工作电压，范围通常在 10～50V。下标中的"o"表示光敏三极管的 b 极开路。

（2）暗电流 I_D

暗电流是指光敏三极管在无光照时 c、e 极间的漏电流，一般小于 1μA。

（3）光电流 βI_L

光电流是指在有光照时光敏三极管的 c 极电流，一般为几毫安。

（4）最大允许功耗 P_{cm}

最大允许功耗是指光敏三极管在不损坏的前提下所能承受的最大功耗。

3. 光敏三极管的检测

（1）光敏三极管引脚的识别

普通光敏三极管靠近管键（外壳上突出部位）的引脚或者比较长的引脚为 e 极，达林顿型光敏三极管靠近外壳平口的引脚是 c 极。

（2）光敏三极管暗电阻的检测

首先，用黑胶布或黑纸片将光敏三极管的受光窗口包住，再将万用表置于"R×1k"挡，测 c、e 极间的正、反向电阻，阻值都应为无穷大。若有阻值，说明其漏电；若阻值为 0，说明其已击穿。

（3）光敏三极管亮电阻的检测

首先，让光线照到光敏三极管的受光窗口上，再将万用表置于"R×1k"挡，用黑表笔接 c 极，红表笔接 e 极，测 c、e 极间的正、反向电阻，阻值应为 10～30kΩ。阻值越小，说明光敏三极管的灵敏度越大。若阻值过大或为无穷大，说明该管灵敏度低或开路。

八、复合对管的识别与检测

1. 复合对管的分类与特点

复合对管是将两只性能一致的三极管封装在一起制成的，按结构复合对管可分为 NPN 型高频小功率对管和 PNP 型高频小功率差分对管两种，按封装结构复合对管可分为金属封装结构和塑料封装结构两种，如图 2-73 所示。

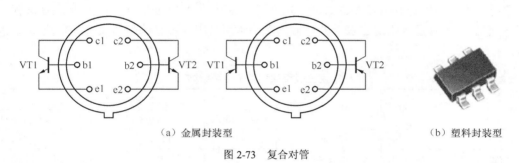

（a）金属封装型　　　　　　　　　　　　　　　　（b）塑料封装型

图 2-73　复合对管

2. 复合对管的检测

复合对管可按照两个普通三极管的检测方法进行检测。

九、三极管的更换

首先，更换前一定要清楚被更换三极管在电路中的作用，三极管在电路中主要是用作信号放大和开关控制。

维修中，三极管的更换要坚持"类别相同，特性相近"的原则。"类别相同"是指更换中应选相同品牌、相同型号的三极管，即 NPN 管换 NPN 管，PNP 管换 PNP 管，硅管换硅管，锗管换锗管。"特性相近"是指更换中应选参数、外形及引脚相同或相近的三极管。

未带阻尼的行输出管多可以用作彩电开关电源的开关管，而部分开关电源的开关管因耐压低，却不能作为行输出管使用。因为彩显行输出管的关断时间极短，所以不能用彩电行输出管更换，而彩显行输出管可以代换彩电行输出管。大部分高频三极管可以代换低频三极管，但低频三极管一般不能代换高频三极管。

 注意　由于大功率管需要的激励电流大，所以有时也不能采用功率过大的三极管进行更换，比如，2SD1710 损坏后若使用更大功率的 2SC4111 更换，容易导致 2SC4111 因激励不足而损坏。

方法与技巧 更换带阻尼二极管的行输出管时尽可能采用同型号行输出管，若没有此类行输出管，也可采用不带阻尼二极管的行输出管附加阻尼二极管和分流电阻进行间接代换。阻尼二极管可选用 RU4A 等高反压超快速二极管，分流电阻可选用 27Ω/1W 的金属膜电阻。

更换带阻三极管时尽可能采用同型号三极管，若没有此类三极管，也可采用普通三极管附加电阻间接代换。由于不同型号的带阻三极管附加的电阻的阻值不同，所以间接代换时需通过相关资料查到内置元器件的参数后进行。

另外，若贴片三极管损坏后，没有此类三极管，也可以采用参数相近的直插焊接式三极管进行更换。

十、常用三极管的型号及主要参数

常用三极管的型号及主要参数如表 2-10 所示。表中有"*"标记的三极管是达林顿管，有"**"标记的三极管是带阻尼二极管的行输出管。常用带阻三极管的型号及主要参数如表 2-11 所示。

表 2-10　　　　　　　　　　　　　　常用三极管的型号及主要参数

型　号	管　型	功　能	主　要　参　数			
			$V_{(BR)cbo}$（V）	I_{cm}（A）	P_{cm}（W）	f_T（MHz）
8050	NPN	高频放大	40	1.5	1	100
8550	PNP	高频放大	40	1.5	1	100
9011	NPN	高频放大	50	0.03	0.4	150
9012	PNP	高频放大	50	0.5	0.625	—
9013	NPN	低频放大	50	0.5	0.625	—
9014	NPN	低噪声放大	50	0.1	0.4	150
9015	PNP	低噪声放大	50	0.1	0.4	150
9018	NPN	高频放大	30	0.5	0.4	1 000
2N2222	NPN	高频放大	60	0.8	0.5	—
2N2222A	NPN	高频放大	75	0.6	0.625	300
2N2369	NPN	高频放大	40	0.5	0.3	800
2N2907	NPN	放大	60	0.6	0.4	—
2N3055	NPN	功率放大	100	15	115	—
2N3440	NPN	彩电视频放大	450	1	1	15
2N3773	NPN	音频功放	160	16	150	—
2N3904	NPN	放大	60	0.2	—	—
2N3906	PNP	放大	40	0.2	—	—
2N5401	PNP	彩电视频放大	160	0.6	0.625	100
2N5551	NPN	彩电视频放大	160	0.6	0.625	100
2N5685	NPN	音频功放	60	50	300	—
2N6277	NPN	音频功放	180	50	250	—
2N6609	PNP	音频功放	160	15	150	—

续表

型 号	管 型	功 能	主 要 参 数			
			$V_{(BR)cbo}$（V）	I_{cm}（A）	P_{cm}（W）	f_T（MHz）
2N6678	NPN	音频功放	650	15	175	15
2N6718	NPN	音频功放	100	2	2	50
A634	PNP	音频功放	40	2	10	—
A715C	PNP	音频功放	35	2.5	10	160
A733	PNP	放大	50	0.1	—	180
A940	PNP	功率放大	150	1.5	25	4
A966	PNP	开关、放大	30	1.5	0.9	—
A968	PNP	放大	160	1.5	25	100
A1009	PNP	功率放大	35	2	15	—
A1012	PNP	功率放大	60	5	25	—
A1013	PNP	视频放大	160	1	0.9	—
A1015	PNP	放大	60	0.15	0.4	8
A1162	PNP	放大	50	0.15	0.15	—
A1216	PNP	功率放大	180	17	200	150
A1265	PNP	功率放大	140	10	100	30
A1295	PNP	功率放大	230	17	200	30
A1301	PNP	功率放大	160	10	100	30
A1302	PNP	功率放大	200	15	150	30
A1358	PNP	高频放大	120	1	10	120
A1494	PNP	功率放大	200	17	200	20
A1516	PNP	功率放大	180	12	130	25
A1668	PNP	开关、放大	200	2	25	20
B449（锗）	PNP	功率放大	50	3.5	22.5	—
B649	PNP	高频放大	180	1.5	1	—
B669*	PNP	功率放大	70	4	40	—
B673*	PNP	功率放大	100	7	40	—
B675*	PNP	功率放大	60	7	40	—
B688	PNP	功率放大	120	8	80	—
B734	PNP	放大	60	1	1	—
B772	PNP	功率放大	40	3	10	—
B817	PNP	功率放大	160	12	100	—
B834	PNP	功率放大	60	3	30	—
B937A	PNP	功率放大	60	2	35	—
B1020*	PNP	功率放大	100	7	40	—
B1079*	PNP	功率放大	100	20	100	—
B1185	PNP	功率放大	60	3	25	70

续表

型 号	管 型	功 能	主 要 参 数			
			$V_{(BR)cbo}$（V）	I_{cm}（A）	P_{cm}（W）	f_T（MHz）
B1238	PNP	高频放大	80	0.7	10	100
B1316*	PNP	功率放大	100	2	10	100
B1317	PNP	音频功率放大	180	15	150	—
B1335	PNP	音频功率放大	80	4	30	12
B1375	PNP	音频功率放大	60	3	20	9
B1400*	PNP	功率放大	120	6	25	—
C458	NPN	高频放大	30	0.1	—	230
C752	NPN	放大	30	0.1	—	300
C828	NPN	放大	45	0.05	0.25	
C943	NPN	放大	60	0.2	—	200
C945	NPN	放大	50	0.1	0.5	250
C1008	NPN	放大	80	0.7	0.8	50
C1162	NPN	电源、放大	35	1.5	10	—
C1213	NPN	放大	35	0.5	0.4	—
C1815	NPN	放大	60	0.15	0.4	8
C1906	NPN	高频放大	30	0.05	—	1 000
C1959	NPN	放大	30	0.4	0.5	300
C2012	NPN	高频放大	30	0.03	—	200
C2068	NPN	彩电视频放大	300	0.05	1.5	80
C2073	NPN	放大	150	1.5	25	4
C2078	NPN	开关、放大	1 500	3	10	150
C2228	NPN	彩电视频放大	160	0.05	0.75	—
C2230	NPN	彩电视频放大	200	0.1	0.8	—
C2236	NPN	开关、放大	30	1.5	0.9	—
C2238	NPN	开关、放大	160	1.5	25	100
C2320	NPN	高频放大	50	0.2	0.3	200
C2335	NPN	功率放大	500	7	40	—
C2373	NPN	功率放大	200	7.5	40	—
C2443	NPN	开关、放大	600	50	400	—
C2481	NPN	开关、放大	150	1.5	20	—
C2482	NPN	彩电视频放大	300	0.1	0.9	—
C2611	NPN	彩电视频放大	300	0.1	1.25	—
C2922	NPN	开关、放大	180	17	200	50
C3039	NPN	电源开关管	500	7	50	—
C3058	NPN	开关、放大	600	30	200	—
C3182	NPN	开关、放大	140	10	100	—

续表

型　号	管　型	功　能	主　要　参　数			
			$V_{(BR)cbo}$（V）	I_{cm}（A）	P_{cm}（W）	f_T（MHz）
C3198	NPN	高频放大	60	0.15	0.4	130
C3262*	NPN	开关、放大	800	10	100	—
C3280	NPN	开关、放大	160	12	120	—
C3281	NPN	开关、放大	200	15	150	30
C3355	NPN	高频放大	20	0.1	—	6 500
C3505	NPN	电源开关管	900	6	80	—
C3528	NPN	电源开关管	500	20	150	—
C3679	NPN	电源开关管	900	5	100	6
C3680	NPN	电源开关管	900	7	120	—
C3688	NPN	彩电行输出管	1 500	10	150	—
C3783	NPN	电源开关管	900	5	100	—
C3807	NPN	低噪声放大	30	2	1.2	60
C3907	NPN	开关、放大	180	12	130	30
C3987*	NPN	放大	500	3	20	—
C3998	NPN	彩电行输出管	1 500	25	250	—
C4038	NPN	开关、放大	50	0.1	0.3	180
C4231	NPN	功率放大	800	2	30	—
C4237	NPN	开关、放大	1 000	8	120	30
C4242	NPN	开关、放大	450	7	40	—
C4297	NPN	电源开关管	500	12	200	10
C4429	NPN	电源开关管	1 100	8	60	—
C4706	NPN	电源开关管	900	14	130	6
C4745	NPN	彩电行输出管	1 500	6	50	—
C4747	NPN	彩电行输出管	1 500	10	50	—
C4913	NPN	彩电视频放大	2 000	0.2	35	—
C4927	NPN	彩电行输出管	1 500	8	50	—
C5068/5088	NPN	彩电行输出管	1 500	10	50	—
C5144	NPN	彩电行输出管	1 500	20	200	—
C5418	NPN	彩电行输出管	1 500	8	50	—
D40C*	NPN	对讲机放大	40	0.5	40	75
D401	NPN	开关、放大	200	2	20	—
D438	NPN	开关、放大	500	1	0.75	100
D547	NPN	开关、放大	600	50	400	—
D560*	NPN	功率放大	150	5	30	—
D600K	NPN	开关、放大	120	1	8	130
D637	NPN	放大	60	0.1	—	150
D667	NPN	开关、视频放大	120	1	0.9	140
D669	NPN	开关、视频放大	180	1.5	1	140
D718	NPN	开关、放大	120	8	80	—
D774	NPN	放大	100	1	1	—

续表

型　　号	管　型	功　　能	主　要　参　数			
			$V_{(BR)cbo}$（V）	I_{cm}（A）	P_{cm}（W）	f_T（MHz）
D789	NPN	放大	100	1	0.9	—
D882	NPN	开关、放大	40	3	30	
D884	NPN	开关、放大	330	7	40	
D1025*	NPN	功率放大	200	8	50	
D1037	NPN	开关、放大	150	30	180	
D1047	NPN	开关、放大	160	12	100	
D1071	NPN	功率放大	300	6	40	
D1416*	NPN	功率放大	80	7	40	
D1640*	NPN	电源、放大	120	2	1.2	
D1710	NPN	彩电开关管/行输出管	1 500	5	50	
D1843	NPN	开关、放大	50	1	1	
D1887	NPN	彩电开关管/行输出管	1 500	10	70	
D1997	NPN	开关、放大	40	3	1.5	100
D2155	NPN	功率放大	180	15	150	
BC307	PNP	放大	50	0.2	0.3	
BC327	PNP	低噪声放大	50	0.8	0.625	—
BC337	NPN	低噪声放大	50	0.8	0.625	
BC338	NPN	低噪声放大	50	0.8	0.6	
BC547	NPN	高频放大	50	0.2	0.5	300
BD136	PNP	开关、放大	45	1.5	12.5	
BD138	PNP	功率放大	60	1.5	12.5	—
BD139	PNP	功率放大	80	1.5	12.5	—
BD681*/682*	NPN	功率放大	100	4	40	
BF442	NPN	开关、放大	250	0.05	0.83	
BF458	NPN	视频放大	250	0.1	10	
BU806	NPN	功率放大	400	8	60	
BUX84	NPN	电源开关管	800	2	40	
MJ10015/10016	NPN	电源管	400	50	200	—
MJE13003	NPN	开关、放大	400	1.5	14	—
MJE13005	NPN	开关、放大	400	4	60	
TIP31C	NPN	开关、放大	100	3	40	3
TIP32C	PNP	开关、放大	100	3	40	3
TIP35C	NPN	开关、放大	100	25	125	3
TIP36C	PNP	开关、放大	100	25	125	3
TIP41C	NPN	开关、放大	100	6	65	3
TIP42C	PNP	开关、放大	100	6	65	3
TIP122C*	NPN	开关、放大	100	8	65	—
TIP127C*	PNP	开关、放大	100	8	65	—
TIP137*	NPN	开关、放大	100	8	70	—

表 2-11　　　　　　　　　　常用带阻三极管的型号及主要参数

| 型号及管型 | | R_1（kΩ） | R_2（kΩ） | 代 换 型 号 |
NPN	PNP			
GR1201	GR1101	4.7	4.7	DTA143EK、DTC143EK、KSR1101、KSR2101、UN211L、UN221L
GR1202	GR1102	10	10	DTA114EK、DTC114EK、KSR1102、KSR2102、UN2211、UN2111
GR1203	GR1103	22	22	DTA124EK、DTC124EK、KSR1103、KSR2103、UN2212、UN2112
GR1204	GR1104	47	47	DTA144EK、DTC144EK、KSR1104、KSR2104、UN2213、UN2113
GR2201	GR2101	4.7	4.7	UN421L、UN411L
GR2202	GR2102	10	10	UN4211、UN4111
GR2203	GR2103	22	22	UN4212、UN4112
GR2204	GR2104	47	47	UN4213、UN4113
GR3201	GR3101	4.7	4.7	RN1001、RN2101、KSR1001、KSR2001
GR3202	GR3102	10	10	RN1002、RN2102、KSR1002、KSR2002
GR3203	GR3103	22	22	RN1003、RN2103、KSR1003、KSR2003
GR3204	GR3104	47	47	RN1004、RN2104、KSR1004、KSR2004
GR4201	GR4101	4.7	4.7	UN121L、UN111L
GR4202	GR4102	10	10	UN1211、UN1111
GR4203	GR4103	22	22	UN1212、UN1112

第六节　使用万用表检测场效应管

一、场效应管的识别

1. 场效应管的特点

场效应晶体管（Field Effect Transistor，FET）简称场效应管。它是一种外形与三极管相似的半导体器件。但它与三极管的控制特性却截然不同，三极管是电流控制型器件，通过控制基极电流来达到控制集电极电流或发射极电流的目的，即需要信号源提供一定的电流才能工作，所以它的输入阻抗较低；而场效应管则是电压控制型器件，它的输出电流决定于输入电压的大小，基本上不需要信号源提供电流，所以它的输入阻抗较高。此外，与三极管相比，场效应管具有开关速度快、高频特性好、热稳定性好、功率增益大及噪声小等优点，因此在电子产品中得到广泛应用。

2. 场效应管的分类

按结构，场效应管可分为结型和绝缘栅型两种；根据极性不同，又分为 N 沟道和 P 沟道两种；按功率，可分为小功率、中功率和大功率 3 种；按封装结构，可分为塑封和金封两种；按焊接方式，可分为插入焊接式和贴面焊接式两种；按栅极数量，可分为单栅极和双栅极两种。而绝缘栅场效应管又分为耗尽型和增强型两种。

 提示　绝缘栅场效应管可以代换结型场效应管，但绝缘栅增强型场效应管不能用结型场效应管代换。

3. 场效应管的引脚功能

不管是哪种场效应管，都有栅极（gate，G）、漏极（drain，D）和源极（source，S）3个电极。这3个电极所起的作用与三极管对应的集电极（c极）、基极（b极）、发射极（e极）类似。其中，G极对应b极，D极对应c极，S极对应e极。而N沟道型场效应管对应NPN型三极管，P沟道型场效应管对应PNP型三极管。常见场效应管的实物外形如图2-74所示，其电路符号如图2-75所示。

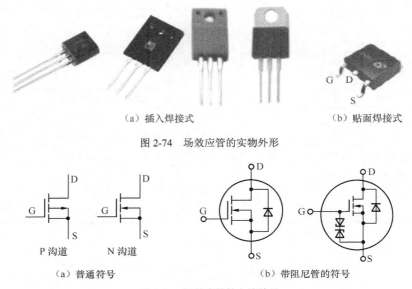

（a）插入焊接式　　　　　　　　　　　　（b）贴面焊接式

图2-74　场效应管的实物外形

（a）普通符号　　　　　　　　　　　　　（b）带阻尼管的符号

图2-75　场效应管的电路符号

4. 场效应管的基本原理

结型场效应管（JFET）利用U_{GS}来控制PN结耗尽层的宽窄，从而改变导电沟道的宽度，实现对漏极电流大小的控制。而绝缘栅场效应管（MOSFET）是利用U_{GS}来控制"感应电荷"的多少，以改变由这些"感应电荷"形成的导电沟道的状态，进而实现控制漏极电流I_D的目的。

二、场效应管的主要参数

1. 结型场效应管的主要参数

（1）饱和漏—源电流I_{DSS}

将栅极、源极短路，使栅、源极间电压U_{GS}为0，此时为漏、源极间加规定电压后，产生的漏极电流就是饱和漏—源电流I_{DSS}。

（2）夹断电压U_P

能够使漏—源电流I_{DS}为0或小于规定值的源—栅偏置电压就是夹断电压U_P。

（3）直流输入电阻R_{GS}

当栅、源极间电压U_{GS}为规定值时，栅、源极之间的直流电阻称为直流输入电阻R_{GS}。

（4）输出电阻R_D

当栅、源极间电压U_{GS}为规定值时，U_{GS}变化与其产生的漏极电流的变化之比称为输出电阻R_D。

（5）跨导 g_m

当栅、源极间电压 U_{GS} 为规定值时，漏—源电流的变化量与 U_{GS} 的比值称为跨导 g_m。跨导的原单位是 mA/V，新单位是毫希（mS）。这个数值是衡量场效应管栅极电压对漏—源电流控制能力的一个参数，也是衡量场效应管放大能力的重要参数。

（6）漏—源击穿电压 U_{DSS}

使漏极电流 I_D 开始剧增的漏—源电压 U_{DS} 为漏—源击穿电压 U_{DSS}。

（7）栅—源击穿电压 U_{GSS}

使反向饱和电流剧增的栅—源电压就是栅—源击穿电压 U_{GSS}。

2. 绝缘栅场效应管的主要参数

绝缘栅场效应管的直流输入电阻、输出电阻、漏—源击穿电压 U_{DSS}、栅—源击穿电压 U_{GSS} 和结型场效应管相同，下面介绍其他参数的含义。

（1）饱和漏—源电流 I_{DSS}

对于耗尽型绝缘栅场效应管，将栅极、源极短路，使栅、源极间电压 U_{GS} 为 0，再使漏、源极间电压 U_{DS} 为规定值后，产生的漏—源电流就是饱和漏—源电流 I_{DSS}。

（2）夹断电压 U_P

对于耗尽型绝缘栅场效应管，能够使漏—源电流 I_{DS} 为 0 或小于规定值的源—栅偏置电压就是夹断电压 U_P。

（3）开启电压 U_T

对于增强型绝缘栅场效应管，当在漏—源电压 U_{DS} 为规定值时，使沟道可以将漏、源极连接起来的最小电压，就是开启电压 U_T。

三、场效应管的检测

1. 大功率场效应管的检测

（1）引脚的判别

由于大功率绝缘栅场效应管的漏极（D 极）、源极（S 极）间并联了一只二极管，所以测量 D、S 极间的正、反向电阻，也就是该二极管的阻值，就可以确认大功率场效应管的引脚功能。判别时既可以使用数字型万用表，也可以使用指针型万用表。下面介绍使用指针型万用表判别绝缘栅大功率场效应管引脚的方法，如图 2-76 所示。

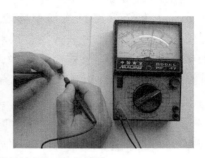

图 2-76　大功率绝缘栅场效应管引脚的判别

首先，将指针型万用表置于"R×1k"挡，测量场效应管任意两引脚之间的正、反向电阻值。其中一次测量两引脚时，表针指示到"10k"的刻度，这时黑表笔所接的引脚为 S 极（N

沟道型场效应管）或 D 极（P 沟道型场效应管），红表笔接的引脚是 D 极（N 沟道型场效应管）或 S 极（P 沟道型场效应管），而余下的引脚为栅极（G 极）。

（2）大功率场效应管触发能力的检测

即使识别出大功率场效应管的 D、S 极，也不能完全确定它是 N 沟道型场效应管，还是 P 沟道型场效应管，并且对于没有内置二极管的大功率场效应管，则需要通过检测它的触发能力来进一步确认它的管型和引脚功能。使用指针型万用表触发大功率场效应管的方法和步骤如图 2-77 和图 2-78 所示。

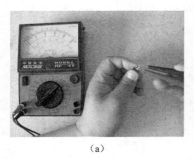 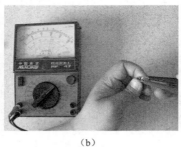 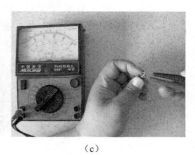

（a）　　　　　　　　　　（b）　　　　　　　　　　（c）

图 2-77　N 沟道型场效应管触发能力的检测

 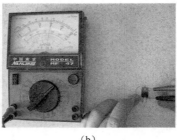 

（a）　　　　　　　　　　（b）　　　　　　　　　　（c）

图 2-78　P 沟道型场效应管触发能力的检测

首先，将指针型万用表置于"R×10k"挡，黑表笔接 D 极，红表笔接 S 极，阻值应大于 500kΩ，如图 2-77（a）所示；此时，红表笔仍接 S 极，用黑表笔将 D、G 极短接，为 G 极提供触发电压，如图 2-77（b）所示；再测 D、S 极的阻值，阻值应迅速变小，说明该管被触发导通，并且该管为 N 沟道型场效应管，如图 2-77（c）所示。经前面操作后，D、S 极间阻值为无穷大，说明该管没有被触发导通，如图 2-78（a）所示；此时用黑表笔接 S 极，红表笔短接 D、G 极后，为 G 极提供触发信号，如图 2-78（b）所示；再测 D、S 极阻值迅速减小，说明该管被触发导通，并且该管为 P 沟道型场效应管，如图 2-78（c）所示。

 提示　　部分场效应管被触发后，D、S 极间的阻值会很小，甚至会近于 0。

（3）大功率场效应管放大能力的估测

以 N 沟道型场效应管 2SK2666 为例介绍大功率场效应管放大能力的估测方法，如图 2-79

所示。

　　首先，按上述方法将场效应管触发导通，如图 2-79（a）所示，再用手指接触 G 极，为该极注入人体干扰信号，若万用表的表针能够慢慢地偏转到无穷大，则说明该管具有较强的放大能力，如图 2-79（b）所示；否则，说明该管无放大能力或放大能力较弱。

 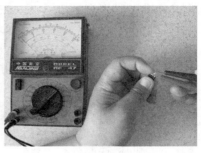

（a）注入前　　　　　　　　　　　　（b）注入后

图 2-79　N 沟道型场效应管的放大能力估测示意图

　　注意　　该估测方法对少数内置保护二极管的大功率场效应管不适用。

　　2.　结型场效应管的检测

　　（1）引脚与管型的判别

　　将万用表置于"R×100"挡或"R×1k"挡，用黑表笔任接一个引脚，用红表笔依次触碰另外两个引脚。若测出某一引脚与另外两个引脚的阻值均较小（几百欧至 1 000Ω），说明黑表笔接的是 G 极，另外两个引脚分别是 S 极、D 极，并且该管是 N 沟道结型场效应管。红表笔任接一个引脚，用黑表笔依次触碰另外两个引脚，若测出某一引脚与另外两个引脚的阻值均较小（几百欧至 1 000Ω），说明红表笔接的是 G 极，另外两个引脚分别是 S 极、D 极，并且该管是 P 沟道结型场效应管。由于结型场效应管的 S 极和 D 极在结构上具有对称性，可以互换使用，所以检测时也可以任意测量结型场效应管任意两个极之间的正、反向电阻值，若测出某两个极之间的正、反向电阻均相等，且为几千欧，则这两个极分别为 D 极和 S 极，另一个为 G 极。

　　提示　　若测得场效应管某两极之间的正、反向电阻值为 0 或为无穷大，则说明该管已击穿或已开路损坏。

　　（2）放大能力的估测

　　将万用表置于"R×100"挡，红表笔接场效应管的 S 极，黑表笔接其 D 极，测出 D、S 极之间的电阻值 R_{SD} 后，再用手捏住 G 极，万用表表针会向左或右摆动（多数场效应管的 R_{SD} 会增大，表针向左摆动；少数场效应管的 R_{SD} 会减小，表针向右摆动）。只要表针有较大幅度的摆动，即说明被测管有较大的放大能力。

　　3.　双栅场效应管的检测

　　（1）引脚的判别

　　将万用表置于"R×100"挡，用两表笔分别测任意两引脚之间的正、反向电阻值。当测出某两脚之间的正、反向电阻均为几十欧至几千欧（其余各引脚之间的电阻值均为无穷大）时，这两个极便是 D 极和 S 极，另两个引脚为 G1 极、G2 极。

（2）好坏的判断

将万用表置于"R×100"挡，测量场效应管 S、D 极间的电阻值。正常时，正、反向阻值均为几百欧至几千欧，且黑表笔接 D 极、红表笔接 S 极时测得的电阻值较黑表笔接 S 极、红表笔接 D 极时测得的电阻值略大一些。将万用表置于"R×10k"挡，测量其余各引脚（D 极、S 极之间除外）的电阻值。正常时，G1 极与 G2 极、G1 极与 D 极、G1 极与 S 极、G2 极与 D 极、G2 极与 S 极间的阻值均应为无穷大。若测得阻值不正常，则说明该管性能变差或已损坏。

四、场效应管的更换

维修中，场效应管的更换原则和三极管一样，也是要坚持"类别相同，特性相近"的原则。"类别相同"是指更换中应选相同品牌、相同型号的场效应管，即 N 沟道管换 N 沟道管，P 沟道管换 P 沟道管；"特性相近"是指更换中应选参数、外形及引脚相同或相近的场效应管。

五、常用场效应管的型号及主要参数

常用场效应管的型号及主要参数如表 2-12 所示。表中有"*"标记的场效应管是 P 沟道型场效应管。

表 2-12   **常用场效应管的型号及主要参数**

型 号	U_{DS}（V）	I_G（A）	P_{DS}（W）	导通、关断时间（ns）
BSP254*/ BSP254A*	−900	−0.2	1	—
FS10SM12	800	10	200	—
FS10SM18A	900	10	200	—
FS37M16	800	7	150	—
K719	900	5	120	—
K774	500	18	120	—
K785	500	20	150	—
K787	900	8	150	95、240
K794	900	5	150	—
K872	900	6	150	50、200
K955	800	5	125	110、420
K956	800	9	150	—
K962	900	8	130	—
K1044	800	5	150	80、270
K1045	900	5	150	80、270
K1117	600	6	100	—
K1358	900	9	150	65、120
K1461	900	5	120	50、265

型　　号	U_{DS}（V）	I_G（A）	P_{DS}（W）	导通、关断时间（ns）
K1507	600	6	50	—
K1537	900	5	100	65、145
K1794	900	6	100	50、105
K2141	600	6	35	—
K2645	900	8	50	—
K2648	800	9	50	—
K2651	900	6	125	—
K2847	600	8	85	—
MTM6N90	900	8	120	—
MTM25N20	200	25	150	—
MTP3N60	600	3	75	—
MTP3N100	1 000	3	75	—
MTP6N60	600	6	50	—
MTP6N80	600	6	75	—
MTP7N60	900	5	125	—
IRF350/450	500	13	150	—
IRF620	200	5	40	—
IRF630	200	9	75	—
IRF740	400	10	125	—
IRF820	500	2.5	50	—
IRF834	500	5	100	—
IRF840	500	8	125	—
IRF841	450	8	125	—
IRF842	500	7	125	—
IRF9630*	−200	−6.5	75	—
IRF9634*	−250	−4.1	36	—
IRF9640*	−200	−11	125	—
IRFBC40	600	6.2	125	27、30
IRFPF40	900	4.7	150	—
STW10NC70Z	700	10.6	190	—
STW11NB80	800	11	190	—
4N60	600	2.6	36	—
6N60	600	6.2	130	—
6N70	700	4	40	—
7N60	700	7	83	—
8N80	800	8	180	—
9N80	800	9	180	—

第七节　使用万用表检测晶闸管

一、晶闸管的特点与分类

1．晶闸管的特点

晶闸管俗称可控硅，是一种能够像闸门一样控制电流大小的半导体器件。因此，晶闸管主要作为开关应用在供电回路或保护电路中。常见的晶闸管实物外形如图 2-80 所示。

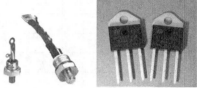

图 2-80　晶闸管的实物外形

2．晶闸管的分类

（1）按控制方式分类

晶闸管按控制方式可分为单向晶闸管（SCR）、双向晶闸管（TRIAC）、可关断晶闸管（GTO）、温控晶闸管、光控晶闸管和逆导晶闸管等多种。

（2）按封装结构分类

晶闸管按封装结构可分为金属封装晶闸管、塑料封装晶闸管和陶瓷封装晶闸管 3 类。其中，金属封装晶闸管又有螺栓形、平板形和圆壳形 3 种；塑料封装晶闸管又有带散热片和不带散热片两种。

（3）按功率分类

晶闸管按功率可分为小功率晶闸管、中功率晶闸管和大功率晶闸管 3 种。

（4）按关断速度分类

晶闸管按关断速度可分为普通晶闸管和快速关断（高频）晶闸管两种。

二、晶闸管的型号命名方法与主要参数

1．晶闸管的型号命名方法

国产晶闸管的型号主要由 4 个部分组成，各部分的含义如下。

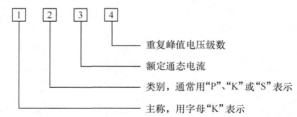

市场上的晶闸管种类繁多，产品不断更新换代，为了让读者更好地了解晶闸管的命名方法和特点，下面介绍 3 个典型的晶闸管型号。

KP1-2 型晶闸管，K 表示晶闸管，P 表示为普通反向阻断型，1 表示额定通态电流为 1A，2 表示重复峰值电压为 200V。

KK2-4 型晶闸管，K 表示晶闸管，K 表示为快速反向阻断型，2 表示额定通态电流为 2A，4 表示重复峰值电压为 400V。

　　KS5-6 型晶闸管，K 表示晶闸管，S 表示为双向型（双向晶闸管），5 表示额定通态电流为 5A，6 表示重复峰值电压为 600V。

　　2. 晶闸管的主要参数

　　（1）正向转折电压 U_{BO}

　　正向转折电压 U_{BO} 是指晶闸管在控制极开路且额定结温状态下，在阳极（A 极）与阴极（K 极）之间加正弦半波正向电压，使它由关断状态进入导通状态时所需要的峰值电压。

　　（2）断态重复峰值电压 U_{DRM}

　　断态重复峰值电压 U_{DRM} 是指晶闸管在正向阻断时，允许加在 A、K 极或 T1、T2 极间最大的峰值电压。此电压约为正向转折电压减去 100V 后的电压值。

　　（3）通态平均电流 I_T

　　通态平均电流 I_T 是指在规定的环境温度和标准散热条件下，晶闸管正常工作时 A、K 极或 T1、T2 极间所允许通过电流的平均值。

　　（4）反向击穿电压 U_{BR}

　　反向击穿电压 U_{BR} 是指晶闸管在额定结温下，为它的 A、K 极或 T1、T2 极加正弦半波正向电压，使它的反向漏电电流急剧增加时对应的峰值电压。

　　（5）反向重复峰值电压 U_{RRM}

　　反向重复峰值电压 U_{RRM} 是指晶闸管在控制极开路时，它的 A、K 极或 T1、T2 极允许的最大反向峰值。此电压为反向击穿电压减去 100V 后的峰值电压。

　　（6）反向重复峰值电流 I_{RRM}

　　反向重复峰值电流 I_{RRM} 是指晶闸管关断状态下的反向最大漏电电流。此电流值应低于 10μA。

　　（7）正向平均电压 U_F

　　正向平均电压 U_F 也叫通态平均电压或通态压降 U_T。它是指晶闸管在规定的环境温度和标准散热状态下，其 A、K 极或 T1、T2 极间压降的平均值。晶闸管的正向平均电压 U_F 通常为 0.4～1.2V。

　　（8）控制极触发电压 U_{GT}

　　控制极触发电压 U_{GT} 是指晶闸管在规定的环境温度下，为它的 A、K 极加正弦半波正向电压，使它由关断状态进入导通状态所需要的最小控制极电压。

　　（9）控制极触发电流 I_{GT}

　　控制极触发电流 I_{GT} 是指晶闸管在规定的环境温度下，为它的 A、K 极加正弦半波正向电压，使它由关断状态进入导通状态所需要的最小控制极电流。

　　（10）控制极反向电压

　　控制极反向电压是指晶闸管控制极上所加的额定电压。该电压通常不足 10V。

　　（11）维持电流 I_H

　　维持电流 I_H 是指维持晶闸管导通的最小电流。当最小电流小于维持电流 I_H 时，晶闸管会关断。

　　（12）断态重复峰值电流 I_{DR}

　　断态重复峰值电流 I_{DR} 是指在关断状态下的正向最大平均漏电电流。此电流值一般不能大于 10μA。

三、单向晶闸管的检测

单向晶闸管也叫单向可控硅。由于单向晶闸管具有成本低、效率高、性能可靠等优点，所以其被广泛应用在可控整流、交流调压、逆变电源、开关电源等电路中。

1. 单向晶闸管的构成

单向晶闸管由 PNPN 4 层半导体构成，而它等效为 2 个三极管，它的 3 个引脚功能分别是：G 为门极，A 为阳极，K 为阴极。单向晶闸管的结构、等效电路和电路符号如图 2-81 所示。

2. 单向晶闸管的基本特性

单向晶闸管的基本特性如下。

由单向晶闸管的等效电路可知，单向晶闸管由 1 只 NPN 型三极管 VT1 和 1 只 PNP 型三极管 VT2 组成，所以单向晶闸管的 A 极和 K 极之间加上正极性电压时，它并不能导通，只有当它的 G 极有触发电压输入后，它才能导通。这是因为单向晶闸管 G 极输入的电压加到 VT1 的 b 极，使它导通，它的 c 极电位为低电平，致使 VT2 导通，此时 VT2 的 c 极输出的电压又加到 VT1 的 b 极，维持 VT1 的导通状态。因此，单向晶闸管导通后，即使 G 极不再输入导通电压，它也会维持导通状态。只有使 A 极输入的电压足够小或为 A、K 极间加反向电压，单向晶闸管才能关断。

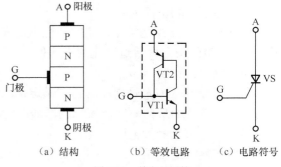

图 2-81 单向晶闸管

（a）结构　　（b）等效电路　　（c）电路符号

3. 单向晶闸管引脚的判别

由于单向晶闸管的 G 极与 K 极之间仅有 1 个 PN 结，所以这 2 个引脚间具有单向导通特性，而其余引脚间的阻值或导通压降值应为无穷大。下面介绍用数字型万用表检测的方法，如图 2-82 所示。

首先，将数字型万用表置于"二极管"挡，表笔任意接单向晶闸管两个引脚，测试中出现"0.657"左右的数值时，说明此时红表笔接的是 G 极，黑表笔接的是 K 极，剩下的引脚是 A 极。

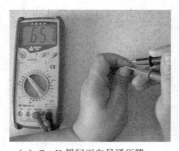 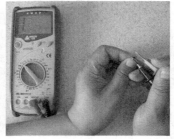

（a）G、K 极间正向导通压降　　　　（b）其他引脚正、反向导通压降

图 2-82 判别单向晶闸管的引脚示意图

 提示 若用指针型万用表测量，应采用"R×1k"挡测量正向电阻，采用"R×10k"挡测量反向电阻。

---

4. 单向晶闸管触发导通能力的检测

（1）数字型万用表触发

如图 2-83 所示，将数字型万用表置于"二极管"挡，黑表笔接 K 极，红表笔接 A 极，导通压降值应为无穷大，此时用红表笔瞬间短接 A、G 极，随后测 A、K 极之间的导通压降值，若导通压降值迅速变小，说明晶闸管被触发并能够维持导通状态；否则，说明该晶闸管已损坏。

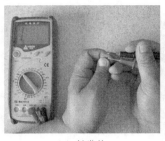 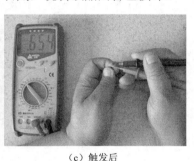

（a）触发前　　　　　　　（b）触发　　　　　　　（c）触发后

图 2-83　数字型万用表检测单向晶闸管的触发能力示意图

（2）指针型万用表触发

如图 2-84 所示，将指针型万用表置于"R×1"挡，红表笔接 K 极，黑表笔接 A 极，此时阻值应为无穷大，然后用黑表笔瞬间短接 A、G 极，测 A、K 极之间的电阻，若阻值为几十欧，说明晶闸管被触发并能够维持导通状态；否则，说明该晶闸管已损坏。

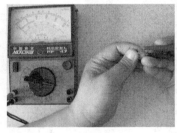  

（a）触发前　　　　　　　（b）触发　　　　　　　（c）触发后

图 2-84　指针型万用表检测单向晶闸管触发能力示意图

四、双向晶闸管的检测

双向晶闸管也叫双向可控硅。由于双向晶闸管具有成本低、效率高、性能可靠等优点，所以被广泛应用在交流调压、电机调速、灯光控制等电路中。双向晶闸管的实物外形和单向晶闸管基本相同。

1. 双向晶闸管的构成

双向晶闸管由两个单向晶闸管反向并联，所以它具有双向导通性能，即只要 G 极输入触发电流后，无论 T1、T2 极间的电压方向如何，它都能够导通。它的等效电路和电路符号如图 2-85 所示。

2. 引脚和触发性能的判断

如图 2-86 所示，将指针型万用表置于"R×1"挡，任

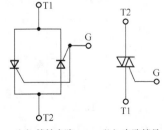

（a）等效电路　　（b）电路符号

图 2-85　双向晶闸管的等效电路和电路符号

意测双向晶闸管两个引脚间的电阻，当一组的阻值为几十欧时，说明这两个引脚为 G 极和 T1 极，剩下的引脚为 T2 极。随后，假设 T1 和 G 极中的任意一脚为 T1 极，将黑表笔接 T1 极，红表笔接 T2 极，此时的阻值应为无穷大，用表笔瞬间短接 T2、G 极，如果阻值由无穷大变为几十欧，说明晶闸管被触发并维持导通，假设正确。调换表笔重复上述操作，结果相同时，说明假定正确。若调换表笔操作时，阻值仅能在瞬间显示几十欧，则说明晶闸管不能维持导通，假定的 G 极实际为 T1 极，而假定的 T1 极为 G 极。

（a）T1、G 极间电阻的测量

（b）T2 与 T1 极间电阻的测量

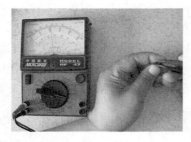

（c）触发

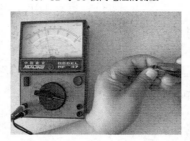

（d）导通后的 T1、T2 极间电阻的测量

图 2-86　检测双向晶闸管引脚及触发能力示意图

五、常用晶闸管的型号及主要参数

常用晶闸管的型号及主要参数如表 2-13 所示。SCR 是单向晶闸管，TRIAC 是双向晶闸管。

表 2-13　　　　　　　　　　常用晶闸管的型号及主要参数

型　　号	封　装	类　型	主要参数						品　　牌
			$I_{T\,(RAS)\,max}$（A）	U_{DRM} & U_{RRM}（V）	$I_{GT\,max}$（mA）	$I_{GT\,min}$（mA）	$I_{H\,max}$（mA）	U_{CT}（V）	
MCR100-6	TO-S92	SCR	0.8	400	0.2	—	5	—	ON
MCR100-8			0.8	600	0.2	—	5	—	
MAC97A6		TRIAC	0.8	400	5	—	5	—	
MAC97A8			0.8	600	5	—	5	—	
MAC16N	TO-220		15	800	50	10	50	—	
MAC223			25	400	50	—	30	—	
C106D	TO-225A	SCR	4	400	0.2	—	3	—	
PCR606J	TO-92		0.6	600	0.2	—	—	—	
AC01DJM	TO-220	TRIAC	1	400	5	—	10	—	ENC

续表

型　号	封　装	类　型	主　要　参　数						品　牌
			$I_{T(RAS)max}$（A）	$U_{DRM} \& U_{RRM}$（V）	I_{GTmax}（mA）	I_{GTmin}（mA）	I_{Hmax}（mA）	U_{CT}（V）	
2P4M	TO-202	SCR	2	400	0.8	—	5	—	ENC
2P6M			2	600	0.8	—	5	—	
3P4M			3	400	1	—	5	—	
8P4J	TO-220	TRIAC	8	500	10	—	—	—	MIT
CR03AM-8	TO-92		0.3	400	0.1	—	—	—	
CR03AM-12			0.3	600	0.1	—	—	—	
BCR3AM-8	TO-202		3	400	30	—	—	—	
BCR3AM-12			3	600	30	—	—	—	
BCR5AM-8L			5	400	20	—	—	—	
BCR5AM-12L			5	600	20	—	—	—	
BCR6AM-8L			6	400	30	—	—	—	
BCR6AM-12L			6	600	30	—	—	—	
BCR8CM-8L			8	400	30	—	—	—	
BCR8CM-12L			8	600	30	—	—	—	
BTA06-600B	TO-220		6	600	50	—	—	—	ST
BTA06-600C			6	600	25	—	—	—	
BTA08-600B			8	600	50	5	50	—	
BTA08-600C			8	600	25	5	50	—	
BTA12-600B			12	600	50	10	50	—	
BTB12-600B			12	600	50	—	—	—	
BTA16-600B			16	600	50	—	—	—	
BTA20-600B			20	600	50	—	—	—	
BTA24-600B			25	600～800	50	35	80	—	
BTA26-600B			25	600～800	50	35	80	—	
BTB16-600B			16	600	50	—	—	—	
BTB24-600B			25	600～800	50	35	80	—	
BTA18-600B			18	600	50	—	—	—	
BTA40-700B	TO-3P		40	600～800	50	—	80	1.55	
BTA41-600B			40	600～800	50	—	80	1.55	
TF541	TO-220F	—	5	400	30	—	4	1.5	
TF561		—	5	600	30	—	4	1.5	
X0402MF	TO-202-3		4	600	200	—	5	1.8	
STYN865	TO-247ad	SCR	75	800	100～200	—	—	1.64	
STYN1255			55	1 200	50～80	—	—	1.6	
STYN1265			75	1 200	100～200	—	—	1.64	

续表

型　号	封　装	类　型	主 要 参 数						品　牌
			$I_{T\,(RAS)\,max}$（A）	U_{DRM} & U_{RRM}（V）	$I_{GT\,max}$（mA）	$I_{GT\,min}$（mA）	$I_{H\,max}$（mA）	U_{CT}（V）	
STYN1655	TO-202	SCR	55	1 600	50～80	—	—	1.6	ST
STYN1665			75	1 600	100～200	—	—	1.64	
X0405MF			2	600	—	—	—	—	
X0605MA			2	600	—	—	—	—	
X0202MA			2	600	—	—	—	—	
P0102DA	TO92		0.8	400	200	—	5	1.95	
P0111DA			0.8	400	25	4	5	1.95	
P0118DA	—		0.8	400	5	0.5	5	1.95	
SF25JZ51	TO-3P	TRIAC	25	400～600	20	—	100	1.5	—
BT131-600E	TO-92		1	600	25	—	—	—	PHI
BT134-600E	TO-126		2	600	25	—	—	—	
BT136-600E	TO-220		4	600	25	—	—	—	
BT136-600D			4	600	10	—	—	—	
BT137-600E			8	600	25	—	—	—	
BT138-600E			12	600	25	—	—	—	
BT139-600E	TO-220	TRIAC	16	600	25	—	—	—	PHI
BT139X-800			16	600	—	—	—	—	
BT151-600E	TOP-202		8	600	15	—	20	1.75	
BT152-600D	TOP-220		13	600	32	—	60	1.75	
S6025L	TO-218X	SCR	25	600	—	—	50	1.8	TECCOR
S8035			35	600	—	—	50	1.8	
S8055R	TO-220		35	600	—	—	—	—	
S8055M			55	600	—	—	—	—	
S8065K	TO-218X		65	800	—	—	—	—	
S8065J			65	800	—	—	—	—	
S8065W			65	800	—	—	—	—	
S6065K			65	600	—	—	—	—	
S6055M			55	600	—	—	—	—	
T106D1	TO-202		4	400	—	—	—	—	
TYN612	TO-220		12	600	15	0.2	5	1.6	ST
TYN816			16	800	40	0.2	40	1.6	
TYN825			25	800	40	4	50	1.6	
TYN1225	TO-92		0.8	400	—	—	—	—	
BTW67-600	TO-3P		50	600	—	—	—	—	
BTW67-800			50	800	—	—	—	—	
BTW67-1000			50	1 000	—	—	—	—	
BTW69-600			50	600	—	—	—	—	
BTW69-800			50	800	—	—	—	—	

续表

型 号	封 装	类 型	主 要 参 数						品 牌
			$I_{T(RAS)max}$（A）	U_{DRM} & U_{RRM}（V）	$I_{GT max}$（mA）	$I_{GT min}$（mA）	$I_{H max}$（mA）	U_{CT}（V）	
BTW69-1000	TO-3P	SCR	50	1 000	—	—	—	—	ST
BTW69-1200			50	1 200	—	—	—	—	
40TPS08	TO-247		35	800	—	—	150	1.85	IR
40TPS12			35	1 200	—	—	150	1.85	
CS30-16io1		TRIAC	49	1 200	—	—	—	—	IXYS
CS30-12io1			49	1 400	—	—	—	—	
CS45-16io1			49	1 600	—	—	—	—	
CS45-12io1	—		75	1 200	—	—	—	1.5	
SM1J43	TO-92	TRIAC	1	600	—	—	—	—	TOSHIBA
SM3JZ47	TO-220		3	600	—	—	—	—	
SM16JZ47			16	600	—	—	—	—	
T2512NH			25	800	50	—	—	1.5	ST
TLC336A	TLC	TRIAC	3	600	—	—	—	—	
T830-600W	—		8	600	30	—	—	1.5	
T405-600H	TO-220		4	600	5	—	—	1.5	
T410-600H			4	600	10	—	—	1.3	
Z0402NF	TO202-3		4	800	3	—	—	1.3	
Z0405MF			4	600	5	—	—	1.3	
Z0409MF			4	600	10	—	—	1.3	
Z0410MF	—		4	600	25	—	—	1.3	
TG35C60	—	TRIAC	35	600	—	—	—	—	SanRex
TG25C60	—		25	600	—	—	—	—	
Q6015L	—		15	600	—	—	—	—	TECCOR
Q6025L	—		25	600	—	—	—	—	
Q6035L	—		35	600	—	—	—	—	
Q8040K7	—		40	600	—	—	—	—	

第八节　使用万用表检测 IGBT

一、IGBT 的识别

1．IGBT 的构成和特点

绝缘栅双极型晶体管（Insulated Gate Bipolar Transistor，IGBT）由场效应管和大功率双极型三极管构成，IGBT 集场效应管的优点与大功率双极型三极管的大电流低导通电阻特性于一体，是极佳的高速高压半导体功率器件。它具有如下特点：一是电流密度大，是场效应管的数十倍；二是输入阻抗高，栅极驱动功率小，驱动电路简单；三是低导通电阻，在给定

芯片尺寸和 $U_{(BR)ceo}$ 下，其导通电阻 $R_{ce(on)}$ 不大于场效应管 $R_{DS(on)}$ 的 10%；四是击穿电压高，安全工作区大，在瞬态功率较高时不容易损坏；五是开关速度快，关断时间短，耐压为 1～1.8kV 的 IGBT 的关断时间约为 1.2μs，而耐压为 600V 的 IGBT 的关断时间约为 0.2μs，仅为双极型三极管的 10%，接近于功率型场效应管，开关频率达到 100kHz，开关损耗仅为双极型三极管的 30%。因此，IGBT 克服了功率型场效应管在高电压、大电流下出现的导通电阻大、发热严重、输出功率下降的严重弊病。因此，IGBT 广泛应用在电磁炉内作为功率逆变的开关器件。它的实物外形和电路符号如图 2-87 所示。

（a）实物外形　　　　　　　没有阻尼二极管　　有阻尼二极管
　　　　　　　　　　　　　　　　（b）电路符号

图 2-87　IGBT

　　IGBT 的 G 极和场效应管一样，是栅极或控制极；C 极和普通三极管一样，是集电极；E 极是发射极。

2. IGBT 的主要参数

IGBT 的主要参数和大功率三极管基本相同，主要的参数是 $U_{(BR)ceo}$、P_{CM}、I_{CM} 和 β。其中，$U_{(BR)ceo}$ 是最高反压，表示 IGBT 的 C 极与 E 极之间的最高反向击穿电压；I_{CM} 是最大电流，表示 IGBT 的 C 极最大输出电流；P_{CM} 是最大耗散功率，表示 IGBT 的 C 极最大耗散功率；β 是 IGBT 的放大倍数。

　提　示　电磁炉的功率逆变管应选取 $U_{(BR)ceo} \geqslant 1\,000V$、$I_{CM} \geqslant 7A$、$P_{CM} \geqslant 100W$、$\beta \geqslant 40$ 的 IGBT。

二、IGBT 的检测

　　检测含阻尼管的 IGBT 时，它的 C、E 极间正向导通压降和二极管一样，如图 2-88（a）所示；C、E 极间反向导通压降，以及其他极间的导通压降均为无穷大（显示溢出值 1），如图 2-88（b）所示。而未含阻尼管的 IGBT，它的 3 个极间正、反向导通压降值都为无穷大。

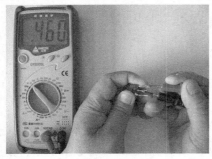

（a）C、E 极间正向导通压降　　　　　　（b）C、E 极反向及其他极间导通压降值

图 2-88　IGBT 的检测示意图

三、IGBT 的更换

维修中，IGBT 的更换原则和三极管一样，也是要坚持"类别相同，特性相近"的原则。"类别相同"是指更换中应选相同品牌、相同型号的 IGBT，即 N 沟道管更换 N 沟道管，P 沟道管更换 P 沟道管；"特性相近"是指更换中应选参数、外形及引脚相同或相近的 IGBT。另外，采用有二极管（阻尼管）的 IGBT 更换没有阻尼管的 IGBT 时，应拆除电路板上的阻尼管；而采用没用阻尼管的 IGBT 代换有阻尼管的 IGBT 时，应在它的 C、E 极的引脚上加装一只阻尼管。下面介绍常见的 IGBT 参数和更换方法。

GT40T101 是东芝公司的产品，耐压为 1 500V，最大电流在 25℃时为 80A，100℃时为 40A，不含阻尼管，所以用它代换 SGW25N120、SKW25N120、GT40Q321、GT40T301 时需在它的 C、E 极引脚上接 1 只 15A/1 500V 以上的快恢复二极管作阻尼管。

GT40T301 是东芝公司的产品，耐压为 1 500V，最大电流在 25℃时为 80A，100℃时为 40A，内有阻尼管，可用该 IGBT 代换 SGW25N120、SKW25N120、GT40Q321、GT40T101，在代换 SGW25N120 和 GT40T101 时应拆除原配套的阻尼管。

GT40Q321 是东芝公司的产品，耐压为 1 200V，最大电流代换在 25℃时为 42A，在 100℃时为 23A，内有阻尼管，可用该 IGBT 代换 SGW25N120、SKW25N120，代换 SGW25N120 时应拆除配套的阻尼管。

GT60M303 是东芝公司的产品，耐压为 900V，最大电流在 25℃时为 120A，在 100℃时为 60A，内有阻尼管。

SGW25N120 是西门子公司的产品，耐压为 1 200V，最大电流在 25℃时为 46A，在 100℃时为 25A，内部不带阻尼管，所以采用它代换 SKW25N120 时应该在它的 C、E 极安装一只 8A/1 200V 以上的快恢复管作阻尼管。

SKW25N120 是西门子公司的产品，耐压为 1 200V，最大电流在 25℃时为 46A，在 100℃时为 25A，内部带阻尼管，用该 IGBT 代换 SGW25N120 时应拆除原配套的阻尼管。

四、常用 IGBT 的型号及主要参数

常用 IGBT 的型号及主要参数如表 2-14 所示。表中 IGBT 均为 NPN 型管，有"*"标记的 IGBT 内有阻尼管。

表 2-14　　　　　　　　　　常用 IGBT 的型号及主要参数

型　号	U_{CM}（V）	P_{CM}（W）	I_{CM}（A）	型　号	U_{CM}（V）	P_{CM}（W）	I_{CM}（A）
IRG4BC20F	600	16	60	IRG4PC40K/KD	600	42	160
IRG4BC20FD	600	16	60	IRG4PC40S	600	60	160
IRG4BC20K/D	600	16	60	IRG4PC40U/UD/W	600	40	160
IRG4BC20U/UD/W	600	13	60	IRG4PC50F/FD	600	70	200
IRG4BC30F/UD	600	31	100	IRG4PC50K/KD	600	52	200
IRG4BC30K/KD	600	28	100	IRG4PC50S	600	70	200
IRG4BC30S	600	34	100	IRG4PC50U/UD/W	600	75	200
IRG4BC30U/KD/W	600	23	100	IRG4PH30K/D	1 200	20	100
IRG4BC40F	600	49	160	IRG4PH40K	1 200	30	160

续表

型　号	U_{CM}（V）	P_{CM}（W）	I_{CM}（A）	型　号	U_{CM}（V）	P_{CM}（W）	I_{CM}（A）
IRG4BC40K	600	42	160	IRG4PH40KD	1 200	30	160
IRG4BC40S	600	60	160	IRG4PH40U	1 200	30	160
IRG4BC40U/W	600	40	160	IRG4PH40DD	1 200	30	160
IRG41BC20KD	600	11.5	34	IRG4PH50K	1 200	45	200
IRG41BC30KD	600	17	45	IRG4PH50KD	1 200	45	200
IRG4PC30F/FD	600	31	100	IRG4PH50S	1 200	57	200
IRG4PC30K/KD	600	28	100	IRG4PH50U	1 200	45	200
IRG4PC30S	600	34	100	IRG4PH50UD	1 200	45	200
IRG4PC30U/KD/W	600	23	100	IRGKIK025M12	1 200	50	365
IRGBC20FD2*	600	16	50	IRGKIK050K06	600	55	240
IRGBC20K	600	10	60	IRGKIK050M06	600	60	240
IRGBC20KD2/KD2-S*	600	10	60	IRGKIK050M12	1 200	100	455
IRGBC20M	600	13	60	IRGKIK075K06	600	95	391
IRGBC20MD2/MD2-S*	600	13	60	IRGKIK075M06	600	110	391
IRGBC20S	600	19	60	IRGKIK075M12	1 200	150	600
IRGBC20U	600	13	60	IRGKIK100K06	600	130	500
IRGBC20UD2*	600	13	60	IRGKIK100M06	600	150	500
IRGBC26	600	19	60	IRGKIK150K06	600	170	658
IRGBC30	600	23	100	IRGKIK150M06	600	200	658
IRGBC30F	600	31	100	IRGMC30F	600	23	75
IRGBC30FD2*	600	31	100	IRGMC30U	600	17	75
IRGBC30K	600	21	100	IRGMC40F	600	35	125
IRGBC30KD2*	600	21	100	IRGMC40U	600	31	125
IRGBC30KD2-S*	600	21	100	IRGMC50U	600	35	200
IRGBC30M	600	23	100	IRGMIC50U	600	45	200
IRGBC30MD2/MD2-S	600	23	100	IRGMVC50U	600	45	200
IRGBC30S	600	34	100	IRGNI050U06	600	50	179
IRGBC30U	600	23	100	IRGNI065F06	600	65	179
IRGBC30UD2	600	23	100	IRGNI090U06	600	90	298
IRGBC36	600	34	100	IRGNI115U06	600	115	379
IRGBC40	600	40	160	IRGNI120F06	600	120	298
IRGBC40F	600	49	160	IRGNI140U06	600	140	500
IRGBC40K	600	33	160	IRGNI165F06	600	165	379
IRGBC40M	600	40	160	IRGNI200F06	600	200	500
IRGBC40S	600	50	160	IRGNIN025M12	1 200	35	355
IRGBC40U	600	40	160	IRGNIN050K06	600	55	240
IRGBC46	600	50	160	IRGNIN050M06	600	60	240
IRGBF20F	900	9	60	IRGNIN050M12	1 200	100	455
IRGBF30F	900	20	100	IRGNIN075K06	600	951	391
IRGDDN200M12	600	33	160	IRGNIN075M06	600	110	391

第九节 使用万用表检测电感线圈

电感线圈简称电感，它是一种电抗元件，在电路中用字母"L"表示。它在电路中的主要作用是扼流、滤波、调谐、延时、耦合、补偿等。

一、电感的识别

将一根导线绕在磁芯上就构成一个电感，一个空心线圈也属于一个电感。

1. 电感的特性

电感的主要物理特性是将电能转换为磁能，并储存起来，它是一个储存磁能的元件。电感在电路中的一些特殊性质与电容刚好相反。电感中的电流不能突变，这与电容两端的电压不能突变的原理相似。因此，在电路分析中常称电感和电容为"惯性元件"。

2. 电感的单位

电感的单位是亨（H），常用的单位还有毫亨（mH）、微亨（μH），其换算关系是：$1H = 1\,000mH$，$1mH = 1\,000μH$。

二、电感的主要参数、分类和常用电感

1. 电感的主要参数

（1）电感量 L

电感量 L 表示电感本身的固有特性，与电流大小无关。除专门的电感（色码电感）外，电感量一般不专门标注在电感上，而以特定的名称标注。

（2）感抗 X_L

电感对交流电流阻碍作用的大小称为感抗 X_L。它与电感量 L 和交流电频率 f 的关系为 $X_L = 2\pi f L$。

（3）品质因数 Q

品质因数 Q 是表示电感质量的一个物理量，Q 为感抗 X_L 与其等效的电阻的比值，即 $Q = X_L/R$。电感的 Q 值越高，回路的损耗越小。电感的 Q 值与导线的直流电阻、骨架的介质损耗、屏蔽罩或铁芯引起的损耗、高频集肤效应的影响等因素有关。电感的 Q 值通常为几十到几百。

（4）分布电容

电感与屏蔽罩间、电感与底板间形成的电容称为分布电容。分布电容的存在使电感的 Q 值减小，稳定性变差，因而电感的分布电容越小越好。

2. 电感的分类

电感按使用特征可以分为固定电感和可变电感两种，按磁导体性质可分为空心线圈、铁氧体线圈、铁芯线圈和铜芯线圈等多种，按工作性质可分为天线线圈、振荡线圈、扼流线圈、陷波线圈、偏转线圈等多种，按绕线结构可分为单层线圈、多层线圈和蜂房式线圈等多种，按焊接方式可分为直插焊接式和贴面焊接式两种。

提示 单层线圈是用绝缘导线一圈挨一圈地绕在纸筒或胶木骨架上制成的，如晶体管收音机中波天线线圈。

蜂房式线圈的平面与旋转面不平行，而是相交成一定的角度。当其旋转一周，导线来回弯折的次数常称为折点数。蜂房式绕法的优点是体积小、分布电容小、电感量大。蜂房式线圈都是利用蜂房绕线机来绕制的，折点越多，分布电容越小。

 提示 有的电感体积很大，从外观上很容易判断，但有的电感的外形与电阻、电容类似，很容易搞错，所以实际测量时要注意区分。

3. 常用的电感

（1）空心线圈

所谓的空心线圈是由导线在非磁导体上绕制而成的，这种电感的电感量小，无记忆，很难达到磁饱和，所以得到了广泛的应用。典型的空心线圈及其电路符号如图 2-89 所示。

（a）实物外形　　　　（b）电路符号

图 2-89　空心线圈

 提示 所谓磁饱和就是周围磁场达到一定饱和度后，磁力不再增加，也就不能工作在线性区域了。

（2）铁氧体线圈

铁氧体不是纯铁，是铁的氧化物，主要由四氧化三铁（Fe_3O_4）、三氧化二铁（Fe_2O_3）和其他一些材料构成，是一种磁导体。而铁氧体线圈就是在铁氧体的上面或外面绕上导线制成的。这种电感的优点是电感量大、频率高、体积小、效率高，但存在容易磁饱和的缺点。常见的铁氧体线圈及其电路符号如图 2-90 所示。

大屏幕彩电、彩显行输出电路用的行线性校正线圈和枕形失真校正线圈就是铁氧体线圈。同样，黑白电视机、彩电、彩显采用的偏转线圈也是铁氧体电感。

（3）可调电感

可调电感利用旋动磁芯在线圈中的位置来改变电感量，这种调整比较方便。常见的可调电感及其电路符号如图 2-91 所示。彩电和收音机的中频变压器（俗称中周）采用的就是可调电感。

（a）实物外形　　　（b）电路符号　　　　　　（a）实物外形　　　（b）电路符号

图 2-90　铁氧体线圈　　　　　　　　　　图 2-91　可调电感

（4）色环电感

色环电感的外形和普通电阻基本相同，它的电感量标注方法与色环电阻一样，用色环来标记。色环电感的实物外形如图 2-92 所示，它的电路符号和空心线圈或铁氧体线圈的电路符号相同。

（5）贴片电感

贴片电感的外形和贴片电阻、贴片电容基本相同，常见的贴片电感的实物外形如图 2-93 所示，它的电路符号和空心线圈或铁氧体线圈的电路符号相同。

图 2-92 色环电感

图 2-93 贴片电感

三、电感量的标注

电感的电感量通常采用直标法、色环标注法、色点标注法 3 种方法标注。

1. 直标法

直标法就是直接在电感表面标明其电感量的大小，如 2.2μH、3.9mH 等。

2. 色环标注法

色环标注法就是利用 3 道、4 道色环表示电感的电感量大小，紧靠电感引脚一端的色环为第 1 道色环，以后依次为第 2 道色环、第 3 道色环。第 1 道色环、第 2 道色环是有效数字，而第 3 道色环是所加的"0"的个数，各色环颜色代表的数值与色环电阻、色环电容一样。若电感表面标注的色环颜色依次为红、红、棕、金，表明该电感的电感量为 220μF，如图 2-94 所示。

3. 色点标注法

色点标注法就是利用 3 个或 4 个色点表示电感的电感量大小，与色环电感标注相似，但顺序相反，即紧靠电感引脚一端的色点为最后一个色点，如图 2-95 所示。

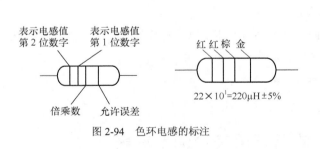

图 2-94 色环电感的标注

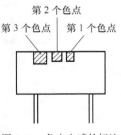

图 2-95 色点电感的标注

四、电感的串/并联

1. 电感的串联

一个电感的一端接另一个电感的一端，称为串联。串联后电感的电感量为各电感量的和，若电感 L1 和电感 L2 串联，则串联后的电感量 $L = L_1 + L_2$。比如，L1、L2 都是 2.2μH 的电感，那么串联后的电感量 L 为 4.4μH。

2. 电感的并联

两个电感的两端并接，称为并联。并联后电感的电感量为各电感的电感量倒数之和，若电感 L1 和 L2 并联，则 $L = L_1 \times L_2 / (L_1 + L_2)$。比如，L1、L2 都是 10μH 的电感，那么并联后的电感量 L 为 5μH。

五、电感的检测

电感的判别常采用代换法和仪器检测法。仪器检测法除了可以用电感测量仪器或万用表的电感挡（L）来判断它是否正常外，当然也可采用指针型万用表的"R×1"挡或数字型万用表的"200"电阻挡或二极管挡检测电感的阻值来判断它是否正常。

如图 2-96 所示，将万用表置于"R×1"挡，若阻值过大，说明电感开路；而阻值正常也不能说明电感正常，因为电感匝间短路时，用万用表很难判别，最好采用代换法进行判别。

（a）非在路检测　　　　　　　　　　　　（b）在路检测

图 2-96　判断电感好坏示意图

 提示　匝间短路用万用表一般测不出来，最好采用代换法进行判断。图 2-96（a）、（b）测量的不是同一个电感，所以阻值不同，不要误认为在路检测的阻值大于非在路检测时的阻值。

 方法与技巧　在检测电路板上的电感时，可先采用在路检测法进行，若发现异常，再焊开一个引脚后进一步检测，确认它是否正常。

第十节　使用万用表检测变压器

一、变压器的作用与分类

1. 变压器的作用

变压器是利用电磁感应原理,把一种交流电压转换成频率相同的另一种交流电压的器件。

2. 变压器的分类

按照工作频率，变压器可分为高频变压器（也称脉冲变压器、开关变压器）、低频（工频电源）变压器等多种；按照功能，变压器可分为降压变压器和升压变压器；按用途，变压器可分为电源变压器、调压变压器、音频变压器、中频变压器、隔离变压器、输入变压器、输出变压器等多种。家用电器中常用的变压器主要有市电（工频）变压器和开关变压器等，其实物外形如图 2-97（a）、（b）所示，电路符号如图 2-97（c）所示。

（a）开关变压器的实物外形　（b）工频电源变压器的实物外形　（c）电路符号

图 2-97　变压器

二、变压器的检测

1. 工频变压器的检测

（1）绝缘性能的检测

将万用表置于"R×10k"挡，分别测量一次绕组与各二次绕组、铁芯、静电屏蔽层间电阻的阻值，阻值都应为无穷大。若阻值过小，说明有漏电现象，导致变压器的绝缘性能变差。

（2）判别一、二次绕组及好坏的检测

工频变压器一次绕组的引脚和二次绕组的引脚一般都是从变压器两侧引出的，并且一次绕组上多标有"220V"字样，二次绕组则标有额定输出电压值，如 6V、9V、12V、15V、24V等。通过这些标记就可以识别出绕组的功能。但有的变压器没有标记或标记不清晰，则需要通过万用表的检测来判断变压器的一、二次绕组。因为工频变压器多为降压型变压器，所以它的一次绕组输入电压高、电流小，漆包线的匝数多且线径细，使得它的直流电阻较大。而二次绕组虽然输出电压低，但电流大，所以二次绕组的漆包线的线径较粗且匝数少，使得阻值较小。这样，通过测量各个绕组的阻值就能够识别出不同的绕组。典型变压器测量如图 2-98（a）所示。若输出电压值和功率值相同的变压器，阻值差别较大，则说明变压器损坏。不过，该方法通常用于判断一、二次绕组以及它们是否开路，而怀疑绕组短路时多采用外观检查法、温度法和电压检测法进行判断。

 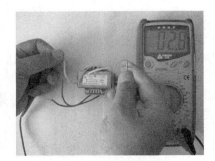

（a）一次绕组阻值的测量　　　　　　　　　（b）二次绕组阻值的测量

图 2-98　检测工频变压器绕组阻值来判断一、二次绕组示意图

提示 许多低频工频变压器的一次绕组与接线端子之间安装了温度熔断器。一旦市电电压升高或负载过电流引起变压器过热时该熔断器会过热熔断，产生一次绕组开路的故障。此时小心地拆开一次绕组，就可发现该熔断器。将其更换后就可修复变压器，应急修理时也可用导线短接。

绕组短路会导致市电输入回路的熔断器过电流熔断或产生变压器一次绕组烧断、绕组烧焦等异常现象。

（3）变压器各个绕组电压的检测

为电源变压器的初级绕组输入 229V 市电电压，如图 2-99（a）所示，用万用表交流 20V 电压挡测变压器次级绕组输出的交流电压值为 12.77V，如图 2-99（b）所示。若变压器的输入电压正常，输出电压异常，说明变压器或负载异常。

　　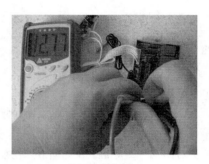

（a）输入电压　　　　　　　　　　　　（b）输出电压

图 2-99　电源变压器次级绕组输出电压的测量

空载电压与标称值的允许误差范围一般为：高压绕组不超出±10%，低压绕组不超出±5%，带中心抽头的两组对称绕组的电压差应不超出±2%。

（4）温度检测

接好变压器的所有二次绕组，为一次绕组输入 220V 市电电压，一般小功率工频变压器允许温升为 40～50℃，如果所用绝缘材料质量较好，允许温升还要高一些。

提示 若通电不久，变压器的温度就快速升高，则说明绕组或负载短路。

（5）空载电流的检测

断开变压器的所有二次绕组，再将万用表置于交流"500mA"电流挡，表笔串入一次绕组回路中，再为一次绕组输入 220V 市电电压，万用表所测出的数值就是空载电流值。该值应低于变压器满载电流的 10%～20%。如果超出太多，说明变压器有短路性故障。

提示 常见的电子设备工频变压器的正常空载电流应在 100mA 左右。

2. 开关变压器的检测

用万用表"200Ω"或二极管挡测开关变压器每个绕组的阻值，正常时阻值较小，如图 2-100 所示。若阻值过大或为无穷大，说明绕组开路；若阻值时大时小，说明绕组接触不良。

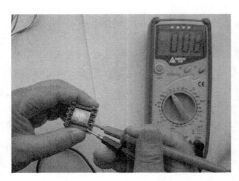

图 2-100　开关变压器的检测示意图

 提 示　开关变压器的故障率较低，但有时也会出现绕组匝间短路或绕组引脚根部漆包线开路的现象。

 方法 与 技巧　由于用万用表很难确认绕组匝间短路，所以最好采用同型号的高频变压器代换检查；当引脚根部的铜线开路时，多会导致开关电源没有电压输出，这种情况下可直接更换或拆开变压器后接好开路的部位。

第十一节　使用万用表检测电流互感器

一、电流互感器的识别

1. 电流互感器的作用

电流互感器的作用是可以把数值较大的一次电流通过一定的变比转换为数值较小的二次电流，用作保护、测量等用途。例如，变比为 20∶1 的电流互感器可以把实际为 20A 的电流转变为 1A 的检测电流。

2. 电流互感器的构成与特点

电流互感器的结构较为简单，由相互绝缘的一次绕组、二次绕组、铁芯及构架、接线端子（引脚）等构成，其实物外形如图 2-101 所示。其电路符号与变压器相同，工作原理与变压器也基本相同。其一次绕组的匝数（N_1）较少，直接串联于市电供电回路中；二次绕组的匝数（N_2）较多，与检测电路串联形成闭合回路。一次绕组通过电流时，二次绕组产生按比例减小的电流。该电流通过检测电路形成检测信号。

图 2-101　电流互感器实物外形

 注意　电流互感器运行时，二次回路不能开路，否则一次回路的电流会成为励磁电流，将导致磁通和二次回路电压大大超过正常值而危及人身及设备安全。因此，电流互感器二次回路中不允许接熔断器，也不允许在运行时未经旁路就拆卸电流表及继电器等设备。

3.　电流互感器的型号命名方法

电流互感器的型号由字母符号及数字组成，这些字母符号及数字通常表示电流互感器的绕组类型、绝缘种类、使用场所及电压等级等。字母符号含义如下。

第 1 位字母：L——电流互感器。

第 2 位字母：M——母线式（穿心式）；Q——线圈式；Y——低压式；D——单匝式；F——多匝式；A——穿墙式；R——装入式；C——瓷箱式。

第 3 位字母：K——塑料外壳式；Z——浇注式；W——户外式；G——改进型；C——瓷绝缘；P——中频。

第 4 位字母：B——过电流保护；D——差动保护；J——接地保护或加大容量；S——速饱和；Q——加强型。

字母后面的数字一般表示使用电压等级，如 LMK-0.5S 型表示使用于额定电压为 500V 及以下电路的塑料外壳的穿心式 S 级电流互感器，LA-10 型表示使用于额定电压为 10kV 电路的穿墙式电流互感器。

二、电流互感器的检测与更换

1.　电流互感器的检测

由于电流互感器的一次绕组匝数极少，所以阻值肯定为 0，用数字型万用表的"二极管"挡检测即可；而它的二次绕组接整流桥，所以可以用数字型万用表的"200"电阻挡测量，如图 2-102 所示。

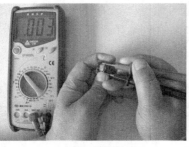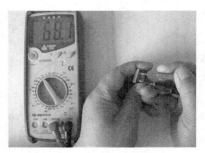

（a）一次绕组　　　　　　　　　　　　　　（b）二次绕组

图 2-102　电流互感器的非在路检测

2. 电流互感器的更换

电流互感器损坏后，必须采用相同规格的同类产品更换，否则可能会扩大故障。

第十二节　使用万用表检测继电器

一、继电器的识别

1. 继电器的作用

继电器是一种控制器件，通常用于自动控制电路中，它由控制系统（又称输入回路）和被控制系统（又称输出回路）两部分构成，它实际上是用较小的电流、电压的电信号或热、声音、光照等非电信号去控制较大电流的一种"自动开关"。由于继电器具有成本低、结构简单等优点，所以广泛应用在工业控制、交通运输、家用电器等领域。

2. 继电器的分类

按工作原理继电器可分为电磁继电器、固态继电器（SSR）、时间继电器、温度继电器、压力继电器、风速继电器、加速度继电器、光继电器、声继电器等多种，按功率大小继电器可分为大功率继电器、中功率继电器和小功率继电器等多种，按封装形式继电器可分为密封型继电器和裸露型继电器两种。在这些继电器中，应用最广泛的是电磁继电器和固态继电器两种。

二、电磁继电器的识别与检测

电磁继电器一般由线圈、铁芯、衔铁、触点簧片、外壳、引脚等构成。因为它内部的触点是否动作受线圈能否产生电磁场的控制，所以此类继电器叫电磁继电器。常见的电磁继电器的实物外形如图 2-103 所示。

　（a）普通型　　　　　　（b）双控制型　　　　　（c）裸露型　　　　　（d）小功率型

图 2-103　电磁继电器的实物外形

 提示　在固态继电器应用前，人们习惯将此类继电器称为继电器，所以目前资料上所介绍的继电器多属于电磁继电器。

1. 电磁继电器的分类

根据线圈的供电方式电磁继电器可以分为交流电磁继电器和直流电磁继电器两种，交流电磁继电器的外壳上标有"AC"字符，而直流电磁继电器的外壳上标有"DC"字符。根据触点的状态电磁继电器可分为常开型继电器、常闭型继电器和转换型继电器 3 种。3 种电磁继电器的电路符号如图 2-104 所示。

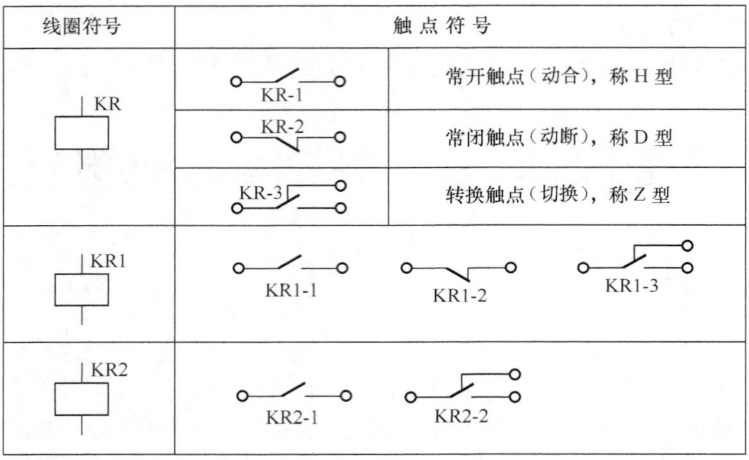

线 圈 符 号	触 点 符 号	
KR	KR-1	常开触点（动合），称 H 型
	KR-2	常闭触点（动断），称 D 型
	KR-3	转换触点（切换），称 Z 型
KR1	KR1-1　　　KR1-2　　　KR1-3	
KR2	KR2-1　　　KR2-2	

图 2-104　电磁继电器的电路符号

　　常开型继电器也叫动合型继电器，通常用"合"字的拼音字头"H"表示，此类继电器的线圈没有导通电流时，触点处于断开状态，当线圈通电后触点就闭合。

　　常闭型继电器也叫动断型继电器，通常用"断"字的拼音字头"D"表示，此类继电器的线圈没有电流时，触点处于接通状态，通电后触点就断开。

　　转换型继电器用"转"字的拼音字头"Z"表示，转换型继电器有 3 个一字排开的触点，中间的触点是动触点，两侧的是静触点。此类继电器的线圈没有导通电流时，动触点与其中的一个触点接通，而与另一个断开；当线圈通电后触点移动，与原闭合的触点断开，与原断开的触点接通。

　　电磁继电器按控制路数可分为单路继电器和双路继电器两大类。双控型电磁继电器就是设置了两组可以同时通断的触点的继电器，其电路符号与构成如图 2-105 所示。

　　2. 电磁继电器的基本工作原理

　　如图 2-106 所示，为电磁继电器的线圈加上一定的电压，线圈中就会流过一定的电流，于是线圈在该电流的作用下使铁芯产生电磁场，将衔铁吸下，衔铁上的横杆推动弹簧使动触点与静触点闭合。当线圈断电后，铁芯产生的电磁场消失，衔铁在簧片作用下复位，使动触点与静触点断开。

　　3. 电磁继电器的主要参数

　　（1）额定工作电压和额定工作电流

　　额定工作电压是指继电器在正常工作时线圈两端所加的电压。额定工作电流是指继电器在正常工作时线圈需要通过的电流。使用中必须满足线圈对工作电压、工作电流的要求，否则继电器不能正常工作。

　　（2）线圈直流电阻

　　线圈直流电阻是指继电器线圈直流电阻的阻值。

　　（3）吸合电压和吸合电流

　　吸合电压是指使继电器能够产生吸合动作的最小电压值。吸合电流是指使继电器能够产生吸合动作的最小电流值。为了确保继电器的触点能够可靠地闭合，必须给线圈加上稍大于额定电压（电流）的实际电压值，但也不能太高，一般为额定值的 1.5 倍，否则会导致线圈损坏。

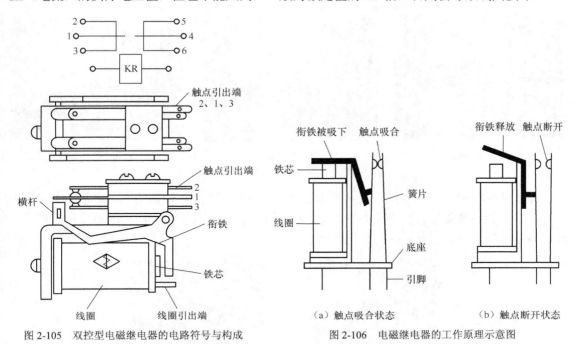

图 2-105 双控型电磁继电器的电路符号与构成　　　　图 2-106 电磁继电器的工作原理示意图

（4）释放电压和释放电流

释放电压是指使继电器从吸合状态到释放状态所需的最大电压值。释放电流是指使继电器从吸合状态到释放状态所需的最大电流值。为保证继电器按需要可靠地释放，在继电器释放时，其线圈所加的电压必须小于释放电压。

（5）触点负荷

触点负荷是指继电器触点所允许通过的电流和所加的电压，也就是触点能够承受的负载大小。在使用时，为避免触点过电流损坏，不能用触点负荷小的继电器去控制负载大的电路。

（6）闭合时间

闭合时间是指给继电器线圈通电后，触点从释放状态到闭合状态所需要的时间。

4. 电磁继电器的检测

（1）检测线圈的直流电阻

继电器的型号不一样，其线圈的直流电阻也不一样，通过检测线圈的直流电阻，可判断继电器是否正常。

如图 2-107（a）所示，将万用表置于 2k 电阻挡，两表笔分别接到继电器线圈的两引脚，测量线圈的阻值。若阻值与标称值基本相同，表明线圈良好；若阻值为无穷大，说明线圈开路；若阻值过小，则说明线圈短路。但是，通过万用表测量线圈的阻值很难判断线圈是否匝间短路。

（2）检测继电器触点的通断

如图 2-107（b）、（c）所示，将万用表置于通断测量挡，表笔接常闭触点，两个引脚间的数值应为 0，否则说明触点开路；用表笔接常开触点两引脚，数值应为无穷大，若数值为 0，说明触点粘连。

（a）线圈的测量　　　　　　　　（b）常闭触点的测量　　　　　　　（c）常开触点的测量

图 2-107　电磁继电器的好坏判断示意图

如图 2-108 所示，用直流稳压电源为继电器的线圈供电，使衔铁动作，将常闭触点转为断开，常开触点转为闭合，再检测触点引脚的阻值，阻值正好与未加电时的测量结果相反，说明该继电器正常；否则，说明该继电器已损坏。

图 2-108　电磁继电器供电后检测示意图

三、固态继电器的识别与检测

固态继电器（Solid State Relays，SSR）是一种由分立元件、膜固定电阻和芯片构成的无触点电子开关，内部无任何可动的机械部件。常见的固态继电器的实物外形如图 2-109 所示。

图 2-109　固态继电器的实物外形

1．固态继电器的特点

固态继电器的特点如下：一是输入控制电压低（3～14V），驱动电流小（3～15mA），输入控制电压与 TTL、DTL、HTL 电平兼容，直流或脉冲电压均能作输入控制电压；二是输出与输入之间采用光电隔离，可在以弱控强的同时，实现强电与弱电完全隔离，两部分之间的安全绝缘电压大于 2kV，符合国际电气标准；三是输出无触点、无噪声、无火花、开关速度快；四是输出部分内部一般含有 RC 过电压吸收电路，以防止瞬间过电压而损坏固态继电器；五是过零触发型固态继电器对外界的干扰非常小；六是采用环氧树脂全灌封装，具有防尘、耐湿、寿命长等优点。因此，固态继电器已广泛应用在各个领域，不仅可以用于加热管、红外灯管、照明灯、电机、电磁阀等负载的供电控制，而且还可以应用到电磁继电器无法应用的单片机控制等领域，将逐步替代电磁继电器。

2. 固态继电器的构成

固态继电器主要由输入（控制）电路、驱动电路、输出（负载控制）电路、外壳和引脚构成。

（1）输入电路

输入电路是为输入控制信号提供的回路，使之成为固态继电器的触发信号源。固态继电器的输入电路多为直流输入，个别的为交流输入。直流输入又分为阻性输入和恒流输入。阻性输入电路的输入控制电流随输入电压呈线性正向变化，恒流输入电路在输入电压达到预置值后，输入控制电流不再随电压的升高而明显增大，输入电压范围较宽。

（2）驱动电路

驱动电路包括隔离耦合电路、功能电路和触发电路 3 个部分。隔离耦合电路目前多采用光电耦合和高频变压器耦合两种电路形式。常用的光电耦合器有发光管—光敏三极管、发光管—光晶闸管、发光管—光敏二极管阵列等。高频变压器耦合是指在一定的输入电压下，形成约 10MHz 的自激振荡脉冲，通过变压器磁芯将高频信号传递到变压器二次侧。功能电路可包括检波整流、零点检测、放大、加速、保护等各种功能电路。触发电路的作用是给输出器件提供触发信号。

（3）输出电路

输出电路的作用是在触发信号的控制下，实现对负载电流的通断转换。输出电路主要由输出器件和起瞬态抑制作用的吸收回路组成，有的还包括反馈电路。目前，各种固态继电器使用的输出器件主要有三极管、单向晶闸管、双向晶闸管、MOSFET、绝缘栅双极型晶体管等。

3. 固态继电器的分类

固态继电器按输出方式可分为直流型固态继电器（DCSSR）和交流型固态继电器（ACSSR）两种，按开关形式固态继电器可分为常开型和常闭型两种，按输入方式固态继电器可分为电阻限流直流、恒流直流和交流等类型，按输出额定电压可分为交流电压（220～380V）及直流电压（30～180V）两种，按隔离形式固态继电器可分为混合型、变压器隔离型和光隔离型等多种。其中，光隔离型应用得最多。典型固态继电器的电路符号如图 2-110 所示。

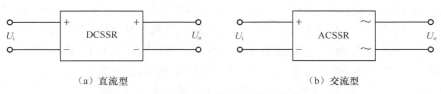

（a）直流型　　　　　　　　　　　　　（b）交流型

图 2-110　固态继电器的电路符号

提 示 目前，DCSSR 的输出器件主要使用大功率三极管、大功率场效应管、IGBT 等，ACSSR 的控制器件主要使用单向晶闸管、双向晶闸管等。

按触发方式 ACSSR 又分为过零触发型和随机导通型两种。其中，过零触发型 ACSSR 是当控制信号输入后，在交流电源经过零电压附近时导通，不仅干扰小，而且导通瞬间的功耗小。随机导通型 ACSSR 则是在交流电源的任一相位上导通或关断，因此在导通瞬间可能产生较大的干扰，并且它内部的晶闸管容易因功耗大而损坏。按采用的输出器件不同，ACSSR 分为双向晶闸管普通型和单向晶闸管反并联增强型两种。单向晶闸管具有阻断电压高和散热性能好等优点，多被用来制造高电压、大电流产品和用于感性、容性负载中。

4. 固态继电器的基本工作原理

（1）过零触发型 ACSSR 的工作原理

典型的过零触发型 ACSSR 的工作原理如图 2-111 所示。①、②脚是输入端，③、④脚是输出端。R9 为限流电阻；VD1 是为防止反向供电损坏光电耦合器 IC1 而设置的保护管；IC1 将输入与输出电路隔离；VT1 构成倒相放大器；R4、R5、VT2 和单向晶闸管 VS1 组成过零检测电路；VD2～VD5 构成整流桥，为 VT1、VT2、VS1 和 IC1 等电路供电；由 VS1 和 VD2、VD3 为双向晶闸管 VS2 提供开启的双向触发脉冲；R3、R7 为分流电阻，分别用来保护 VS1 和 VS2，R8 和 C1 组成浪涌吸收网络，以吸收电源中的尖峰电压或浪涌电流，防止给 VS2 带来冲击或干扰。

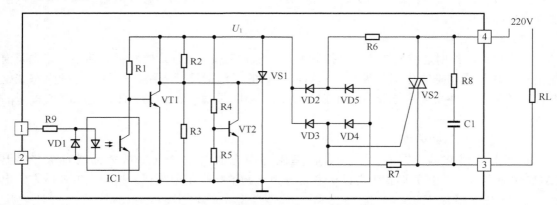

图 2-111　过零触发型 ACSSR 的工作原理示意图

当 ACSSR 接入电路后，220V 市电电压通过负载 RL 构成的回路，加到 ACSSR 的③、④脚上，经 R6、R7 限流，再经 VD2～VD5 桥式整流产生脉动电压 U_1，U_1 除了为 IC1、VT1、VT2、VS1 供电外，还通过电阻取样后为 VT1、VT2 提供偏置电压。当 ACSSR 的①、②脚无电压信号输入时，光电耦合器 IC1 内的发光管不发光，它内部的光敏三极管因无光照而截止，U_1 通过 R1 限流使 VT1 导通，致使晶闸管 VS1 因无触发电压而截止，进而使双向晶闸管 VS2 因 G 极无触发电压而截止，ACSSR 处于关闭状态。当 ACSSR 的①、②脚有信号输入后，通过 R9 使 IC1 内的发光管发光，它内部的光敏三极管导通，VT1 因 b 极没有电压输入而截止，VT1 不再对 VS1 的 G 极电位进行控制。此时，若市电电压较高，使 U_1 电压超过 25V 时，通过 R4、R5 取样后的电压超过 0.6V，VT2 导通，VS1 的 G 极仍然没有触发电压输入，VS1 仍截止，从而避免市电电压高时导通可能因功耗大而损坏。当市电电压接近过零区域，使 U_1 电压在 10～25V 的范围，经 R4 和 R5 分压产生的电压不足 0.6V，VT2 截止，于是 U_1 通过 R2、R3 分压产生 0.7V 电压使 VS1 触发导通。VS1 导通后，220V 市电电压通过 R6、VD2、VS1、VD4 构成的回路触发 VS2 导通，为负载提供 220V 的交流供电，从而实现了过零触发控制。由于 U_1 电压低于 10V 后，VS1 可能因触发电压低而截止，导致 VS2 也截止，所以说过零触发实际上是与 220V 市电电压的幅值相比可近似看作"0"而已。

当①、②脚的电压信号消失后，IC1 内的发光管和光敏三极管截止，VT1 导通，使 VS1 截止，但此时 VS2 仍保持导通，直到负载电流随市电电压减小到不能维持 VS2 导通后，VS2 截止，ACSSR 进入关断状态。

提示　在 ACSSR 关断期间，虽然 220V 电压通过负载 RL、R6、R7、VD2～VD5 构成回路，但由于 RL、R6、R7 的阻值较大，只有微弱的电流流过 RL，所以 RL 不工作。

（2）DCSSR 的工作原理

典型的触发型 DCSSR 的工作原理如图 2-112 所示。①、②脚是输入端，③、④脚是输出端。R1 为限流电阻，VD1 是为防止反向供电损坏光耦合器 IC1 而设置的保护管，IC1 将输入与输出电路隔离，VT1 构成射随放大器，VT2 是输出放大器，R2、R3 是分流电阻，VD2 是为防止 VT2 反向击穿而设置的保护管。

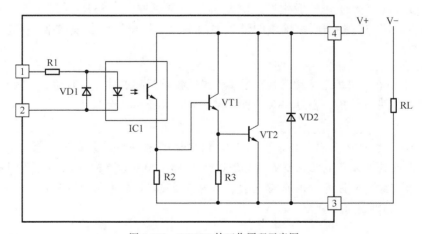

图 2-112　DCSSR 的工作原理示意图

当 DCSSR 的①、②脚无电压信号输入时，光耦合器 IC1 内的发光管不发光，它内部的光敏三极管因无光照而截止，致使 VT1 和 VT2 相继截止，DCSSR 处于关闭状态。当 DCSSR 的①、②脚有信号输入后，通过 R1 使 IC1 内的发光管发光，它内部的光敏三极管导通，由它的 e 极输出的电压加到 VT1 的 b 极，经 VT1 射随放大后，从它的 e 极输出，再使 VT2 饱和导通，给负载提供直流电压，负载开始工作。

当①、②脚的电压信号消失后，IC1 内的发光管和光敏三极管相继截止，VT1 和 VT2 因 b 极无导通电压输入而截止，DCSSR 才进入关断状态。

5. 固态继电器（SSR）的主要参数

SSR 的参数较多，现对其主要的参数进行介绍。

（1）额定输入电压

额定输入电压是指 SSR 在规定条件下能承受的稳态阻性负载的最大允许电压的有效值。如果受控负载是非稳态或非阻性的，必须考虑所选产品是否能承受工作状态或冷热转换、静动转换、感应电动势、瞬态峰值电压、变化周期等条件变化时所产生的最大合成电压。比如负载为感性时，要求 SSR 的额定输出电压必须大于 2 倍的电源电压值，并且它的击穿电压值应高于负载电源电压峰值的 2 倍。

 提示 电源电压为交流 220V 时，使用额定电压高于 400V 的 SSR 就可以满足一般小功率非阻性负载的需要，而选用额定电压高于 660V 的 SSR 就可以满足频繁启动的单相或三相电机等负载的需要。

SSR 在使用时，因过电流和负载短路会造成 SSR 内部的晶闸管永久损坏，可以在控制回路中设置快速熔断器和断路器进行保护；也可在 SSR 输出端并接 RC 吸收回路和压敏电阻来实现输出保护。选用原则是 220V 选用 500～600V 压敏电阻，380V 时可选用 800～900V 压敏电阻。

（2）额定输出电流

额定输出电流是指 SSR 在环境温度、额定电压、功率因数、有无散热器等条件下，所能承受的电流最大的有效值。一般生产厂家都提供热降额曲线，SSR 长期工作在高温状态下（40～80℃）时，用户可根据厂家提供的最大输出电流与环境温度曲线数据，考虑降额使用来保证它正常工作。

 注意 SSR 有较强的温度敏感性，当工作温度接近标称值后，必须通过加散热器、风扇等措施进行散热，否则 SSR 不能正常工作，甚至可能会损坏。

 提示 为了使 SSR 正常工作，应保证其有良好的散热条件，额定工作电流在 10A 以上的 SSR 应采用铝制或铜制的散热器进行散热，100A 以上的 SSR 应采用风扇强制散热。在安装时应注意 SSR 底部与散热器的良好接触，并考虑涂适量导热硅脂以达到最佳散热效果。

（3）浪涌电流

浪涌电流是指 SSR 在室温、额定电压、额定电流和持续时间等条件下，不会造成永久性损坏所允许的最大非重复性峰值电流。ACSSR 在一个周期的浪涌电流为额定电流的 5～10 倍，DCSSR 在 1s 内的浪涌电流为额定电流的 1.5～5 倍。

在实际应用中，若负载为稳态阻性，SSR 可全额或降额 10% 使用。对于电加热器、接触器等负载，初始接通瞬间出现的浪涌电流可达 3 倍的稳态电流，因此 SSR 应降额 20%～30%使用。对于白炽灯类负载，SSR 应按降额 50%使用，并且还应加上适当的保护电路。对于变压器等负载，所选产品的额定电流必须高于负载工作电流的 2 倍。对于感应电动机等负载，所选 SSR 的额定电流值应为电动机运转电流的 2～4 倍，SSR 的浪涌电流值应为额定电流的 10 倍。

（4）断态电压上升率（dV/dT）

在规定的环境温度下，SSR 处于关断状态时，其输出端所能承受的最大电压上升速率。

（5）断态漏电流

在规定的环境温度下，SSR 处于关断状态，输出端为额定输出电压时，流经负载的电流（有效）值。

（6）通态电压降

在规定的环境温度下，SSR 处于接通时，在额定工作电流下，两输出端之间的压降。

（7）开通时间

当使常开型 SSR 接通时，从输入端加电压到保证接通电压开始，输入端电压达到其电压最终变化的 90%为止之间的时间间隔。

（8）关断时间

当使常开型 SSR 关断时，从切断输入电压至保证关断电压开始，到输出端达到其电压最终变化完为止之间的时间间隔。

（9）热阻

在热平衡条件下，SSR 芯片与底部基板之间的温度差与产生温差的耗散功率之比。

（10）绝缘电压（输入/输出）

SSR 的输入和输出之间所能承受的隔离电压的最小值。

（11）绝缘电压（输入、输出/底部基板）

SSR 的输入、输出和底部基板之间所能承受的隔离电压的最小值。

6. SSR 的检测

（1）好坏的检测

检测 SSR 时，首先测它的两个输入脚间的阻值，正向测量有阻值，反向测量为无穷大，而测量它的两个输出脚间的正、反向阻值均为无穷大；否则，说明它损坏。

（2）输入电流和带载能力的检测

如图 2-113 所示，将直流稳压电源和万用表的"50mA"电流挡、2.2kΩ的可调电阻 RP、SP2210 型 SSR 的输入端引脚组成串联回路，再将 SP2210 的输出端与 60W 的白炽灯和 220V 市电构成回路。然后，将 RP 调整到最大，打开直流稳压器的电源开关，调整直流稳压器的输出电压旋钮，使输出电压为 5V，此时白炽灯应不发光。调整 RP 使白炽灯发光并且亮度逐渐增大，说明 SP2210 正常；若白炽灯不能发光或调整 RP 时白炽灯不能亮暗变化，说明 SP2210 已损坏。

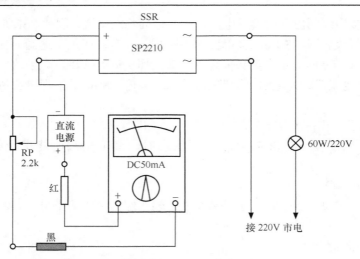

图 2-113　SSR 供电后检测示意图

四、热继电器的识别与检测

1. 热继电器的特点

热继电器是一种利用电流热效应的保护继电器，正常时它的触点处于接通状态，当过热时自动转入断开状态，主要用于对三相异步电动机等动力设备进行过载保护。典型的热继电器如图 2-114 所示。

2. 热继电器的构成和工作原理

热继电器由双金属片、发热元件、动作机构、触点、复位按钮等组成。发热元件接在压缩机供电电路的控制电路中。当压缩机过载导致电流过大时，热继电器内的发热元件产生较大

图 2-114　热继电器

的热量，使双金属片弯曲，通过动作机构，推动触点分离，为微处理器电路提供压缩机过热的信号，微处理器输出的控制信号使压缩机的供电电路被切断，压缩机停止工作，实现过热保护。故障排除后，按动热继电器顶部的复位按钮可使触点重新闭合，再次接通压缩机的供电电路。

3. 热继电器的检测

热继电器的触点不能闭合故障多因双金属片、触点异常所致，而触点接触不良多因触点烧蚀所致。用万用表的二极管挡测量触点间的电阻，若阻值为无穷大，说明触点没有接通。

五、干簧管和干簧继电器的识别与检测

1. 干簧管

干簧管是一种磁敏的特殊开关。典型干簧管的实物外形和电路符号如图 2-115 所示。

（a）实物外形　　　　　（b）电路符号

图 2-115　典型的干簧管

（1）干簧管的构成

干簧管通常有 2 个或 3 个由既导磁又导电的材料做成的簧片触点，其被封装在充有惰性气体（如氮、氦等）或真空的玻璃管里，玻璃管内平行封装的簧片端部重叠，并留有一定间隙或相互接触来构成常开或常闭触点。

（2）干簧管的分类

干簧管按触点形式分为常开型和转换型两种。常开型干簧管内的触点平时打开，只有干簧管靠近磁场被磁化时，触点才能吸合；而转换型干簧管在结构上有 3 个簧片，第 1 片由导电不导磁的材料做成，第 2、第 3 片由既导电又导磁的材料做成，上、中、下依次是 1、3、2。当它不接近磁场时，1、3 片上的触点在弹力的作用下吸合；当它接近磁场时，3 片上的触点与 1 片上的触点断开，而与 2 片上的触点吸合，从而形成了一个转换开关。

（3）干簧管的工作原理

下面以常开型干簧管为例简单介绍干簧管的工作原理。

当干簧管靠近永久磁铁时，或者由绕在干簧管上面的线圈通电后形成磁场使簧片磁化时，簧片就会感应出极性相反的磁极。由于磁极的极性相反而相互吸引，当吸引的磁力超过簧片的抗力时，簧片上分开的触点就会吸合；当磁力减小到一定值时，在簧片抗力的作用下触点再次断开。

（4）干簧管的应用

干簧管可作为传感器用于计数、限位等。有一种自行车公里计数器，其就是在车圈上粘上磁铁，同时在附近的车架上安装两个干簧管构成的。许多门铃就使用了干簧管，将它装在门上，就可以实现开门时的报警、问候等。而许多全自动洗衣机也采用了干簧管作为防震动保护，有的"断线报警器"中也使用了干簧管。

2. 干簧继电器的构成和特点

（1）干簧继电器的构成

干簧管和线圈组装在一起，就可以制成一个干簧继电器。而 2～4 个干簧管和 1 个线圈组装在一起，就可以构成多对触点的干簧继电器。典型的干簧继电器如图 2-116 所示。

（2）干簧继电器的特点

干簧继电器的特点如下：一是体积小，重量轻；二是簧片轻而短，有固有频率，可提高触点的通断速度，通断的时间仅为 1～3ms，是一般的电磁继电器的 1/10～1/5；三是使用寿命长，由于采用密

图 2-116　干簧继电器

封结构，所以触点与空气隔绝，管内的稀有气体可降低触点的氧化和碳化，提高触点的使用寿命。

3. 干簧管的检测

可以用万用表电阻挡检测干簧管，以常开式两端干簧管为例进行介绍。

（1）用数字型万用表检测

采用数字万用表检测干簧管时，应将它置于通断测量挡，并将它的两根表笔接在干簧管的两根引线上，未靠近磁铁时，万用表显示的数字为 1，说明干簧管内的触点断开，如图 2-117（a）所示；靠近磁铁后，显示屏显示数字为 0，并且蜂鸣器鸣叫，说明干簧管内的触点受磁后闭合，如图 2-117（b）所示。当脱离磁铁后，万用表的显示又回到 1，说明干簧

管的触点又断开。若干簧管的触点在受磁后仍旧不能闭合，说明触点开路；若未受磁时就闭合，则说明它内部的触点粘连。

（a）未受磁   （b）受磁

图 2-117　采用数字型万用表检测干簧管示意图

提示

> 图 2-117 测试的是常开型干簧管，而对于常闭型干簧管，应该在未受磁时内部的簧片是接通的，只有受磁后簧片才能断开。

（2）用指针型万用表检测

如图 2-118 所示，将万用表置于"R×1"挡，两根表笔分别接干簧管的两根引线，此时万用表的表针应在无穷大的位置。当把干簧管靠近磁铁时，万用表的表针能向左偏转到"0"的位置，说明干簧管正常。否则，说明干簧管已损坏。

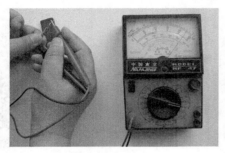

（a）远离磁铁   （b）靠近磁铁

图 2-118　采用指针型万用表检测干簧管示意图

六、继电器的更换

继电器损坏后必须采用相同规格的同类产品更换，否则不仅会给安装带来困难，而且可能会产生新的故障。

七、常用电磁继电器的型号及主要参数

常用小型电磁继电器的种类很多，如 JRX-11、JRX-13F、JQX-4F、JWX-1 等。其中 JRX-11、JRX-13F、JWX-1 的技术参数如表 2-15 所示。

表 2-15		常用小型电磁继电器的型号及主要参数			
型 号	直流电阻（Ω）	吸合电流（mA）	额定电压（V）	释放电流（mA）	触 点 负 荷
JRX-11	220	≤45	18		12V×0.5A（直流）
	1 640	≤6	18		
	960	≤9	18		
	145	≤45	12		
JRX-13F	4 600	≤6	48	3	48V×0.25A（直流）
	700	≤13	18		
	300	≤20	12		
	1 200	≤9.5	24		
JWX-1	4 000	3×(1±10%)		1.6×(1±10%)	5V×0.7A（直流）
	3 000	5×(1±10%)		3.5×(1±10%)	
	1 000	8×(1±10%)		5.6×(1±10%)	

第十三节　使用万用表检测电声器件

电声器件（electroacoustic device）是指电和声相互转换的器件，它是利用电磁感应、静电感应或压电效应等来完成电声转换的，包括扬声器、耳机、传声器和唱头等。

一、扬声器的识别与检测

扬声器俗称喇叭，是一种十分常用的电声换能器件，是音响、电视机、收音机、放音机、复读机等电子产品中的主要器件。常见的扬声器实物外形如图 2-119 所示，它的电路符号如图 2-120 所示，在电路中常用字母"B"或"BL"表示。

图 2-119　扬声器

1. 扬声器的分类

扬声器按换能机理和结构可分为动圈式（电动式）、电容式（静电式）、压电式（晶体或陶瓷）、电磁式（压簧式）、电离子式和气动式等，其中电动式扬声器具有电声性能好、结构牢固、成本低等优点，应用最广泛；按声辐射材料可分为纸盆式、号筒式、膜片式扬声器；按纸盆形状可分为圆形、椭圆形、双纸盆和橡皮折环扬声器；按工作频率可分为低音、中音、高音扬声器；按音圈阻抗分为低阻抗和高阻抗扬声器；按效果可分为直辐和环境声扬声器等。

2. 扬声器的构成

扬声器由纸盆、磁铁（外磁铁或内磁铁）、铁芯、线圈、支架、防尘罩等构成，如图 2-121 所示。

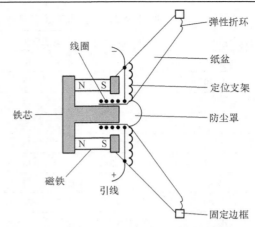

图 2-120　扬声器的电路符号　　　　　　　图 2-121　扬声器的构成示意图

3. 电动式扬声器的工作原理

当处于磁场中的音圈（线圈）有音频电流通过时，就产生随音频电流变化的磁场，这一磁场和永久磁铁的磁场发生相互作用，使音圈沿着轴向振动，带动纸盆使周围大面积的空气发生相应的振动，从而将机械能转换为声能，发出悦耳的声音。

4. 扬声器的主要性能指标

（1）标称功率

标称功率也叫额定功率、不失真功率。它是指扬声器在额定不失真范围内允许的最大输入功率，在扬声器的商标、技术说明书上标注的功率值就是标称功率值。

（2）最大功率

最大功率是指扬声器在某一瞬间所能承受的峰值功率。为保证扬声器工作的可靠性，要求扬声器的最大功率为标称功率的 2～3 倍。

（3）额定阻抗

扬声器的阻抗一般和频率有关。额定阻抗是指音频为 400Hz 时，从扬声器输入端测得的阻抗值。它一般是音圈直流电阻的 1.2～1.5 倍。一般动圈式扬声器阻抗有 4Ω、8Ω、16Ω、32Ω 等多种。

（4）频率响应

当扬声器的音圈输入了相同电压但频率不同的音频信号后，就会产生变化的声压。一般情况下，中音频信号产生的声压较大，而低音频、高音频信号产生的声压较小。当声压下降为中音频信号的某一数值时的高、低音频率范围，就是扬声器的频率响应特性，也就是频率响应范围。

理想扬声器的频率特性应为 20～20kHz，这样就能把全部音频信号均匀地重放出来，然而一只扬声器是不可能实现这样的功能的。每一只扬声器只能较好地重放音频信号的某一部分。

（5）失真

扬声器的失真有频率失真和非线性失真两种。其中，频率失真是由于对某些频率的信号放音较强，而对另一些频率的信号放音较弱造成的。失真破坏了原来高低音响度的比例，改变了原声音色。而非线性失真是由于扬声器振动系统的振动和信号的波动不能完全一致，在输出的声波中增加了一新的频率成分。

（6）指向性

指向性用来表征扬声器在空间各方向辐射的声压分布特性，频率越高指向性越差，纸盆越大指向性越强。

5. 扬声器的检测

（1）好坏的判断

如图 2-122 所示，将万用表置于"R×1"挡，用红表笔接音圈（线圈）的一个接线端子，用黑表笔点击另一个接线端子，若扬声器能够发出"咔咔"的声音，说明扬声器正常；否则说明扬声器的音圈或引线开路。

图 2-122　用万用表检测扬声器示意图

> **方法与技巧**　若手头没有万用表，也可以利用一节 5 号电池和一根导线对扬声器的音圈是否正常进行判断。方法是将电池的负极与音圈的一个接线端子相接，电池正极接导线的一端，用导线的另一端点击音圈的另一个接线端子，正常时扬声器也能发出"咔咔"的声音。

（2）阻抗的估测

扬声器铁芯的背面通常有一个直接打印或贴上去的铭牌，该铭牌上一般都标有阻抗的大小，若铭牌脱落导致无法识别它的阻抗时，则需要使用万用表进行判别。

将万用表置于"R×1"挡，调零后，测量线圈的电阻，阻值为 6.1Ω，将该值乘以 1.3 得到的数值为 7.93Ω，说明被测扬声器的阻抗为 8Ω。

（3）极性的判断

扬声器必须要按正确的极性连接，否则会因相位失真而影响音质。大部分扬声器在背面的接线支架上通过标注"＋"、"－"的符号标出两根引线的正、负极性，而有的扬声器并未标注，为此需要对此类扬声器的极性进行判别。采用的判别方法主要有电池检测法和万用表检测法两种。

> **提示**　同一个厂家生产的扬声器背面引线架上标注的正、负极性基本是一致的。

> **方法与技巧**　利用电池判别扬声器的极性时，将一节 5 号电池的正、负极通过引线点击扬声器音圈的两个接线端子，点击的瞬间及时观察扬声器的纸盆振动方向。若纸盆向上振动，说明电池正极接的接线端子是音圈的正极，电池负极接的接线端子是音圈的负极。反之，若纸盆向下（靠近磁铁的方向）振动，说明电池的负极接的引脚是扬声器的正极。
>
> 利用万用表判别扬声器的极性时，将它置于"R×1"挡，用两个表笔分别点击扬声器音圈的两个接线端子，在点击的瞬间及时观察扬声器的纸盆振动方向。若纸盆向上振动，说明黑表笔接的端子是音圈的正极；若纸盆向下振动，说明黑表笔接的端子是扬声器音圈的负极。
>
> 另外，也可以采用万用表电流挡判别扬声器的极性，但没有上述两种方法简单、准确。

二、耳机的识别与检测

耳机是一种十分常用的电声换能器件。它的构成和电动式扬声器基本相同，也是由磁铁、音圈、振动膜片和外壳构成的。常见耳机的实物外形和电路符号如图 2-123 所示。

（a）实物外形　　　　　　　　　　　　　　　　　　（b）电路符号

图 2-123　耳机

1. 耳机的分类

（1）按原理分类

按原理耳机可分为电动式和电容式两种。其中，电动式又称为动圈式，它具有灵敏度高、功率大、结构简单、音质好、音色稳定等优点，但也存在频带窄等缺点。电容式又称为静电式，它具有频带宽、音质好的优点，但也存在成本高、结构复杂等缺点。目前，市场上常见的是电动式耳机。

 提示

目前，电动式耳机多为低阻抗类型，阻值多为 20Ω或 30Ω。

（2）按外观形状分类

按外观形状耳机可分为封闭式、开放式和半开放式 3 种。

封闭式耳机就是通过其自带的耳垫将耳朵完全封闭起来。这种耳机的体积较大，主要在噪声较大的环境下使用。

开放式耳机是目前最为流行的耳机样式，采用柔软的海绵状的微孔发泡塑料作为透声耳垫。它的优点是体积小巧、佩戴舒适、没有与外界的隔绝感，缺点是低频损失较大。

半开放式耳机是综合了封闭式和开放式两种耳机的优点的新型耳机。它采用了多振膜结构，除了有一个有源主动振膜之外，还有多个无源从振膜。因此，它发出的声音具有低频丰满绵柔、高频明亮自然、层次清晰等优点。

（3）按功能分类

按功能耳机可分为普通耳机和两分频式耳机两种。两分频式耳机是在半开放式耳机的基础上结合了电动式和电容式两种耳机的优点制成的新一代耳机，具有动态范围大、瞬态响应好、放音透明纯真、音色丰富等优点。

2. 耳机的检测

耳机好坏的判断方法和扬声器基本相同。将万用表置于"R×1"挡，红表笔接插头的接地端，用黑表笔点击信号端，若耳机能够发出"咔咔"的声音，说明耳机正常；否则说明耳机的音圈、引线或插头开路，如图 2-124 所示。

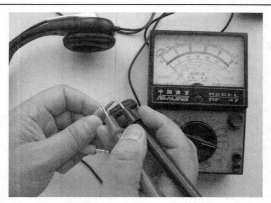

图 2-124　检测耳机的好坏示意图

三、蜂鸣片和蜂鸣器的识别与检测

1. 蜂鸣片

蜂鸣片是压电陶瓷蜂鸣片的简称，它也是一种电声转换器件。压电陶瓷蜂鸣片由锆钛酸铅或铌镁酸铅压电陶瓷材料制成。在陶瓷片的两面镀上银电极，经极化和老化处理后，再与黄铜片或不锈钢片粘在一起。当给沿极化方向的两面输入振荡脉冲信号时，压电陶瓷带动金属片产生振动，从而推动周围空气发出声音。

由于蜂鸣片具有体积小、成本低、重量轻、可靠性高、功耗低、声响度高（最高可达到120dB）等优点，所以其被广泛应用在电子计时器、电子手表、玩具、门铃、报警器、豆浆机等电子产品中。目前应用的蜂鸣片有裸露式和密封式两种。裸露式蜂鸣片的实物外形和电路符号如图 2-125 所示，在电路中通常用字母"B"表示。密封式蜂鸣片的实物外形和电路符号如图 2-126 所示，在电路中通常用字母"BZ"或"BUZ"表示。

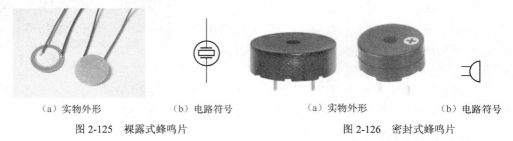

（a）实物外形　　　　（b）电路符号　　　　　（a）实物外形　　　　（b）电路符号

图 2-125　裸露式蜂鸣片　　　　　　　　图 2-126　密封式蜂鸣片

2. 蜂鸣器

蜂鸣器的作用就是电声转换，在电路中也用字母"BZ"或"BUZ"表示，电路符号也用图 2-126（b）所示的符号，常见的蜂鸣器实物外形如图 2-127 所示。

（1）压电式蜂鸣器

压电式蜂鸣器主要由多谐振荡器、压电蜂鸣片、阻抗匹配器及共鸣箱、外壳等组成，如图 2-128 所示。有的压电式蜂鸣器外壳上还安装了发光二极管，在蜂鸣器鸣叫的同时发光二极管闪烁发光。

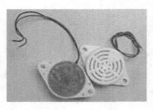

图 2-127　蜂鸣器

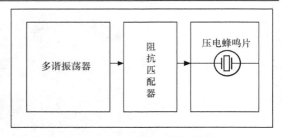

图 2-128　压电蜂鸣器的构成框图

多谐振荡器多由集成电路和电阻、电容等构成。当得到 3～15V 的供电电压后多谐振荡器开始起振，产生频率为 1.5～2.5kHz 的音频信号，通过阻抗匹配器放大后，驱动压电蜂鸣片发声。

（2）电磁式蜂鸣器

电磁式蜂鸣器由振荡器、电磁线圈、磁铁、振动膜片及外壳等组成。接通电源后，振荡器产生的音频信号电流通过电磁线圈，使电磁线圈产生磁场。该磁场与磁铁产生的磁场相互作用后，就可以使振动膜片振动，从而使蜂鸣器周期性地鸣叫。

3．检测

（1）蜂鸣片的检测

将指针型万用表置于"R×1"挡，用红表笔接在它的一个接线端子上，用黑表笔点击另一个接线端子，若蜂鸣器能够发出"咔咔"的声音，并且表针摆动，说明蜂鸣器正常，如图 2-129 所示。否则，说明蜂鸣器异常或引线开路。

（2）蜂鸣器的检测

对于采用直流供电（如采用 8V 供电）的蜂鸣器：将待测的蜂鸣器通过导线与直流稳压器的输出端相接（正极接正极、负极接负极），再将稳压器的输出电压调到 8V，打开稳压器的电源开关，若蜂鸣器能发出响声，说明蜂鸣器正常；否则，说明蜂鸣器已损坏。

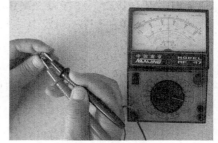

图 2-129　密封型蜂鸣片的检测

对于采用交流供电（如采用 220V 供电）的蜂鸣器：将待测的蜂鸣器通过导线与市电电压相接后，若蜂鸣器能发出响声，说明蜂鸣器正常；否则，说明蜂鸣器已损坏。

四、传声器的识别与检测

传声器通常称为话筒或麦克风，它是把声波信号（机械能）转换成电信号的一种器件。

B 或 BM

图 2-130　传声器的电路符号

传声器的电路符号如图 2-130 所示。原来传声器在电路中用"S"、"M"或"MIC"表示，现在多用"B"或"BM"表示。

1．传声器的分类

根据构成传声器可分为动圈式、晶体式、铝带式、电容式等多种，根据使用方式的不同传声器可以分为有线式和无线式两种。目前，常用的传声器有动圈式和电容式两种。

2．传声器的原理

（1）动圈式传声器

常见动圈式传声器的实物外形如图2-131（a）所示，它内部主要由磁铁、线圈、振动膜、升压变压器、软铁等构成，如图2-131（b）所示。磁铁和软铁构成磁路，磁场集中于芯柱和外圈软铁所形成的缝隙中。在软铁前面装有振动膜，它上面带有线圈，正好套在芯柱上，位于强磁场中。当振动膜受声波压力前后振动时，线圈便切割磁力线而产生感应电动势，从而将声波信号转换成了电信号。

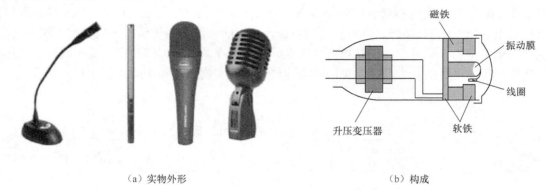

（a）实物外形　　　　　　　　　　　　　　　（b）构成

图2-131　动圈式传声器

由于传声器线圈（通常称为音圈）的匝数很少，阻抗很低，输出的电压小，不能满足（与之相连接的）扩音机对输入信号的要求，因此，动圈式传声器中都装有升压变压器，一次侧接振动膜线圈（音圈），二次侧接输出线，将传声器输出的信号进行大幅度的提升。

根据升压变压器的一、二次绕组匝数比不同，动圈式传声器有低阻抗和高阻抗两种输出阻抗。其中，低阻抗为$200\sim600\Omega$，高阻抗为几十千欧。

动圈式传声器的频率响应一般为$50\sim10\,000Hz$，输出电平为$-50\sim-70dB$，无方向性。组合式动圈传声器的频率响应可达$35\sim15\,000Hz$，并具有不同的方向特性供使用时选择。

（2）电容式传声器

电容式传声器在整个音频范围内具有很好的频率响应特性，灵敏度高，失真小，但体积要比动圈式传声器大一些，多用在要求高音质的扩音、录音工作中。普通电容式传声器的实物外形如图2-132（a）所示，它内部主要由振动膜、极板、电阻等构成，如图2-132（b）所示。

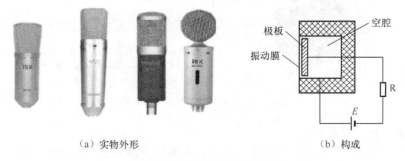

（a）实物外形　　　　　　　　　　　　（b）构成

图2-132　普通电容式传声器

振动膜是一块表面经过金属化处理且很轻、弹性很强的薄膜，它与极板构成一只电容。

由于它们之间的间隙很小，所以振动膜面积不大就可以获得一定的电容量。当有声波传到振动膜上时，它便随之振动，改变了它与另一极板之间的距离，从而使电容量发生变化。在这个电容器的两端，经过电阻 R 接上一直流电压 E（称为极化电压）。那么，电容量随声音变化时，电阻 R 两端便得到交变的电压降，即把声波信号转换成了电信号。

（3）驻极体传声器

驻极体传声器是电容传声器的一种。驻极体传声器是用事先注入电荷而被极化的驻极体代替极化电源的电容传声器。驻极体传声器有两种类型：一种是用驻极体高分子薄膜材料做振动膜（振膜式），此时振动膜同时担负着声波接收和极化电压的双重任务；另一种是用驻极体材料做后极板（背极式），这时它仅起着极化电压的作用。由于该传声器不需要极化电压，从而简化了结构。另外，由于其电声特性良好，所以在录音、扩声和户外噪声测量中已逐渐取代外加极化电压的传声器。常见的驻极体传声器的实物外形和构成如图 2-133 所示。

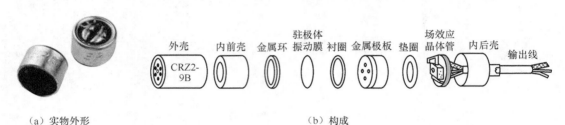

（a）实物外形　　　　　　　　　　　　　　　（b）构成

图 2-133　驻极体传声器

如图 2-134 所示，驻极体传声器有两块金属极板，其中一块表面涂有驻极体薄膜并将其接地，另一块极板接在场效应晶体管的栅极上。两个极板之间形成了一个电容，当驻极体膜片因声波振动时，电容两端就形成变化的电压。该电压变化的大小，反映了外界声压的强弱，而电压变化频率反映了外界声音的频率。不过，电容两端产生的电压较小，为了将声音产生的电压信号引出来并加以放大，必须使用场效应管进行放大。栅极与源极之间接的二极管的作用是保护场效应晶体管，以免它因过电压等原因损坏。

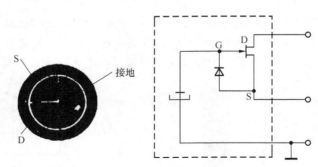

图 2-134　驻极体传声器的内部电路

3. 驻极体传声器的检测

将指针型万用表置于"R×100"挡，用红表笔接传声器的金属屏蔽网，黑表笔接其芯线，相当于给内部的场效应晶体管漏极加上正电压，此时万用表表针应指在一定的刻度上。然后对着传声器吹气，若表针毫无反应，并且调换表笔后再次检测时仍无反应，说明驻极体已损坏；如果对着传声器吹气，表针有一定幅度的摆动，说明它正常。

直接测试传声器的两根引线的阻值时，若阻值为无穷大，说明内部驻极体或引线开路；如果阻值为 0，说明驻极体或引线短路。

第十四节　使用万用表检测过载保护器件

过载保护器件安装在供电回路的最前面，当因负载过电流或过热引起电源过载时自动切断供电回路，避免故障进一步扩大，实现过载保护。常用的过载保护器件有熔断器和过载保护器。

一、熔断器的识别与检测

熔断器俗称保险丝、保险管，它在电路中通常用 "F"、"FU"、"FUSE" 等表示，它的电路符号如图 2-135 所示。

按工作性质熔断器可分为过电流熔断器和过热熔断器两种，按封装结构熔断器可分为玻璃熔断器、陶瓷熔断器和塑料熔断器等多种，按电压高低熔断器可分为高压熔断器和低压熔断器两种，按能否恢复熔断器可分为不可恢复熔断器和可恢复熔断器两种，按动作时间熔断器可分为普通熔断器、快速熔断器和延时熔断器 3 种。

1. 普通熔断器

最常用的普通熔断器是玻璃熔断器，它是由熔体、玻璃壳、金属帽构成的保护元件，其实物外形如图 2-136 所示。根据额定电流的不同，普通熔断器有 0.5A、0.75A、1A、1.5A、2A、3A、5A、8A、10A 等几十种规格。

图 2-135　熔断器的电路符号　　　图 2-136　普通熔断器的实物外形

2. 延时熔断器

延时熔断器也叫延迟保险管，它的构成和普通熔断器基本相同，不同的是它采用的熔体具有延时性，它的熔体常由高熔点金属与低熔点金属复合而成，既有抗脉冲的延时效果，又有过电流快速熔断的特点。从外观上看，它的熔体的中间部位突起或熔体采用螺旋结构，其实物外形如图 2-137 所示。

3. 快速熔断器

快速熔断器是指集成电路型熔断器（ICP），它的特点是熔断时间短，适用于要求快速切断电源的电路，多用于进口电气设备中。常见的快速熔断器的外形类似小三极管，其实物外形如图 2-138 所示。

4. 温度熔断器

温度熔断器也叫超温熔断器、过热熔断器或温度保险丝等，常见的温度熔断器的实物外形如图 2-139 所示。温度熔断器早期主要应用在电饭锅内，现在还应用在饮水机、空调器、变压器等产品内。

图 2-137　延时熔断器的实物外形　　　　　　　图 2-138　快速熔断器的实物外形

图 2-139　温度熔断器的实物外形

温度熔断器的作用就是当它检测到的温度达到标称值后，它内部的熔体自动熔断，切断发热源的供电电路，使发热源停止工作，实现超温保护。

5. 熔断器的检测

如图 2-140 所示，将数字型万用表置于通断测量挡，将表笔接在它的两端，若数值为 "0" 且蜂鸣器鸣叫，说明它正常；若不鸣叫且数值为无穷大，则说明它已开路。

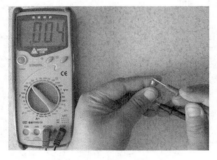 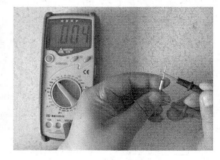

（a）普通熔断器　　　　　　　　　　　　（b）温度熔断器

图 2-140　用万用表测量熔断器示意图

　提示　若采用指针型万用表，将万用表置 "R×1" 挡，将表笔接在熔断器的两端，测它的阻值，若阻值为 0，说明它正常；若阻值为无穷大，则说明它已开路。

二、过载保护器的识别与检测

过载保护器的全称是压缩机过载过热保护器。顾名思义，它就是为了防止压缩机不被过热、过电流损坏而设置的保护性器件。当压缩机运行电流正常时，过载保护器为接通状态，压缩机正常工作。当压缩机因供电异常、启动器异常等原因引起工作电流过大或工作温度过高时，过载保护器动作，切断压缩机的供电回路，压缩机停止工作，实现保护压缩机的目的。常见过载保护器的实物外形如图 2-141 所示。

1. 过载保护器的构成和工作原理

下面以最常用的碟形过载保护器为例介绍过载保护器的构成和工作原理。

如图 2-142 所示，它由电阻加热丝、双金属片及一对常闭触点构成。它串联于压缩机供电电路，开口端紧贴在压缩机外壳上。当电流过大时，电阻丝温度升高，烘烤双金属片使它反向弯起，将触点分离，切断压缩机的供电回路，压缩机停止运转，以免压缩机过电流损坏。同理，当某种原因使压缩机外壳的温度过高时，双金属片受热变形，使触点分离，切断供电电路，以免压缩机过热损坏，从而实现了保护压缩机的目的。

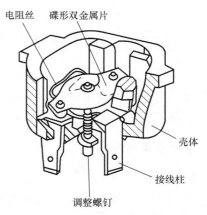

电阻丝　碟形双金属片

壳体

接线柱

调整螺钉

图 2-141　过载保护器的实物外形　　　　　图 2-142　碟形过载保护器的构成

提示　压缩机功率不同，配套使用的过载保护器型号不同，接通和断开温度也不同，维修时应更换型号相同或规格相近的过载保护器，以免丧失保护功能，给压缩机带来危害。

2. 过载保护器的检测

如图 2-143（a）所示，用指针型万用表的二极管挡测它的接线端子间的阻值，阻值应为 0；若它受热后阻值仍然过小，说明其短路，失去了保护功能。

如图 2-143（b）所示，用指针型万用表的"R×1"挡在室温下测它的接线端子间电阻，若阻值为无穷大或阻值过大，说明其开路或接触不良。

（a）正常的过载保护器　　　　　　　　　（b）开路的过载保护器

图 2-143　万用表测量过载保护器示意图

三、过载保护器件的更换

熔断器和过载保护器损坏后最好采用相同规格的器件更换。另外，由于过载保护器动作多是由于负载过载引起，所以必须确认负载是否正常，更不能用导线代替，以免扩大故障或引起火灾。

第十五节　使用万用表检测开关器件

开关的主要功能是接通、断开和切换电路。电子产品应用的开关主要有机械开关、轻触开关、光电开关、接近开关等。

一、机械开关的识别与检测

1. 机械开关的识别

早期电路上的机械开关用"K"或"SB"表示，现在电路上多用"S"或"SX"表示。常见的机械开关实物外形和电路符号如图2-144所示。

（a）实物外形

（b）电路符号

图2-144　机械开关

2. 机械开关的检测

如图2-145所示，用数字型万用表的二极管挡测机械开关引脚的阻值。在未按压开关时，测得常闭触点的阻值为0，常开触点的阻值为无穷大；在按压开关时使它的常开触点接通，阻值变为0，而它的常闭触点断开，阻值变为无穷大；否则，说明开关已损坏。

（a）按开关前的测量　　　　　　　　　　（b）按开关后的测量

图2-145　用万用表测量机械开关示意图

二、轻触开关的识别与检测

1. 轻触开关的识别

轻触开关主要用作电视机、显示器、电磁炉等电器的功能操作键。轻触开关的实物外形和电路符号如图 2-146 所示。

（a）实物外形　　　　　　　　　　　　　　（b）电路符号

图 2-146　轻触开关

2. 轻触开关的检测

如图 2-147 所示，用数字型万用表的二极管挡测轻触开关引脚的阻值。未按压开关时它的阻值应为无穷大，按压开关时它的阻值应为 0，否则说明开关已损坏。

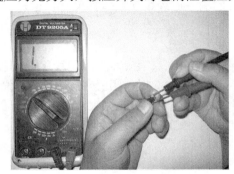

（a）按开关前的测量　　　　　　　　　　（b）按开关后的测量

图 2-147　用万用表测量轻触开关示意图

三、薄膜开关的识别与检测

薄膜开关实际上是一组点触式开关，它只担负传递操作指令给整机被控电路的作用。薄膜开关的实物外形和 16 键标准键盘的电路符号如图 2-148 所示。

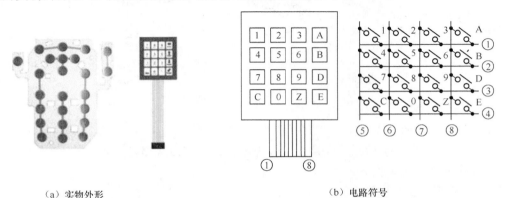

（a）实物外形　　　　　　　　　　　　　　（b）电路符号

图 2-148　薄膜开关

1. 薄膜开关的作用

薄膜开关既不是单一的新型面板，也不是单一的开关元件，而是新颖的电子器件，它至少包含如下功能：整机面板、功能标记、外观装饰、开关按键、开关电路及引线、读数显示窗、指示灯透明窗，部分薄膜开关还具有信息反馈功能，例如，键体透明薄膜开关、声响或语言提示功能薄膜开关等。因此，有的人将薄膜开关称为集功能与装饰为一体的电子整机产品操作的总成。作为新颖的电子产品，薄膜开关已广泛应用在工业、农业、国防、科研、医疗、办公自动化、家用电器、玩具等领域，特别是现代电子仪器的操作系统，更是非薄膜开关莫属。

2. 薄膜开关的工作原理

在常态下，由于薄膜开关中窗式隔离层的厚度所确定的间隙，上、下层电路的触点是分离的（即便是单层电路结构，其电路触盘也是以迷宫方式相分离），当对面板上某一功能按键施加1～3N的外力时，按键所对应的两个触点瞬间闭合，与此同时，通过与整机相连的接插件将信号传递给后置电路，从而使整机按既定的指令工作。当去除外力后，鉴于薄膜开关基材的弹性，触点迅速分离、复位，此时一次信号的输入已经建立，整机工作状态并不受触点分离的影响。

3. 薄膜开关的检测

如图2-148所示，将指针型万用表置于"R×1"挡，红表笔接第1根引线，黑表笔接第5根引线，阻值应为无穷大，若阻值小，说明漏电；按开关"1"时，阻值应为0，否则说明开关或引线开路。红表笔不动，而黑表笔接第6根引线时，阻值也应为无穷大，而在按压开关"2"后阻值应为0，否则说明开关2或引线损坏。以此类推，就可以对所有的开关进行检测。

四、接近开关的识别与检测

接近开关也叫接近传感器，它可以在不与目标物实际接触的情况下，检测到靠近传感器的目标物。接近开关主要应用在自动化控制系统中。常见接近开关的实物外形和控制示意图如图2-149所示。

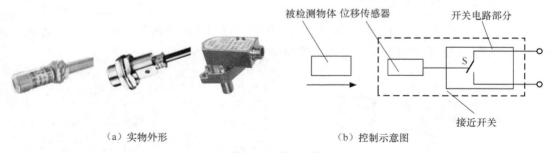

（a）实物外形　　　　　　　　　　　（b）控制示意图

图2-149　接近开关

1. 接近开关的分类

根据操作原理，接近开关大致可以分为电磁式、磁力式和电容式3种。

2. 接近开关的工作原理

（1）电磁式接近开关

电磁式接近开关属于一种有开关量输出的位置传感器，它由LC高频振荡器和放大电路组成。LC 高频振荡器通过振荡产生振荡脉冲。当金属物体在接近这个能产生电磁场的振荡感应头时，它的内部产生涡流。这个涡流使接近开关内的振荡器振荡能力减弱，于是该开关判断出有金属物体接近，进而控制开关接通；反之，当金属物体离开后，该开关自动关断。

（2）电容式接近开关

电容式接近开关也属于一种具有开关量输出的位置传感器，它的测量头通常是构成电容器的一个极板，而另一个极板是物体的本身。这种接近开关不仅可以检测接近的金属物体，而且可以检测绝缘的液体或粉状物体。

当物体移向接近开关时，物体和接近开关的介电常数发生变化，通过放大电路放大后，控制开关的接通；反之，物体离开后，该开关自动关断。在检测较低介电常数的物体时，可以顺时针调节位于开关后部的电位器来增大感应灵敏度。

五、光电开关的识别与检测

光电开关是通过把光强度的变化转换成电信号的变化来实现控制的。光电开关主要应用在录像机、复印机、打印机等电子产品内。常见的光电开关实物外形如图 2-150 所示。

图 2-150　光电开关

1．光电开关的构成

光电开关主要由光发射管（发送器）、光接收管（接收器）、发射窗、接收窗、外壳、引脚构成，如图 2-151 所示。

2．光电开关的分类和工作原理

光电开关主要分为槽型光电开关、对射分离式光电开关、反光板反射式光电开关和扩散反射型光电开关 4 种。

（1）槽型光电开关

槽型光电开关是把一个光发射管（发光二极管）和一个光接收管（光敏三极管）面对面地装在一个槽的两侧。光发射管能通过发射窗发出红外光或可见光，在无阻情况下，光接收管通过接收窗接收到光信号而导通。当有物体从槽中通过时，光发射管发出的光被遮挡，光接收管因无光照而截止，输出一个开关控制信号，切断或接通负载电流，从而完成一次控制过程。

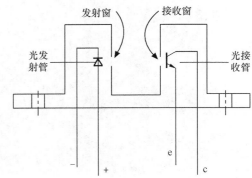

图 2-151　典型光电开关的构成

提示　因受整体结构的限制，槽型光电开关的发射窗口与接收窗口一般只有几十毫米到几厘米。

（2）对射分离式光电开关

对射分离式光电开关简称对射式光电开关，它是把光发射管和光接收管分开安装，使检测距离加大，能够达到几米甚至几十米。使用时把光发射管和光接收管分别安装在检测物通过路径的两侧，检测物通过时阻挡光路，光接收管就截止，输出一个开关控制信号，实现开关控制。

（3）反光板反射式光电开关

反光板反射式光电开关也叫反射镜反射式光电开关，它是把光发射管和光接收管装入同一个装置内，在它的前方装一块反光板，利用反射原理完成光电控制作用的。正常情况下，反光板将光发射管发出的光反射给光接收管，使它导通。当有物体将光路挡住时，光接收管因收不到光信号而截止，输出一个开关控制信号。

（4）扩散反射型光电开关

扩散反射型光电开关的前方没有反光板，而在检测头里安装了一个光发射管和一个光接收管。正常情况下，光发射管发出的光线是不能被光接收管接收的，使光接收管截止。当检测物通过时挡住了光信号，并把部分光线反射给光接收管时，光接收管收到光信号后导通，输出一个开关信号。

3. 光电开关的检测

（1）引脚和穿透电流的判别

用数字型万用表的二极管挡或指针型万用表的电阻挡测量，就可以判断出光电开关的引脚和穿透电流的大小，如图 2-152 所示。

一般情况下，光发射管的正向导通压降为 1.041 左右，如图 2-152（a）所示；调换表笔后，测量光发射管的反向导通压降值，以及光接收管 C、E 极间的正、反向导通压降值时，屏幕都显示溢出值 1，如图 2-152（b）所示。若光发射管的正向导通压降值大，说明它的导通性能下降；若光发射管的反向导通压降值小或光接收管的 C、E 极间的导通压降值小，说明发光二极管或光敏三极管漏电。

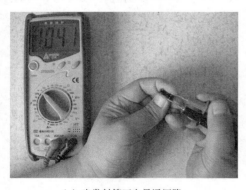 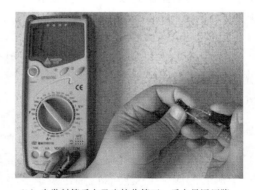

（a）光发射管正向导通压降　　　　　　　　（b）光发射管反向及光接收管正、反向导通压降

图 2-152　光电开关引脚判断和穿透电流检测示意图

（2）光电效应的检测

检测光电开关的光电效应时，需要采用两块指针型万用表或指针型万用表、数字型万用表各一块，测试方法如图 2-153 所示。

将数字万用表置于二极管挡，表笔接在光接收管的 C、E 极上，再将指针万用表置于"R×1"挡，黑表笔接光发射管的正极、红表笔接光发射管的负极，为光发射管（发光二极管）

提供导通电流，使其发光，致使光接收管因受光照而导通，此时显示屏显示的导通压降值为 0.146V，表笔不动，将指针万用表置于"R×10"挡后，显示屏显示的导通压降值增大为 1.298V。这说明在增大指针万用表的挡位，使流过光发射管的电流减小后，光接收管的导通程度减小，被测试的光电开关的光电效应正常。值得一提的是，测试过程中，若将不透光的物体放在光电开关的槽中间，光接收管的阻值会变为无穷大，说明光接收管在无光照时能截止。

（a）用"R×1"挡检测　　　　　　　　　（b）用"R×10"挡检测

图 2-153　光电开关的光电效应检测示意图

 提示　在使用万用表的"R×1"、"R×10"挡为光发射管提供电流时，光发射管的导通程度与万用表内的电池容量成正比，也就是说若指针型万用表的电池容量下降，则会导致数字型万用表测量的数值增大。

第十六节　使用万用表检测电加热器件

电加热器就是在供电后开始发热的器件。电加热器不仅广泛应用在热水器、电饭锅、电炒锅、饮水机上，而且电冰箱、空调器还采用它进行化霜或辅助加热。

一、电加热器的分类

按功率，电加热器分为大功率加热器、中功率加热器和小功率加热器 3 种；按结构，电加热器分为电加热管、裸线式加热器和 PTC 型加热器 3 种，它们的实物外形如图 2-154 所示。

（a）电加热管

图 2-154　电加热器

（b）裸线式加热器　　　　　　　　　（c）PTC 型加热器

图 2-154　电加热器（续）

1．电加热管

这种电加热器是将电阻丝装在带有结晶氧化镁的圆形金属套管内，并添加绝缘材料制成的，其构成如图 2-155 所示。这种加热器具有绝缘性能好、功率大、防振、防潮等优点。

2．裸线式加热器

裸线式加热器是将电阻丝、绝缘层及瓷绝缘子安装到支架上制成的，如图 2-156 所示。它具有加热快、效率高等优点，但也存在易漏电的缺点。部分电加热辅助、热泵型空调器就采用此类加热器。

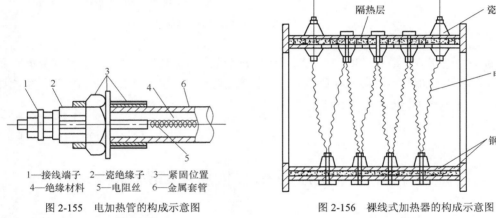

1—接线端子　2—瓷绝缘子　3—紧固位置
4—绝缘材料　5—电阻丝　6—金属套管

图 2-155　电加热管的构成示意图　　　　　　图 2-156　裸线式加热器的构成示意图

3．PTC 型加热器

如图 2-157 所示，PTC 型加热器是一种新型的加热器。PTC 型加热器采用 PTC 热敏电阻作为发热器件，具有寿命长、加热快、效率高、自动恒温、适应供电范围广、绝缘性能好等优点。另外，该加热器的散热片是利用铝合金做成波纹形，再经粘、焊而成的。

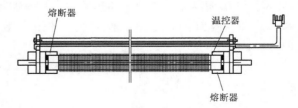

图 2-157　PTC 加热器的构成示意图

二、电加热器的检测

1．通断的检测

检测电加热管和 PTC 型加热器时，首先看它的接头有无锈蚀和松动现象，若有，修复或更换；若正常，用万用表的电阻挡测它的接线端子间的阻值，若阻值为无穷大，则说明它已开路。而对于裸线式加热器，有的故障通过直观检查就可以发现断点所在；若直观检查正常，再用万用表进行检测。

2. 绝缘性能的检测

将数字型万用表置于"200M"电阻挡或将指针型万用表置于"R × 10k"挡，一个表笔接电加热器的引出脚，另一个表笔接在电加热器的外壳上，正常时阻值应为无穷大，否则说明它已漏电。

图 2-158 所示是采用指针型万用表测量电饭锅电加热器（发热盘）的示意图。

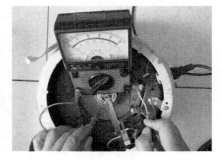

（a）通断的检测　　　　　　　　（b）绝缘性能的检测

图 2-158　用万用表测量电饭锅电加热器示意图

第三章　使用万用表检测特殊电子元器件

第一节　使用万用表检测晶体

晶体谐振器简称晶体或晶振，它是利用石英晶体（二氧化硅的结晶体）的压电效应制成的一种谐振器件。晶体是时钟电路中最重要的器件，它的作用是产生单片机向被控电路提供的基准频率。它就像一个标尺，若其工作频率不稳定就会造成相关设备工作频率不稳定，自然容易出现问题。由于制造工艺不断提高，现在晶体的频率偏差、温度稳定性、老化率、密封性等重要技术指标都得到大幅度提高，故障率大大降低，但在选用时仍要注意选择质量好的晶体。

一、晶体的识别

1. 晶体的构成

晶体是将一块石英晶体按一种特殊工艺切成薄晶片（简称为晶片，它可以是正方形、矩形或圆形等），在晶片的两面涂上银层，然后夹在（或焊在）两个金属引脚之间，再用金属、陶瓷等外壳密封，其实物外形和电路符号如图 3-1 所示。

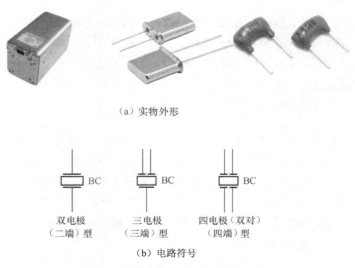

（a）实物外形

（b）电路符号

图 3-1　晶体实物外形与电路符号

2. 晶体的特性

若在晶片的两个电极上加一电场，晶片就会产生机械变形；反之，若在晶片的两侧施加机械压力，在晶片相应的方向上就会产生电场，这种物理现象称为压电效应。如果在晶片的两极上加交变电压，晶片就会产生机械振动，同时晶片的机械振动又会产生交变电场。在一般情况下，晶片机械振动的振幅和交变电场的振幅非常小，但当外加交变电压的频率为某一特定值时，振幅明显加大，这种现象称为压电谐振。它与 LC 回路的谐振现象十分相似。其谐振频率与晶片的切割方式、几何形状、尺寸等有关。

3. 晶体的主要参数

晶体的主要参数有标称频率、负载电容、频率精度、频率稳定度等。这些参数决定了晶体的品质和性能。因此，在实际应用中要根据具体要求选择适当的晶体，如通信网络、无线数据传输等系统就需要精度高的晶体。不过，由于性能越高的晶体价格也越贵，所以购买时选择符合要求的晶体即可。

（1）标称频率

不同的晶体标称频率不同，标称频率大都标在晶体外壳上。不过，CRB、ZTB、Ja 等系列晶体的外壳上没有标明标称频率。

（2）负载电容

负载电容是指晶体的两条引线连接的集成电路（IC）块内部及外部所有有效电容之和，可看作晶体在电路中的串接电容。负载电容不同，振荡器的振荡频率不同。但标称频率相同的晶体，负载电容不一定相同。一般来说，有低负载电容（串联谐振晶体）和高负载电容（并联谐振晶体）之分。因此，标称频率相同的晶体互换时还必须要求负载电容一致，不能轻易互换，否则会造成电路工作不正常。

（3）频率精度和频率稳定度

普通晶体的性能基本都能达到一般电路的要求，而对于高档设备还需要有一定的频率精度和频率稳定度。频率精度为 $10^{-4} \sim 10^{-10}$，稳定度为 $1 \times 10^{-6} \sim 100 \times 10^{-6}$。

4. 晶体的分类

晶体按封装结构可分为塑料封装、金属封装、玻璃封装和胶木封装等多种，按工作频率可分为 455kHz、480kHz、3.58MHz、4MHz、6MHz、8MHz、10MHz、16MHz 等几十种，按产生的频率精度可分为普通型和高精度型两种，按工作方式可分为普通晶体、电压控制式晶体（VCXO）、温度补偿式晶体（TCXO）、恒温控制式晶体（OCXO）4 种。目前，数字补偿式晶体（DCXO）等新型晶体逐步得到广泛应用。

提示　普通晶体的频率稳定度是 100×10^{-6}，此类晶体价格低廉，但没有采用任何温度频率补偿措施，通常用作微处理器的时钟器件。电压控制式晶体的频率稳定度是 50×10^{-6}，通常用于锁相环路。温度补偿式晶体采用温度敏感器件进行温度频率补偿，频率稳定度在 4 种类型晶体中最高，为 $2.5 \times 10^{-6} \sim 1 \times 10^{-6}$，通常用于手持电话、蜂窝电话、双向无线通信设备等。恒温控制式晶体将晶片和振荡电路置于恒温箱中，以消除环境温度变化对频率的影响。

---

5. 晶体的工作原理

晶体的等效电路如图 3-2 所示。晶片和金属板构成的电容称为静电电容 C1，它的容量大小与晶片、电极面积有关，一般为几皮法到几十皮法。当晶体振荡时，机械振动的惯性可等效为电感 L1，一般 L1 的值为几十毫亨到几百毫亨。而晶片的弹性可用电容 C2 来表示，C2 的值很小，一般只有 0.000 2～0.1pF。晶片振动时因摩擦而产生的损耗用 R1 来表示，它的值约为 100Ω。由于 L1 很大，而 C2 和 R1 很小，所以该振荡回路的品质因数 Q 值很高，为 1 000～10 000。

该振荡回路有两个谐振频率，即当 L1、C2、R1 支路发生串联谐振时，它的等效阻抗最小（等于 R1），串联谐振频率用 f_s 表示，石英晶体对于串联谐振频率 f_s 呈纯阻性；当频率高于 f_s 时，L1、C2、R1 支路呈感性，可与电容 C1 发生并联谐振，其并联频率用 f_d 表示。

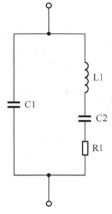

图 3-2　晶体的等效电路

6. 晶体的型号命名方法

国产晶体的型号由 3 个部分组成，各部分的含义如下。

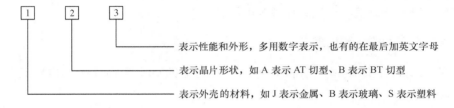

表示性能和外形，多用数字表示，也有的在最后加英文字母

表示晶片形状，如 A 表示 AT 切型、B 表示 BT 切型

表示外壳的材料，如 J 表示金属、B 表示玻璃、S 表示塑料

二、晶体的检测

1. 电阻测量法

如图 3-3 所示，将指针型万用表置于"R×10k"挡，用表笔接晶体的两个引脚，测量正常的晶体的阻值应为无穷大；若阻值过小，说明晶体漏电或短路。

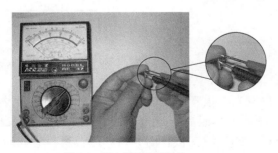

图 3-3　用电阻法检测晶体

2. 电容测量法

由图 3-1 可知，晶体在结构上类似一只小电容，所以可用电容表测量晶体的容量，通过所测得的容量值来判断它是否正常。表 3-1 是常用晶体的容量参考值。

频　率	塑料或陶瓷封装容量（pF）	金属封装容量（pF）
400～503kHz	320～900	—
3.58MHz	56	3.8
4.4MHz	42	3.3
4.43MHz	40	3

表 3-1　　　　　　　　常用晶体的容量参考值

提 示　由于以上两种检测方法都是估测，不能准确判断晶体是否正常，所以最可靠的方法还是采用正常的、同规格的晶体代换检查。

第二节　使用万用表检测光耦合器

光耦合器又称光电耦合器或光耦，它属于较新型的电子产品，已经广泛应用在彩色电视机、彩色显示器、计算机、音视频设备等电子产品中。

一、光耦合器的构成和原理

常见的光耦合器有 4 脚直插和 6 脚两种，它们的典型实物外形和电路符号如图 3-4 所示。

 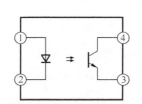 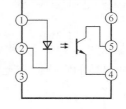

（a）实物外形　　　　　　　　　　　　　（b）电路符号

图 3-4　光耦合器

光耦合器多由一只发光二极管和一只光敏三极管构成。当发光二极管流过导通电流后开始发光，光敏三极管受到光照后导通，这样通过控制发光二极管导通电流的大小，改变其发光的强弱就可以控制光敏三极管的导通程度，所以它属于一种具有隔离传输性能的器件。

二、光耦合器的检测

1. 引脚的检测

用数字型万用表的二极管挡或指针型万用表的电阻挡测量，就可以判断出光耦合器的引脚，如图 3-5 所示。

由于发光二极管具有二极管的单向导通特性，所以测量时只要发现两个引脚具有单向导通特性，就说明这一侧是发光二极管，另一侧为光敏三极管的引脚。用万用表的二极管挡测得发光二极管的正向导通压降值为 1.055V，如图 3-5（a）所示；调换表笔测它的反向压降，以及光敏三极管 c、e 极间的正、反向导通压降值都为无穷大（显示溢出值1），如图 3-5（b）所示。若发光二极管的正向导通压降大，说明其导通电阻大或开路；若发光二极管的反向导通压降或光敏三极管的 c、e 极导通压降小，说明发光二极管或光敏三极管漏电。

 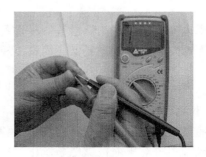

（a）发光二极管正向导通压降　　　　　　（b）发光二极管反向压降及光敏管 c、e 极正反向导通压降

图 3-5　光耦合器引脚的判断

 提示　上述数据由 4 脚的光耦合器 PC123 上测得，不同型号的光耦合器的数值有所差异。若采用指针型万用表的"R×1k"挡测量时，发光二极管的正向电阻阻值为 20kΩ左右，它的反向电阻阻值及光敏三极管的正、反向电阻阻值均为无穷大。

2. 光电效应的检测

检测光耦合器的光电效应时，需要采用两块指针型万用表或指针型万用表、数字型万用表各一块，测试方法如图 3-6 所示。

（a）用二极管挡检测　　　　　　　　　　（b）用"R×10"挡检测

图 3-6　光耦合器光电效应的检测

将数字万用表置于二极管挡，表笔接在光敏三极管的 c、e 极上，再将指针万用表置于"R×1"挡，黑表笔接发光二极管的正极、红表笔接发光二极管的负极，此时数字万用表显示屏显示的导通压降值为 0.093V，表笔不动，将指针万用表置于"R×10"挡后，导通压降值增大为 0.174V。这说明，增大指针万用表的挡位，使流过发光二极管的电流减小后，光敏三极管的导通程度可以减弱，也就可以说明被测试的光耦合器 PC123 的光电效应正常。

提 示　在使用"R×1"、"R×10"挡为发光二极管提供电流时，光敏三极管的导通程度与万
用表内的电池容量成正比，也就是说若指针型万用表的电池容量下降，则会导致数
字型万用表测量的数值增大。

第三节　使用万用表检测温度控制器件

为了控制电冰箱、空调器等制冷设备的制冷温度和电热器件的加热温度，制冷设备和电
热器件上都安装了温度控制器（简称温控器）。

一、温控器的分类

1. 根据控制方式分类

温控器根据控制方式可分为机械式和电子式两种。机械式温控器通过感温囊对温度检测，
再通过机械系统对压缩机供电系统进行控制，进而实现温度控制。而电子式温控器通过负温
度系数热敏电阻对温度进行检测，再通过继电器或晶闸管对压缩机供电系统进行控制，进而
实现温度控制。

2. 根据材料构成分类

温控器根据材料构成可分为双金属片型温控器、制冷剂型温控器、磁性温控器、热电偶
温控器和电子温控器等多种。

3. 根据功能分类

温控器根据功能可分为电冰箱温控器、空调器温控器、电饭锅温控器、电热水器温控器、
淋浴器温控器、微波炉温控器、烧烤炉温控器等多种。

4. 根据触点工作方式分类

温控器根据触点工作方式可分为动合型（常开触点）和动断型（常闭触点）两种。

二、双金属片型温控器的识别与检测

双金属片型温控器也叫温控开关，它的作用主要是控制电加热器件的加热温度。常见的
双金属片型温控器的实物外形如图3-7所示。

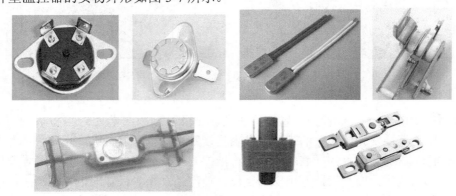

图3-7　典型双金属片型温控器的实物外形

1. 双金属片型温控器的构成与原理

双金属片型温控器由热敏器、双金属片、销钉、触点、触点簧片等构成，如图3-8所示。

电热器件通电后开始加热，温控器检测到的温度较低时，双金属片向上弯曲，不接触销钉，触点在触点簧片的作用下闭合。随着加热的不断进行，温控器检测到的温度达到设置值后，双金属片变形下压，通过销钉使触点簧片向下弯曲，致使触点释放，加热器因无供电而停止工作，电热器件进入保温状态。随着保温时间的延长，温度开始下降，温控器检测到后，其双金属片复位，触点在簧片的作用下吸合，再次接通加热器的供电回路，开始加热。重复以上过程，就实现了温度的自动控制。

 提示　部分电饭锅采用的双金属片型温控器的控制温度点是可以调整的。通过调整双金属片型温控器上面的调整螺钉，可以预先改变作用在触点上的压力，从而可改变动作的温度点。

------

2. 双金属片型温控器的检测

如图3-9所示，未受热时，用万用表的"R×1"挡测双金属片型温控器的接线端子间的阻值，若阻值为无穷大，说明它已开路；而它检测的温度达到标称值后阻值不能为无穷大，仍然为0，则说明它内部的触点粘连。

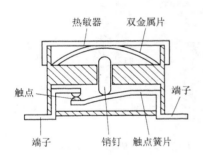

图3-8　双金属片型温控器的构成

图3-9　双金属片型温控器好坏的检测

三、磁性温控器的识别与检测

磁性温控器也叫磁钢限温器，俗称磁钢，它主要应用在电饭锅内，其作用是控制电饭锅煮饭时间的长短。常见的磁性温控器的实物外形如图3-10所示。

1. 磁性温控器的构成

磁性温控器由感温磁铁、弹簧、永久磁钢、拉杆等构成，如图3-11所示。

2. 磁性温控器的工作原理

按下电饭锅的操作按键后，磁性温控器内的永久磁铁在杠杆的作用下克服动作弹簧的推力，上移与感温磁铁吸合，总成开关的银触点在磷青铜片的作用下闭合，接通电饭锅加热盘的供电回路，它开始加热。随着加热的不断进行，锅底的温度逐渐升高。当温度达到感温磁铁的设置值后，感温磁铁的磁性消失，永久磁铁在动作弹簧的作用下复位，通过杠杆将触点断开，加热盘因无供电而停止工作，电饭锅进入保温状态。

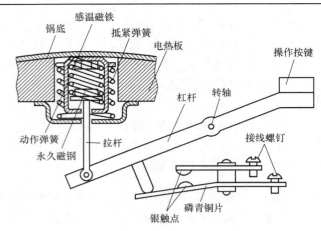

图 3-10　典型磁性温控器的实物外形　　　　图 3-11　磁性温控器的构成

四、制冷温控器的识别与检测

制冷温控器（机械型）主要应用在普通直冷型电冰箱中，它的主要作用是控制压缩机运转、停止时间，实现制冷控制。常见的制冷温控器的实物外形如图 3-12 所示。

图 3-12　典型制冷温控器的实物外形

1．制冷温控器的构成

制冷温控器（机械型）主要由感温管、传动膜片、温度调节螺钉、触点等构成，如图 3-13 所示。

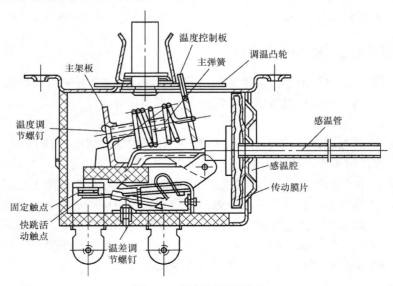

图 3-13　制冷温控器的构成

2. 制冷温控器的工作原理

电冰箱箱内温度较高时，安装在电冰箱蒸发器表面上的感温管的温度也随之升高，管内感温剂膨胀使压力增大，致使感温腔（感温囊）前面的传动膜片向前移动，当升高到某个温度时，动触点（快跳活动触点）与固定触点闭合，接通压缩机电动机的供电回路，压缩机开始运转，电冰箱进入制冷状态。随着制冷的不断进行，蒸发器表面温度逐渐下降，感温管温度和压力也随之下降，传动膜片向后位移，当降到某个温度时，动触点在主弹簧的作用下与固定触点分离，切断压缩机供电电路，压缩机停转，制冷结束。重复上述过程，温控器对压缩机运行时间进行控制，确保箱内温度在一定范围内变化。

电冰箱内温度高低的控制是通过旋转温度调节螺钉来实现的。当温度范围不符合要求（温度控制有误差）时，可通过调整温度调节螺钉进行校正。不过，一般维修时不要调整，特别是带有化霜装置的温控器，以免带来不必要的麻烦。

3. 制冷温控器的检测

将温控器上的旋钮扭到最大后，用数字型万用表的二极管挡（通断测量挡）测得触点端子间的数值为 0 或近于 0，并且蜂鸣器鸣叫，如图 3-14（a）所示；若将温控器的旋钮扭到最大，数值不能为 0，说明温控器的触点不能闭合。将温控器的旋钮扭到最小时，数值应为无穷大，如图 3-14（b）所示；若数值为 0，说明温控器内的触点粘连。

（a）旋钮置于最大

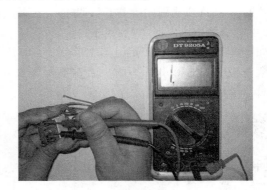
（b）旋钮置于最小

图 3-14　制冷温控器的检测

第四节　使用万用表检测定时器件

定时器是一种控制用电设备通电时间长短的时间控制器件。按结构，定时器可分为发条机械式定时器、电动机驱动机械式定时器和电子定时器 3 种。

一、发条机械式定时器的识别与检测

发条机械式定时器主要应用在普通洗衣机、消毒柜、饮水机等小家电内。常见的发条机械式定时器的实物外形如图 3-15 所示。

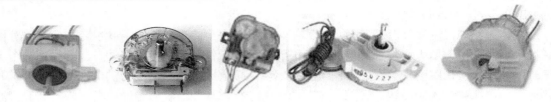

图 3-15　发条机械式定时器的实物外形图

1. 发条机械式定时器的构成与工作原理

发条机械式定时器由发条、主轴、凸轮等构成，如图 3-16 所示。

发条是该定时器的动力源，它由 0.3～0.5mm
的不锈钢钢条经特殊工艺制作而成。它的一端固
定在主轴上，另一端与齿轮连接。用手旋转定时
器上的旋钮使发条卷紧，待松手后卷紧的发条就
转换为机械能驱动齿轮转动。而齿轮转动后，就
会驱动凸轮运转。当凸轮的圆弧部位与触点的簧
片接触时，上面的簧片受力向下弯曲，使触点闭
合，接通负载的电源；当凸轮的缺口部位对准触
点簧片时，上面的簧片向上弹起，使触点分离，切断负载的电源，实现定时控制。

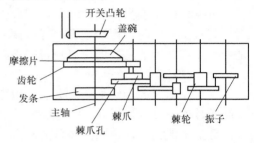

图 3-16　发条机械式定时器的构成

2. 发条机械式定时器的检测

如图 3-17 所示，旋转定时器上的旋钮后，用数字型万用表的二极管挡测量触点端子的电
阻，数值应交替为 0 和无穷大。若数值始终为 0，说明触点粘连；若数值始终为无穷大，说
明定时器的触点不能吸合。

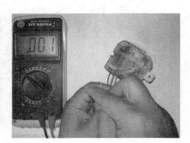

图 3-17　发条机械式定时器的检测

提示　图 3-17 中测试的是洗衣机的洗涤定时器，而其他产品中应用的定时器在进入定时状
态后，其触点大多是始终接通的。

二、电动机驱动机械式定时器的识别与检测

电动机驱动机械式定时器应用在洗衣机、微波炉、洗碗机、电冰箱的化霜电路上。常见
的电动机驱动机械式定时器的实物外形如图 3-18 所示。

图 3-18　电动机驱动机械式定时器实物外形

1. 电动机驱动机械式定时器的构成与工作原理

图 3-19 所示为电冰箱化霜采用的电动机驱动机械式定时器的构成示意图，它由电动机、齿轮、凸轮、触点等构成。

化霜定时器内的开关不仅串联在压缩机供电回路中，而且还控制化霜供电电路。化霜定时器通电后，它内部的电动机旋转，带动齿轮转动，进而带动凸轮做间歇运动，每隔 8h 凸轮使开关接通一次，接通化霜加热器的供电电路，它开始发热，对蒸发器进行化霜。接通化霜供电电路时，切断压缩机的供电回路，使压缩机停止工作，其余时间接通压缩机供电回路。

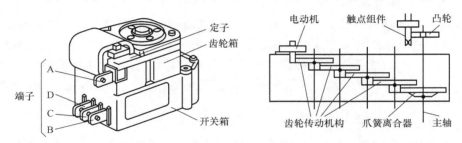

图 3-19　电动机驱动机械式定时器的构成

2. 电动机驱动机械式定时器的检测

如图 3-19 所示，先测化霜定时器电动机绕组（AB 或 AC）两端子间的电阻，正常值应为 8kΩ 左右，若阻值为无穷大，说明绕组开路；若阻值过小，说明绕组短路。其次测量 B、C、D 3 个触点的 3 个接线端子之间的电阻，并旋转化霜定时器旋钮，正常时 CD、CB 端子间应交替通（阻值为 0Ω）断（阻值为无穷大），若两个端子间的阻值不稳定，说明触点接触不良。

第五节　使用万用表检测电磁阀

电磁阀是一种流体控制器件，通常应用于自动控制电路中，由控制系统（又称输入回路）和被控制系统（阀门）两部分构成，它实际上是用较小的电流、电压的电信号去控制流体管路通断的一种"自动开关"。由于电磁阀具有成本低、体积小、开关速度快、接线简单、功耗低、性价比高、经济实用等显著特点而被普遍运用于自控领域的各个环节。

一、电磁阀的构成与分类

1. 电磁阀的构成

电磁阀的阀体部分被封闭在密封管内，由滑阀芯、滑阀套、弹簧底座等组成。电磁阀的电磁部件由固定铁芯、动铁芯、线圈等部件组成，电磁线圈被直接安装在阀体上。这样阀体部分和电磁部分就构成一个简洁、紧凑的组件。

2．电磁阀的分类

（1）按被控制管路内的介质及使用工况分类

电磁阀按被控制管路内的介质及使用工况可分为液用电磁阀、气用电磁阀、蒸汽电磁阀、燃气电磁阀、油用电磁阀、消防专用电磁阀、制冷电磁阀、防腐电磁阀、高温电磁阀、高压电磁阀、无压差电磁阀、超低温电磁阀（深冷电磁阀）、真空电磁阀等多种。

（2）按线圈的驱动方式分类

电磁阀按线圈的驱动方式可分为先导式、直动式、复合式、反冲式、自保持式、脉冲式、双稳态等多种。

（3）按阀门工作方式分类

电磁阀根据阀门的工作方式分为常闭型和常开型两种。常闭型指线圈没通电时阀门是关闭的，常开型指线圈没通电时阀门是打开的。

（4）按内部结构分类

电磁阀按内部结构可分为二位二通阀、二位三通阀、二位四通阀、二位五通阀等多种。其中，二位二通电磁阀有一个进气（液）孔、一个出气（液）孔，液体二位三通电磁阀有一个进液孔、两个出液孔（一个常开、一个常闭），气用二位三通电磁阀有一个进气孔、一个出气孔、一个排气孔，油用（液压）二位三通电磁阀有一个进油孔、一个出油孔、一个回油孔。

（5）按使用材质分类

电磁阀按电磁阀的使用材质可分为铸铁体（灰铸铁、球墨铸铁）、铜体（铸铜、锻铜）、铸钢体、全不锈钢体（304、316）、非金属材料（ABS、聚四氟乙烯）多种。

（6）按管道中介质的压力分类

电磁阀按管道中介质的压力可分为真空型（-0.1～0MPa）、低压型（0～0.8MPa）、中压型（1.0～2.5MPa）、高压型（4.0～6.4MPa）、超高压型（10～21MPa）多种。

（7）按介质温度分类

电磁阀按介质温度可分为常温型（5～80℃）、中温型（100～150℃）、高温型（150～220℃）、超高温型（250～450℃）、低温型（-40～0℃）、超低温型（-196℃）多种。

（8）按工作电压分类

电磁阀按工作电压可分为交流电压型和直流电压型两种。而交流电压型根据供电电压高低又分为 AC 24V、AC 110V、AC 220V 和 AC 380V 等多种。直流电压型根据供电电压高低又分为 DC 6V、DC 12V、DC 24V 等多种。目前，常用的是 AC 220V 和 DC 24V 两种。

（9）按防护等级分类

电磁阀按防护等级可分为防爆型、防水型、户外型等多种。

二、二位二通电磁阀

二位二通电磁阀主要应用在洗衣机、淋浴器、饮水机等产品内，洗衣机常用的二位二通电磁阀的实物外形如图 3-20 所示。

1. 进水电磁阀

（1）工作原理

如图 3-21 所示，进水电磁阀的线圈不通电时，不能产生磁场，于是铁芯在小弹簧推力和自身重量的作用下下压，使橡胶塞堵住泄压孔，此时，从进水孔流入的自来水经加压针孔进入控制腔，使控制腔内的水压逐渐增大，将阀盘和橡胶膜紧压在出水管的管口上，关闭阀门。因此，这种电磁阀要求自来水的水压不能低于 $3×10^4$Pa，否则可能会导致阀门密封不严，引起漏水。为线圈通电，使其产生磁场后，线圈克服小弹簧推力和铁芯的自身重量，将铁芯吸起，橡胶塞随之上移，泄压孔被打开，此时，控制腔内的水通过泄压孔流入出水管，使控制腔内的水压逐渐减小，阀盘和橡胶膜在水压的作用下上移，打开阀门。这样，通过进水口流入的自来水就可以经过出水管流入洗衣机的水桶，实现注水功能。

（a）进水电磁阀

（b）排水电磁阀

图 3-20　洗衣机常用的二位二通电磁阀的实物外形

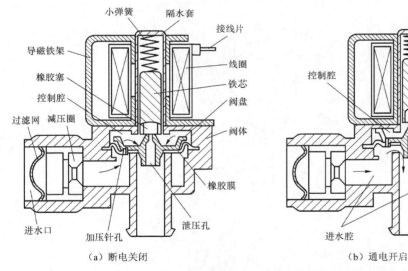

（a）断电关闭　　　　　　　　　　　　　　（b）通电开启

图 3-21　洗衣机进水电磁阀的结构及工作示意图

（2）检测

下面以海尔波轮全自动洗衣机的进水电磁阀为例介绍进水电磁阀的检测，如图 3-22 所示。

将数字型万用表置于"20k"电阻挡，两个表笔接在线圈的引脚上，测得的阻值为 4.68kΩ；若阻值为无穷大，说明线圈开路；如阻值过小，说明线圈短路。另外，为进水电磁阀的线圈通电、断电，若不能听到阀芯吸合、释放时所发出的"咔嗒"声音，则说明该电磁阀的线圈损坏或阀芯未工作。

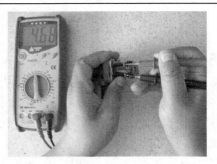

图 3-22 洗衣机进水电磁阀的检测

提示

不同的进水电磁阀的线圈阻值有所不同，但阻值多为 3.5～5kΩ。

---

2. 排水电磁阀

（1）工作原理

如图 3-23 所示，排水电磁阀的线圈不通电时，不能产生磁场，衔铁在导套内的外弹簧推力作用下向右移动，使橡胶阀被紧压在阀座上，阀门关闭。为线圈通电，使其产生磁场后，线圈吸引衔铁左移，通过拉杆向左拉动内弹簧，将外弹簧压缩后使橡胶阀左移，打开阀门，将桶内的水排出。

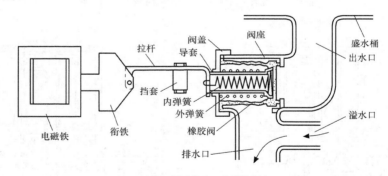

（a）洗涤、漂洗状态（电磁铁断电）

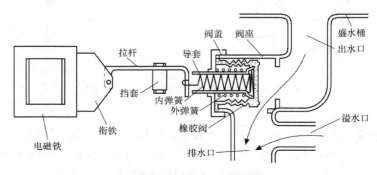

（b）排水、脱水状态（电磁铁通电）

图 3-23 洗衣机排水电磁阀的结构及工作示意图

（2）检测

下面以全自动洗衣机的排水电磁阀（脱水电磁阀）为例介绍排水电磁阀的检测方法，如图 3-24 所示。

为脱水电磁阀的线圈通电、断电，若不能听到阀芯吸合、释放所发出"咔嗒"的声音，则说明该电磁阀的线圈损坏或阀芯未工作。维修时，也可以测量线圈的阻值判断线圈是否正常。参见图 3-24，将数字万用表置于电阻/电压自动挡，两个表笔接在线圈的引脚上，测得的阻值为 91.9Ω；若阻值过大或为无穷大，说明线圈开路；如阻值过小，说明线圈短路。

图 3-24　洗衣机排水电磁阀的检测

 提示　不同的排水电磁阀的线圈阻值有所不同，维修时要加以区别。

三、二位三通电磁阀

由于二位三通直动式电磁阀具有零压启动、密封性能好、开启速度快、可靠性好、使用寿命长等特点，所以二位三通电磁阀不仅应用在双温双控、多温多控电冰箱内，而且还广泛应用在医疗器械、空压机、仪器仪表、冶金、制药等行业。常见的二位三通电磁阀的实物外形如图 3-25 所示，内部构成如图 3-26 所示，在电冰箱制冷系统内的位置如图 3-27 所示。

图 3-25　常见二位三通电磁阀的实物外形

如图 3-26、图 3-27 所示，二位三通阀的线圈不通电时，阀芯处于原位置，使出口 1 关闭、出口 2 打开，冷冻室、冷藏室的蒸发器同时工作；线圈通电后产生的磁场将阀芯吸起，将出口 2 关闭，使出口 1 畅通，仅冷藏室蒸发器吸收热量，冷冻室继续降温。这样，通过它的控制，满足了冷藏室、冷冻室同时制冷或冷冻室单独制冷的需要。

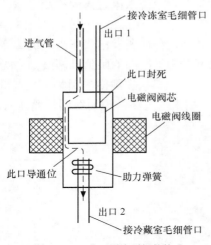

图 3-26　二位三通电磁阀的构成

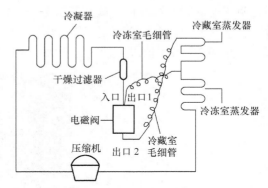

图 3-27　二位三通电磁阀在电冰箱制冷系统内的位置

四、四通换向电磁阀

四通换向电磁阀也叫四通电磁阀、四通阀。只有热泵式冷暖空调器制冷系统设置四通换向电磁阀，典型的四通换向电磁阀的实物外形如图 3-28 所示。

图 3-28　四通换向电磁阀的实物外形

1. 四通换向电磁阀的作用

四通换向电磁阀的作用主要是通过切换压缩机排出的高压高温制冷剂走向，改变室内、室外热交换器的功能，实现制冷功能或制热功能。

2. 四通换向电磁阀的构成

如图 3-29 所示，四通换向电磁阀由导向阀和换向阀两部分组成。其中，导向阀由阀体和电磁线圈两部分组成。阀体内部设置了弹簧、阀芯、衔铁，阀体外部有 C、D、E 3 个阀孔，它们通过 C、D、E 3 根导向毛细管与换向阀连接。四通换向电磁阀的阀体内设有半圆形滑块和两个带小孔的活塞，阀体外有 4 个管口，它们分别与制冷系统中压缩机的排气管、吸气管、室内外热交换器连接。

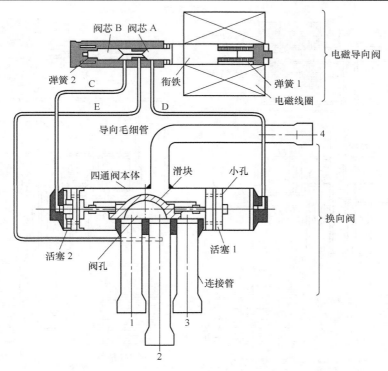

图 3-29　四通换向电磁阀的内部结构

3．四通换向电磁阀的工作原理

（1）制冷状态

如图 3-30（a）所示，当空调器设置为制冷状态时，电气系统不为导向阀的线圈提供驱动电压（脉冲信号），线圈不能产生磁场，衔铁不动作。此时，弹簧 1 的弹力大于弹簧 2，推动阀芯 A、B 一起向左移动，于是阀芯 A 使导向毛细管 D 关闭，而阀芯 B 使导向毛细管 C 与 E 接通。由于换向阀的活塞 2 通过 C 管、导向阀、E 管接压缩机的回气管，所以活塞 2 因左侧压力减小而带动滑块左移，将管口 4 与管口 3 接通，管口 2 与管口 1 接通，此时室内热交换器作为蒸发器，室外热交换器作为冷凝器。这样压缩机排出的高压高温气体经换向阀的管口 4 和管口 3 进入室外热交换器，利用室外热交换器散热，再经毛细管进入室内热交换器，利用室内蒸发器吸热汽化后，经管口 1 和管口 2 构成的回路返回压缩机。至此，一个制冷循环过程结束。

（2）制热状态

如图 3-30（b）所示，当空调器设置为制热状态时，电气系统为导向阀的线圈提供驱动电压，线圈产生磁场，使衔铁右移。阀芯 A、B 在衔铁和弹簧 2 的作用下一起向右移动，阀芯 A 使导向毛细管 D、E 接通，而阀芯 B 将导向毛细管 C 关闭。由于换向阀的活塞 1 通过 D 管、导向阀、E 管接压缩机的回气管，所以活塞 1 因右侧压力减小而带动滑块右移，将管口 4 与管口 1 接通，管口 3 与管口 2 接通，此时室内热交换器作为冷凝器，室外热交换器作为蒸发器。这样压缩机排出的高压高温气体经换向阀的管口 4 和管口 1 构成的回路进入室内热交换器，利用室内热交换器开始散热，再经毛细管节流降压后进入室外热交换器，利用室外热交换器吸热汽化，随后通过管口 3 和管口 2 构成的回路返回压缩机。至此，一个制热循环过程结束。

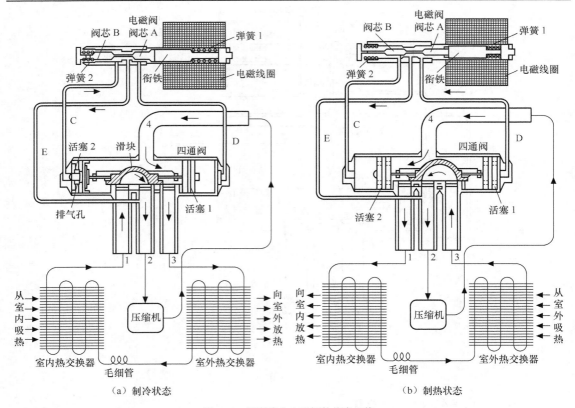

（a）制冷状态　　　　　　　　　　（b）制热状态

图 3-30　四通换向电磁阀的状态切换

五、电磁阀的检测

各种电磁阀的检测方法是一样的，下面以常用的四通换向电磁阀为例进行介绍。

如图 3-31 所示，将数字型万用表置于"2k"挡，测四通换向电磁阀线圈的阻值为 1.458kΩ 左右，说明线圈正常；若阻值过大，说明线圈开路；若阻值过小，说明线圈短路。还可以采用交流电压挡测量线圈两端电压的方法进行判断，线圈两端有无 220V 电压时，四通换向电磁阀内部应该换向，否则说明四通换向电磁阀已损坏。另外，通电后若线圈过热，说明线圈有匝间短路的现象。

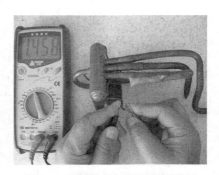

图 3-31　四通换向电磁阀线圈的检测

第六节　使用万用表检测电动机

电动机通常简称为电机，俗称马达，在电路中用字母"M"（旧标准用"D"）表示。它的作用就是将电能转换为机械能。

一、电动机的分类

（1）按工作电源分类

根据工作电源的不同，电动机可分为直流电动机和交流电动机。其中交流电动机根据电源相数分为单相电动机和三相电动机。直流电动机又分为无刷直流电动机和有刷直流电动机。有刷直流电动机可分为永磁直流电动机和电磁直流电动机。电磁直流电动机又分为串励直流电动机、并励直流电动机、他励直流电动机和复励直流电动机。永磁直流电动机又分为稀土永磁直流电动机、铁氧体永磁直流电动机和铝镍钴永磁直流电动机。

（2）按结构和工作原理分类

电动机按结构及工作原理可分为同步电动机和异步电动机两种。同步电动机又分为永磁同步电动机、磁阻同步电动机和磁滞同步电动机 3 种。异步电动机又分为感应电动机和交流换向器电动机两种。感应电动机又分为单相异步电动机、三相异步电动机和罩极异步电动机 3 种。交流换向器电动机又分为单相串励电动机、交直流两用电动机和推斥电动机 3 种。

（3）按启动与运行方式分类

电动机按启动与运行方式可分为电容启动式电动机、电容启动运转式电动机和分相式电动机。

（4）按用途分类

电动机按用途可分为驱动用电动机和控制用电动机。驱动用电动机又分为电动工具（包括钻孔、抛光、磨光、开槽、切割、扩孔等工具）用电动机、家电（包括洗衣机、电风扇、电冰箱、空调器、录音机、录像机、影碟机、复读机、吸尘器、照相机、电吹风、电动剃须刀、电动自行车、电动玩具等）用电动机、其他通用小型机械设备（包括各种小型机床、小型机械、医疗器械、电子仪器等）用电动机。控制用电动机又分为步进电动机和伺服电动机等。

（5）按转子的结构分类

电动机按转子的结构可分为笼型感应电动机（早期称为鼠笼型异步电动机）和绕线转子感应电动机（早期称为绕线型异步电动机）。

（6）按运转速度分类

电动机按运转速度可分为低速电动机、高速电动机、恒速电动机、调速电动机。低速电动机又分为齿轮减速电动机、电磁减速电动机、力矩电动机和爪极同步电动机等。调速电动机除可分为有极恒速电动机、无极恒速电动机、有极变速电动机和无极变速电动机外，还可分为电磁调速电动机、直流调速电动机、PWM 变频调速电动机和开关磁阻调速电动机。

（7）按防护形式分类

电动机按防护形式可分为开启式、防护式、封闭式、隔爆式、防水式、潜水式。

（8）按安装结构分类

电动机按安装结构可分为卧式、立式、带底脚、带凸缘等。

（9）按绝缘等级分类

电动机按绝缘等级可分为 E 级、B 级、F 级、H 级等。

二、双桶波轮洗衣机用电动机的识别与检测

双桶波轮洗衣机多采用两个单相异步电动机完成洗涤和脱水工作。双桶波轮洗衣机采用的典型单相异步电动机如图 3-32 所示。由于脱水电动机功率小，所以它的体积要小。脱水电动机多采用 3 脚固定方式，而洗涤电动机多采用 4 脚固定方式。

（a）洗涤电动机　　　　　　　　（b）脱水电动机

图 3-32　双桶波轮洗衣机用电动机实物外形

1. 洗涤电动机

由于洗涤衣物时，需要洗涤电动机带动波轮正向、反向交替运转，所以洗涤电动机主、副绕组的参数完全相同，并且为了提高功率因数和工作效率，洗涤电动机采用电容运转式 PSC（Permanent Split Condenser）。所谓的电容运转式就是在电动机副绕组的回路中串联一只无极性的运转电容，其实物外形如图 3-33 所示。洗涤电动机电路如图 3-34 所示。

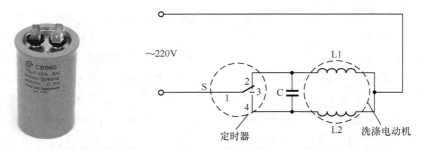

图 3-33　洗涤电动机运转电容的实物外形　　　图 3-34　普通双桶洗衣机洗涤电动机电路

为了实现电动机的正转和反转，洗涤电动机的供电需要通过定时器控制。当定时器内开关 S 的触点 1、2 接通后，绕组 L2 与运转电容 C 串联而作为副绕组，绕组 L1 作为主绕组，在 C 的作用下，使流过 L2 的电流超前 L1 的相位 90°，于是 L1、L2 形成两相旋转磁场，驱动转子正向运转；当触点 1、3 接通后，绕组因没有供电不能产生磁场，电动机停转；S 内的触点 1、4 接通后，L1 与 C 串联而作为副绕组，L2 作为主绕组，在 C 的作用下，使流过 L1 的电流超前 L2 的相位 90°，于是 L1、L2 形成两相旋转磁场，驱动转子反向运转。这样，通过定时器的控制，电动机交替正转、反转，实现衣物的洗涤。

 提示　洗涤电动机运转电容 C 的容量为 8μF 或 10μF，耐压值为 400V 或 450V。

2. 脱水电动机

由于脱水（甩干）时，脱水电动机只需要带动甩干桶单向运转，所以脱水电动机的副绕组的匝数要少于主绕组，并且功率也小于洗涤电动机，不过脱水电动机也采用电容运转式，其电路如图 3-35 所示。脱水电动机采用的运转电容的外形和洗涤电动机的运转电容基本相同，只是容量多为 3～6μF。

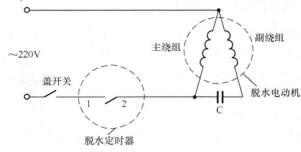

图 3-35 普通双桶洗衣机脱水电动机电路

如图 3-35 所示，当盖严脱水桶的上盖使盖开关接通，并且旋转脱水定时器使其触点 1、2 接通后，市电电压不仅加到脱水电动机的主绕组两端，而且在运转电容 C 的作用下，使流过副绕组的电流超前主绕组 90°的相位，于是主、副绕组形成两相旋转磁场，驱动转子运转，带动脱水桶旋转，实现衣物的甩干脱水。

3. 双桶波轮洗衣机用电动机的检测

（1）绕组通断的检测

如图 3-36 所示，检测双桶波轮洗衣机电动机时，首先查看它的接头有无锈蚀和松动现象，若有，修复或更换；若正常，可以通过测量绕组的阻值进行判断。由于洗涤电机可以正、反向交替运转，它的启动绕组和运行绕组一样，所以它的启动、运行绕组的阻值是相同的。图 3-36 中所测的洗涤的公共端子及运行绕组的阻值均为 25.7Ω，而 2 个运行绕组的阻值均为 51Ω。若阻值为无穷大，则说明它已开路；若阻值过小，说明绕组短路。

图 3-36 双桶波轮洗衣机用电动机的检测

 提 示 绕组短路后，不仅会出现电动机转动无力、噪声大等异常现象，而且电动机外壳的表面会发热，甚至会发出焦味。因为脱水电动机与脱水桶直接连接，所以在脱水桶的密封圈老化后，就可能会有大量的水流到脱水电动机上，导致脱水电动机匝间短路。

 提 示 有的脱水电动机漏电后会导致脱水桶带电，所以使用、维修时要注意安全，以免发生危险。

（2）绕组是否漏电的检测

将数字型万用表置于"200M"电阻挡或指针型万用表置于"R×10k"挡，一个表笔接电动机的绕组引出线，另一个表笔接在电动机的外壳上，正常时阻值应为无穷大，否则说明它已漏电。

三、滚筒洗衣机用电动机的识别与检测

滚筒洗衣机用电动机为了完成洗涤和脱水工作，采用了双速电动机和单相串励电动机。滚筒洗衣机采用的电动机实物外形如图 3-37 所示。其中，双速电动机具有启动特性和运转性能优异、过载能力强等优点，但也存在功率不足和转速低的缺点。单相串励电动机具有启动转矩大、过载能力强、转速高、体积小等优点，但它也存在需要经常维护的缺点。

图 3-37　滚筒洗衣机用电动机实物外形

　提示　另外，单相串励电动机还广泛应用在电钻、电锤、电刨、电动缝纫机、吹尘器、电吹风、榨汁搅拌机、微波炉、豆浆机、电动按摩器、电推子等电动工具和家用电器中。

1．双速电动机

由于洗涤、脱水两种状态下的速度和功率相差较大，采用单绕组抽头或变极的方法很难实现，所以许多滚筒洗衣机采用了双速电动机。双速电动机实现双速的方法是在定子铁芯中嵌入了 2 极和 12 极或 16 极两套绕组。其中，用 12 极或 16 极绕组来实现洗涤、漂洗驱动，用 2 极绕组来实现脱水驱动。

（1）12 极或 16 极绕组的构成

12 极或 16 极绕组采用星形接法，包括主绕组、副绕组和公共绕组 3 个部分，主、副绕组采用相同线径的漆包线绕制，匝数比为 1:1，而公共绕组与主、副绕组的线径、匝数比不同，3 套绕组在空间互成 120°，如图 3-38 所示。

（2）2 极绕组的构成

2 极绕组采用同心式正弦绕制方式，它由主、副两套绕组组成，节距相等，轴线夹角为90°，如图 3-39 所示。

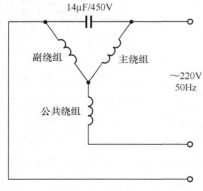

图 3-38　12 极或 16 极绕组的构成

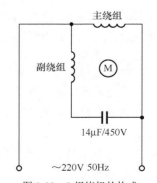

图 3-39　2 极绕组的构成

（3）过载保护

为了防止双速电动机过载损坏，在 2 极绕组和 12 极绕组的端部中间设置了过载保护器。当该电动机发生堵转或过载时，流过绕组的电流增大，使过载保护器动作，切断电动机的供电回路，避免了电动机绕组过载损坏。当过载现象消失后，过载保护器会再次吸合，电动机恢复工作。

（4）运转电容

双速电动机的 2 极绕组、12 极或 16 极绕组共用一个运转电容，通过切换开关进行控制，接入 2 极或 12 极绕组的回路，使电动机高速或低速运转，实现洗涤、脱水功能。

2. 串励电动机

串励电动机的励磁绕组与转子绕组之间通过电刷和换向器相串联，励磁电流与电枢电流成正比，定子的磁通量随着励磁电流的增大而增大，转矩近似与电枢电流的平方成正比，转速随转矩或电流的增加而迅速下降。其启动转矩可达额定转矩的 5 倍以上，短时间过载转矩可达额定转矩的 4 倍以上，转速变化率较大。可通过串励绕组串联（或并联）电阻的方法或将串励绕组并联换接来实现调速。在调速模块的控制下，滚筒洗衣机采用的串励电动机的转速可以从 30r/min 无级调速到 1 600r/min。因此，采用串励电动机的滚筒洗衣机转速高、振动小。

3. 滚筒洗衣机用电动机的检测

滚筒洗衣机用电动机的检测方法与双桶波轮洗衣机用电动机基本相同。

四、电风扇（吊扇）用电动机的识别与检测

1. 电风扇用电动机的识别

电风扇采用的是单相异步电动机，其实物外形如图 3-40 所示。由于电风扇用电动机仅正向运转，所以它的副绕组的匝数仅为主绕组的 20%～40%，该电动机也采用电容运转式，在它的副绕组回路中串联了运转电容，其电路如图 3-41 所示。电风扇用电动机的运转电容的容量多为 1～4μF，它的实物外形如图 3-42 所示。

图 3-40　电风扇用电动机的实物外形

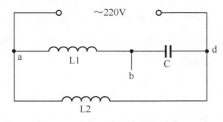

图 3-41　电风扇用电动机电路

图 3-42　电风扇用电动机的运转电容实物外形

2. 电风扇用电动机的检测

电风扇用电动机的检测方法与双桶波轮洗衣机用电动机基本相同，区别是 L1、L2 两个绕组的阻值不一样。

五、电冰箱用风扇电动机的识别与检测

1. 电冰箱风扇电动机的识别

间冷式电冰箱为了实现冷藏室制冷，采用风扇电动机强制箱内的空气进行循环。间冷式电冰箱采用的风扇电动机的实物外形如图 3-43 所示。

图 3-43　风扇电动机实物外形

风扇电动机的绕组输入市电电压后，产生磁场驱动转子旋转，转子带动扇叶旋转，将蒸发器产生的冷气吹向冷冻室和冷藏室。由于该电动机工作在低温、高湿的恶劣环境中，所以要求采用免注润滑油的电动机，并且转速为 2 100～2 500r/min，噪声低于 35dB（测量距离 0.6m）。

2. 电冰箱用风扇电动机的检测

若风扇电动机不转，检测它的绕组有市电电压输入，则说明内部的绕组开路；断电后再用电阻挡测量绕组的阻值为无穷大，就可确认绕组开路。

 提示　风扇电动机不转多因化霜电路损坏，使扇叶被冰冻住而不能转动，导致风扇电动机的绕组过电流损坏。

六、空调器用风扇电动机的识别与检测

空调器用风扇电动机的作用就是驱动风扇旋转。空调器采用的风扇电动机主要有室内、室外风扇电动机和室内导风电动机。由于室内、室外风扇电动机对转矩和过载能力要求不高，所以它们多采用单相异步电动机，部分大功率空调器采用三相异步电动机。而导风电动机对转矩要求较高，多采用精度高的同步电动机或步进电动机。

1. 单相异步电动机

（1）单相异步电动机的分类

根据排风、送风的不同，窗式空调器或分体空调器的室外机、室内机采用的风扇电动机有单端轴伸和双端轴伸两种类型。单端轴伸的单相异步电动机主要应用在分体式空调器内，双端轴伸的单相异步电动机主要应用在窗式空调器内。根据外壳的材料不同，异步电动机有铁封和塑封两种。空调器采用的典型单相异步电动机的实物外形如图 3-44 所示。

（a）双端轴伸铁封电动机

（b）单端轴伸铁封电动机

（c）单端轴伸塑封电动机

图 3-44　空调器用典型单相异步电动机的实物外形

　　铁封电动机的外壳由上下两部分构成，再通过螺钉紧固。其优点是维修电动机时便于拆卸，缺点是噪声大。由于带有散热孔的铁壳散热效果好，所以铁封电动机的功率较大。因此，空调器不仅利用铁封电动机驱动室外机内的轴流风扇，而且利用它驱动窗式空调器、分体柜机的离心风扇。

提示　　由于铁封电动机功率较大，为了防止电动机过热损坏，所以一般都需要设置过热保护电路。有的热保护器件安装在电动机内部，有的安装在电动机的供电回路中。因此，更换电动机时要注意电动机是否内置保护器件。

　　塑封电动机的外壳是由树脂在高温下定型而成的。其优点是电动机噪声小、免维护，缺点是功率小。因此，塑封电动机多应用在室内机中，用于驱动贯流风扇。

　　（2）单相异步电动机的运转及保护

　　空调器的轴流、离心、贯流风扇电动机均采用电容运转式，其电路如图 3-45 所示。空调器用风扇电动机采用的运转电容与电风扇用电动机采用的运转电容基本相同。

　　电动机从启动到正常运转，运转电容都参与工作，使电动机运行稳定、可靠，并且还提高了功率因数和工作效率，但单相异步电动机也存在启动转矩小、空载电流大的缺点。因此，需要在供电回路安装过热（过载）保护器。一旦电动机过热或过载，过热保护器即断开，使电动机供电回路被切断，避免电动机因过载或过热而损坏。

提示　　风扇运转电容的容量为 1～4μF，耐压值为 400V 或 450V。另外，电动机过载时必然会导致电动机过热。

　　（3）单相异步电动机的调速控制

　　根据使用的需要，轴流、贯流、离心风扇电动机通常有单速、双速和高速 3 种调速方式。调速方法多采用定子绕组抽头法，如图 3-46 所示。所谓的定子绕组抽头调速法就是通过改变定子绕组的匝数来改变磁通量的大小，进而改变转子的转速，实现调速控制。

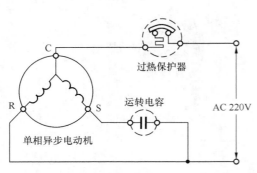

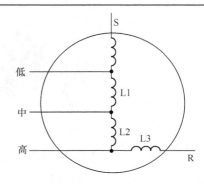

图 3-45　空调器用单相异步电动机电路　　　　　图 3-46　　风扇电动机调速原理图

　　单片机通过控制供电电路为电动机的不同抽头供电和运行绕组匝数不同，来产生不同强度的旋转磁场，也就改变了转子转动速度。当 220V 由高速抽头输入时，运行绕组匝数最少（L3 绕组），形成的旋转磁场最强，转速最高；当 220V 由中速抽头输入时，运行绕组匝数为 L2 与 L3 匝数之和，产生的磁场使电动机运转在中速；当 220V 由低速抽头输入时，运行绕组匝数最多（L1+L2+L3），形成的旋转磁场最弱，转速最低。

提示　　若空调器仅设计了低速、高速挡，只要将电动机中间的抽头悬空即可。随着单片机控制技术的发展，目前许多空调器利用单片机控制风扇电动机供电电路内的双向晶闸管导通角大小，通过改变电动机绕组供电电压的高低，实现电动机转速的调整。

　　2.　步进电动机

　　步进电动机是将脉冲信号转变为角位移或线位移的开环控制器件。在非超载的情况下，电动机的转速、停止的位置只取决于脉冲信号的频率和脉冲数，而不受负载变化的影响，即给电动机加一个脉冲信号，电动机则转过一个步距角。这一线性关系的存在，加上步进电动机只有周期性的误差而无累积误差等特点，使得在速度、位置等控制领域用步进电动机来控制变得非常简单。空调器采用的步进电动机的实物外形如图 3-47 所示。步进电动机通过红、橙、黄、蓝、灰 5 根导线与控制电路相接，其中红线为 5V 或 12V 电源线，其他 4 根是脉冲驱动信号线。

　　图 3-48 所示为步进电动机绕组连接示意图。空调器的电脑板为步进电动机的绕组输入不同的相序驱动信号后，绕组产生的磁场可以驱动转子正转或反转，而改变驱动信号的频率时可改变电动机的转速，频率高时电动机转速快，频率低时电动机转速慢。

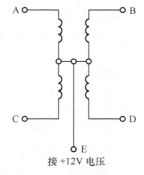

接 +12V 电压

图 3-47　空调器用步进电动机的实物外形　　　图 3-48　步进电动机绕组连接示意图

3. 同步电动机

空调器采用的同步电动机和步进电动机的外形基本相同，但它只有两根引线，如图3-49所示。同步电动机属于交流电动机，其定子绕组与异步电动机的相同。它的转子旋转速度与定子绕组所产生的旋转磁场的速度是一样的，所以称为同步电动机。正由于这样，同步电动机的电流在相位上是超前于电压的，即同步电动机是一个容性负载。为此，在很多时候，同步电动机是可以改进供电系统的功率因数的。同步电动机和其他类型的电动机一样，由固定的定子和可旋转的转子两大部分组成。

如图3-50所示，同步电动机的定子铁芯的内圆上均匀分布着定子槽，槽内嵌放着按一定规律排列的交流绕组。这种同步电动机的定子又称为电枢，所以定子铁芯和定子绕组又称为电枢铁芯和电枢绕组。转子铁芯上装有制成一定形状的成对磁极，磁极上绕有励磁绕组，通以直流电流时，将会在电动机的气隙中形成极性相间的分布磁场，称为励磁磁场或称为主磁场、转子磁场。转子在该磁场作用下开始旋转。

图3-49 同步电动机实物外形

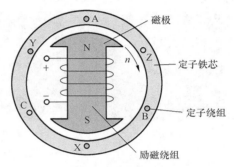

图3-50 同步电动机的构成示意图

 提示 气隙处于定子内圆和转子磁极之间，气隙层的厚度和形状对电动机内部磁场的分布和同步电动机的性能有重大影响。

4. 空调器用风扇电动机的检测

单相异步电动机或同步电动机出现不转故障时，首先检测它的绕组有无供电，若有市电电压输入，则说明它内部的绕组开路；再用电阻挡直接测量绕组的阻值，若为无穷大，就可确认绕组开路。若没有供电，查供电及其控制电路。转速慢故障有两种表现：一种是在拨动扇叶时转动灵活，另一种是阻力大。前者的故障原因是电动机绕组异常或供电系统不正常，导致供电不足；而后者多为轴承缺油所致。

（1）室外风扇电动机的检测

① 绕组通断的检测。如图3-51所示，将数字型万用表置于"2k"电阻挡，两个表笔分别接绕组的两个接线端子，显示屏显示的数值就是该绕组的阻值。若阻值为无穷大，则说明它已开路；若阻值过小，说明绕组短路。

② 绕组是否漏电的检测。将数字型万用表置于200M电阻挡或指针型万用表置于R×10k电阻挡，一个表笔接电动机的绕组引线，另一个表笔接在电动机的外壳上，正常时阻值应为无穷大，否则说明它已漏电。

（a）启动绕组 　　　　　（b）运行绕组 　　　　　（c）运行+启动绕组

图 3-51　室外风扇电动机绕组的检测

（2）室内风扇电动机的检测

① 电动机绕组通断的检测。如图 3-52 所示，将数字型万用表置于 2k 电阻挡，两个表笔分别接绕组两个接线端子，表盘上指示的数值就是该绕组的阻值。若阻值为无穷大，则说明它已开路；若阻值过小，说明绕组短路。

（a）运行绕组 　　　　　（b）启动绕组 　　　　　（c）运行+启动绕组

图 3-52　室内风扇电动机绕组的检测

② 速度传感器的检测。将数字型万用表置于"二极管"挡，将表笔接在信号输出端、电源端与接地端的引脚上，测得的导通压降值如图 3-53 所示。

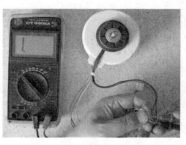

（a）输出端与地线间的正、反向导通压降值的测量

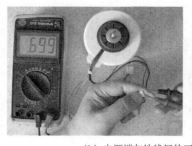

（b）电源端与地线间的正、反向导通压降值的测量

图 3-53　贯流风扇电动机速度传感器的检测

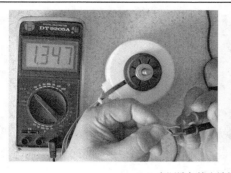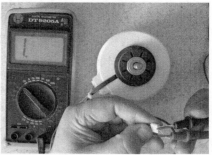

（c）电源端与输出端间导通压降值的测量

图 3-53 贯流风扇电动机速度传感器的检测（续）

（3）步进电动机绕组的测量

由于步进电机的 4 个绕组的阻值相同，所以仅介绍一个绕组的阻值和两个绕组间阻值的检测方法。

如图 3-54（a）所示，一只表笔接在红线（电源线）上，另一只表笔接某个绕组的信号输入线，就可以测出单一绕组的阻值，如图 3-54（b）所示；将表笔接在两颗信号线（非红线）上，就可以测出两个绕组的阻值。

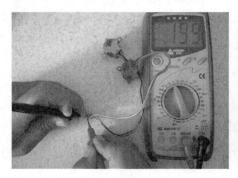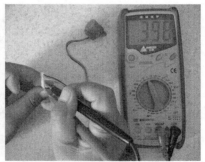

（a）单一绕组阻值的检测　　　　　　　　（b）两个绕组间阻值的检测

图 3-54 步进电动机的检测

七、电动自行车用电动机的识别与检测

电动自行车用电动机的作用就是将蓄电池的电能转换为机械能，以便驱动电动自行车车轮旋转。电动自行车采用的电动机分为有刷直流电动机和无刷直流电动机两大类。常见的电动自行车用电动机的实物外形如图 3-55 所示。

（a）有刷直流电动机　　　　　　　　（b）无刷直流电动机

图 3-55 电动自行车用电动机的实物外形

提 示　有刷直流电动机对外只有两条引线，无刷直流电动机对外有 8 条引线。

1. 有刷直流电动机
（1）有刷直流电动机的识别

有刷直流电动机就是采用了电刷（俗称碳刷）的直流电动机。有刷直流电动机靠换向器（俗称整流子）和电刷配合来改变电流极性，自动完成换向（相），换向器和电刷装在电动机内部。有刷直流电动机又分为高速型和低速型两种。

相关链接　有刷直流电动机的优点是驱动电路简单、过载能力强、容易控制，而它的主要缺点是成本较高、故障率高、维修难度大。

　　有刷直流电动机故障率高的主要原因：一是电刷因磨损容易发生打火等故障；二是磁钢散热条件差，容易退磁。电刷磨损不仅与时间有关，而且与电流大小以及电刷含银量有关，大部分电刷的使用寿命为 2 000h 左右。

注意　电刷的含银量实际是指含银量或含铜量高低。由于银的价格较高，所以目前的含银量多是指含铜量。若颜色发红则含铜量高，若颜色发黑则含铜量低。含铜量高的电刷损耗小、发热量低、抗磨性好，但对换向器损害大；含铜量低的电刷电流大时发热严重，自身抗磨能力差，但是对换向器损害小。

方法与技巧　将不同电刷对头串联，接到放电电路，摸温度、测压降就可以知道含铜量的高低。若温度低、压降小则说明含铜量高，否则含铜量低。

（2）有刷直流电动机的工作原理

图 3-56 所示为有刷直流电动机的工作原理示意图。有刷直流电动机的定子上安装了永久磁铁（磁钢），由它构成主磁极 N 和 S，在转子上安装了定子铁芯和绕组，绕组的两端接换向器的铜片，再通过铜片与电刷相接。由于控制器输出的驱动电压加到电刷正、负极上，所以当换向器的条状铜片交替与电刷的正、负极接触时，绕组就能通过换向器得到交替变化的导通电流，使绕组产生不同方向的电动势，从而产生交变磁场，吸引转子旋转。

电动机绕组两端的电压越高，磁场强度越大，转子转动的转矩也越大，电动机的转速也就越快。因此，通过调整绕组两端所加电压大小就可实现电动机转速的调整，而改变绕组的供电方向可改变电动机的旋转方向。

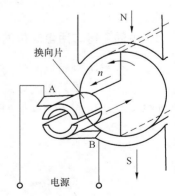
图 3-56　有刷直流电动机的工作原理

2. 无刷直流电动机

（1）无刷直流电动机的特点

无刷直流电动机就是未采用电刷的电动机。为了实现换向，无刷直流电动机采用了三极管和位置传感器（霍尔元件）代替电刷和换向器。由于此类电动机取消了电刷和换向器，所以不仅消除了电磁干扰、降低了机械噪声，而且延长了使用寿命。但此类电动机的控制器（电动机驱动、控制电路）比较复杂，成本增加，并且低速启动时轻微抖动。

（2）无刷直流电动机的工作原理

无刷直流电动机的运行原理与专用电动机的运行原理相似，都是通过给两相绕组通电使它产生一定的磁场。磁通具有走最短路径的特点，从而使转子和定子的相对位置发生了变化。当按照一定的顺序为不同的两相绕组供电时，可使电动机内部的磁场旋转起来，从而使电动机转动。电动机通电顺序不同，电动机转动的方向也就不同。

图 3-57 无刷直流电动机的工作原理框图

如图 3-57 和图 3-58 所示，无刷直流电动机由电动机主体、位置传感器及电子换向开关电路 3 个基本部分组成。其中位置传感器的定子和电子换向开关电路相当于一个静止的换向器，与位置传感器旋转着的"电刷"一起组成一个没有机械接触的电子换向装置。

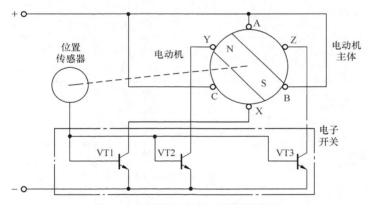

图 3-58 无刷直流电动机及传感器位置

定子绕组分别与相应的电子换向开关电路连接。为了保持定子绕组电流与磁场极性相对关系不变，设有检测转子位置的传感器，使定子绕组能随转子位置变化依次通电。

位置传感器是一种无机械接触的检测转子位置的装置，由传感器定子和传感器转子构成，它们分别装在定子机壳内和转子轴上。由位置传感器提供的信号通过控制器内的解码器处理，再通过放大器放大后就可按一定顺序触发电子换向开关电路。目前，无刷直流电动机常用的传感器定子为霍尔传感器，传感器的转子为永磁体。

电子换向开关电路中各功率器件分别与相应的各相定子绕组串联，各功率器件的导通与截止取决于位置传感器的检测信号。绕组电路可以是一相一相依次导通，也可以是两相两相依次导通。

电动机绕组两端电压越高，磁场强度越大，转子转动的转矩也越大，电动机的转速也就越快，反之转速越慢。因此，通过调整绕组两端所加电压的大小就可实现电动机转速的调整。

当主转子 N 极在定子 Y 位置时，垂直换向传感器将产生 X 方向上的电动势，此信号使电子开关导通，与此串联的定子 X 绕组中将有电流流过，并使定子 X 极磁化为 S 极，以吸引转子旋转90°，N 极到达定子 X 位置，此时垂直换向传感器输出为 0，水平换向传感器将产生 Y 方向电动势，并使定子 Y 极磁化为 S 极，以吸引转子继续旋转90°。因此，对于不同的主转子位置，换向传感器依次输出不同的信号，使主定子绕组按 X→Y→Z→X→Y 的循环顺序轮流通电，形成旋转磁场，吸引转子旋转。

八、空调器用风扇电动机的主要参数

典型单相室外轴流风扇电动机的主要参数如表 3-2 所示，典型单相室内贯流风扇电动机的主要参数如表 3-3 所示。空调器采用的典型同步电动机、步进电动机的主要参数如表 3-4 所示。表 3-2 中运转电容的最高耐压值均为 AC 450V。

表 3-2　　　　　　　　　　　　　典型单相室外轴流风扇电动机的主要参数

品 牌 型 号	额定功率（W）	最高转速（r/min）	线圈阻值（Ω）	过热保护器动作温度（℃）	运转电容容量（μF）
YDK30-6Z	21	685	黑棕：330×（1±10%） 棕白：208×（1±10%）	断开：130±5 接通：82±15	2.5
威灵 YDK27-6C	18	690	白灰：345×（1±10%） 白红：230×（1±10%）	断开：130±8 接通：95±15	2.5
威灵 YDK27-6B	20	720	白灰：310×（1±10%） 白红：221×（1±15%）	断开：130±8 接通：90±15	2.5
威灵/人洋/鹤山 DG13Z1-10	25	—	一次绕组：450 二次绕组：248	断开：130	1.5
威灵/人洋/鹤山 DG13Z1-12	75	—	一次绕组：450 二次绕组：248	断开：130	3
和鑫 FYK-01-D	20	720	白灰：324×（1±15%） 白红：221×（1±15%）	断开：140±5 接通：82±15	2.5
和鑫 FYK-02-D	18	690	白灰：324×（1±15%） 白红：221×（1±15%）	断开：140±5 接通：82±15	2.5
荣佳 YFK25-6B	20	720	白棕：214×（1±10%） 白红：218×（1±10%）	断开：130±5 接通：85±15	2.5
荣佳 YFK20	18	690	白棕：220×（1±15%） 白橙：208×（1±10%）	断开：130±5 接通：85±15	2.5
FYK-G09-D YFK40-6B YDK29-6X YDK94/30-6C	40	820	白灰：139×（1±15%） 棕灰：189×（1±15%） 紫橙：18×（1±15%） 橙粉：11×（1±15%）	断开：140±5 接通：90±15	3

品牌型号	额定功率（W）	最高转速（r/min）	线圈阻值（Ω）	过热保护器动作温度（℃）	运转电容容量（μF）
FYK-G013-D YFK60-6B-1 YDK65-6A YDK120/30-6G	60	780	白灰：97×（1±15%） 棕白：36×（1±15%） 紫橙：14×（1±15%） 橙粉：10×（1±15%）	断开：140±5 接通：85±15	3

表 3-3　　　　　　　　典型室内贯流风扇电动机的主要参数

品牌型号	额定功率（W）	最高转速（r/min）	线圈阻值（Ω）	过热保护器动作温度（℃）	运转电容容量（μF）
RPS12B	19.4	1 300	白灰：460 白红：298	断开：100±5 接通：85±5	1
威灵 RPS10N	10	1 200	白灰：487×（1±15%） 白粉：303×（1±15%）		1
威灵 RPG15	10	1 150	红黑：318×（1±15%） 黑白：338×（1±10%）	—	1
威灵/人洋/鹤山 DG13L1-07	15	—	初级绕组：450 次级绕组：248	—	3
和鑫 YFNS10C4	10	1 200	白灰：528×（1±15%） 白橙：352×（1±15%）	—	1
和鑫 YFNG11CA4	10	1 200	红黑：426×（1±15%） 黑白：600×（1±15%）	—	1
卧龙 YYW10-4A	10	1 200	红黑：390×（1±10%） 黑白：390×（1±10%）		1
YDK120/25-8G YDK120/25-8D YDK120/25-8B-1 （离心风扇）	30	425	白灰：145×（1±15%） 白紫：37.5×（1±15%） 橙紫：23×（1±15%） 橙黄：64×（1±15%） 黄粉：67×（1±15%）	断开：140±5 接通：90±15	3
FYK-G018-D YDK35-8E YFK50-8D-1 （离心风扇，用于柜机）	50	505	白灰：112×（1±15%） 白紫：31×（1±15%） 橙紫：22×（1±15%） 橙黄：51×（1±15%） 黄粉：40×（1±15%）	断开：140±5 接通：90±15	4
YDK145/32-8 YDK-014-D YDK45/-10 （离心风扇，用于柜机）	45	390	白棕：136 白粉：191 白紫：35 橙黄：95 橙紫：15.6 黄粉：44	断开：130±8 接通：90±15	4.5

续表

品牌型号	额定功率（W）	最高转速（r/min）	线圈阻值（Ω）	过热保护器动作温度（℃）	运转电容容量（μF）
YDK145/32-8 YDK-028-D YDK115/-10 （离心风扇，用于柜机）	100	490	白棕：44.3 白粉：37.5 白紫：12 橙黄：37.5 橙紫：8.4 黄粉：13.5	断开：130±8 接通：79±15	4.5

表3-4　　　　　　　典型同步电动机、步进电动机的主要参数

型号	额定电压（V）	绕组阻值（Ω）
24BYJ48-E7	12（直流）	300（1±7%）
24BYJ48-J	12（直流）	380（1±7%）
DG13B1-01	12（直流）	200（1±7%）
MP24GA1	12（直流）	白蓝：380
M12B（柜机）	220（交流）	11.15（1±7%）
DG13T1-01	220～240（交流）	200（1±7%）
50TYZ-JF3	220（交流）	10.5（1±7%）

第七节　使用万用表检测压缩机

电冰箱、空调器压缩机的作用是将电能转换为机械能，推动制冷剂在制冷系统内循环流动，并重复工作在气态、液态。在这个相互转换过程中，制冷剂通过蒸发器不断地吸收热量，并通过冷凝器散热，实现制冷的目的。空调器、电冰箱采用的压缩机的实物外形和电路符号如图3-59所示。

（a）空调器压缩机实物外形　　　（b）电冰箱压缩机实物外形　　　（c）电路符号

图3-59　空调器、电冰箱压缩机

一、压缩机的分类

1. 按结构分类

按结构压缩机可分为往复式、旋转式、变频式3种。目前，普通电冰箱、电冰柜采用最

多的是往复式压缩机，普通空调器采用最多的是旋转式压缩机，而变频式压缩机仅用于变频电冰箱和变频空调器。

2. 按制冷剂类型分类

按采用的制冷剂不同压缩机可分为 R12 型压缩机、R22 型压缩机、R134a 型压缩机、R600a 型压缩机、混合工质型压缩机。通过查看压缩机表面的铭牌就可确认压缩机的种类。

3. 按外形分类

按外形压缩机可分为立式压缩机和卧式压缩机两大类。立式压缩机主要应用在电冰箱、冷水机等产品内，而立式压缩机多应用在空调器内。

二、压缩机绕组

压缩机绕组的实物外形如图 3-60 所示。电冰箱压缩机外壳的侧面有一个三接线端子，分别是公用端子 C、启动端子 S、运行端子 M。空调器压缩机外壳的上面也有一个三接线端子，分别是公用端子 C、启动端子 S、运行端子 R。压缩机绕组的电路符号如图 3-61 所示。

由于压缩机运行绕组（又称主绕组，用 CM 或 CR 表示）所用漆包线线径粗，故电阻值较小；启动绕组（又称副绕组，用 CS 表示）所用漆包线线径细，故电阻阻值大。又因运行绕组与启动绕组串联在一起，所以运行端子与启动端子之间的阻值等于运行绕组与启动绕组的阻值之和，即对于电冰箱压缩机，$R_{MS}=R_{CM}+R_{CS}$；对于空调器压缩机，$R_{RS}=R_{CR}+R_{CS}$。

（a）电冰箱压缩机绕组引出端子

（b）空调器压缩机绕组引出端子

图 3-60　压缩机绕组实物外形

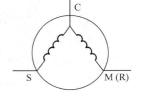

图 3-61　压缩机绕组的电路符号

三、压缩机绕组的检测

1. 绕组阻值的检测

如图 3-62（a）、（b）、（c）所示，将数字型万用表置于"200"电阻挡，用万用表电阻挡测外壳接线柱间的阻值（绕组的阻值），正常时启动绕组 CS 和运行绕组 CR 的阻值之和等于 RS 间的阻值。若阻值为无穷大或过大，说明绕组开路；若阻值偏小，说明绕组匝间短路。若采用指针型万用表测量，应采用"R×1"挡。

2. 绝缘性能的检测

如图 3-62（d）所示，将数字型万用表置于"200M"电阻挡，测压缩机绕组接线柱与外壳间的电阻，正常时阻值应为无穷大；否则，说明有漏电现象。采用指针型万用表测量时，应采用"R×10k"挡。

（a）启动绕组阻值　　　　　　　　（b）运行绕组阻值

（c）运作+启动绕组阻值　　　　　（d）压缩机绝缘性能的检测

图 3-62　电冰箱压缩机的检测

四、压缩机的主要参数

目前应用的旋转压缩机的绕组阻值较大，往复式压缩机的绕组阻值较小。往复式压缩机运行绕组的阻值多为 5～23Ω，启动绕组的阻值多为 20～51Ω。压缩机的启动电流较大，通常在 3～15A 的范围内，大部分为 8A 左右；运行电流较小，一般为 1A 左右。

第八节　使用万用表检测磁控管

磁控管也称微波发生器、磁控微波管，是一种电子管。常见的微波炉磁控管的实物外形如图 3-63 所示。

图 3-63　常见的微波炉磁控管的实物外形

一、磁控管的构成

磁控管主要由管芯和磁铁两大部分组成，是微波炉的心脏。从外观上看，它主要由微波能量输出器、散热片、磁铁、灯丝及其两个端子等构成，而它内部还有一个圆筒形的阴极，如图 3-64 所示。

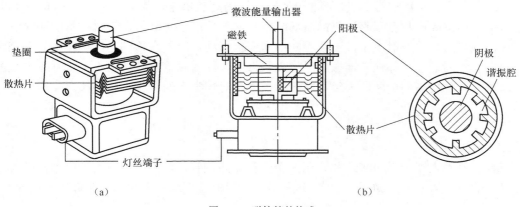

图 3-64　磁控管的构成

1. 管芯

管芯由灯丝、阴极、阳极和微波能量输出器组成。

（1）灯丝

灯丝采用钍钨丝或纯钨丝绕制成螺旋状，其作用是用来加热阴极。

（2）阴极

阴极采用发射电子能力很强的材料制成。它分为直热式和间热式两种。直热式的阴极和灯丝组合为一体，采用此种方式的阴极只需 10～20s 的加热后，就可以进行工作；间热式的阴极做成圆筒状，灯丝安装在圆筒内，加热灯丝间接地加热阴极而使其发射电子。阴极被加热后，就开始发射电子。

（3）阳极

阳极由高电导率的无氧铜制成。阳极上有多个谐振腔，用以接收阴极发射的电子。谐振腔用无氧铜制成，一般采用孔槽式和扇形式，它们是产生高频振荡的选频谐振回路。而谐振频率的大小取决于谐振腔的尺寸。为了方便安装和使用安全，它的阳极接地，而阴极输入负高压，这样在阳极和阴极之间就形成了一个径向直流电场。

（4）微波能量输出器

将管芯产生的微波能量输送到负载上用来加热食物。

2. 磁铁（磁路系统）

磁控管正常工作时要求有很强的恒定磁场，其磁场感应强度一般为数千高斯。工作频率越高，所加磁场越强。

磁控管的磁铁就是产生恒定磁场的装置。磁路系统分永磁和电磁两大类。永磁系统一般用于小功率管，磁钢与管芯牢固合为一体构成所谓包装式。大功率管多用电磁铁产生磁场，管芯和电磁铁配合使用，管芯内有上、下极靴，以固定磁隙的距离。磁控管工作时，可以很方便地靠改变磁场强度的大小，来调整输出功率和工作频率。另外，还可以通过控制阳极电流来提高管子工作的稳定性。

二、磁控管的工作原理

高压变压器的低压绕组输出 3.4V 左右的交流电压，高压绕组输出 2 000～4 000V 的高压交流电压。其中，3.4V 左右的交流电压为磁控管的灯丝供电，为阴极加热；2 000～4 000V 的交流电压通过高压整流管整流，高压滤波电容滤波后产生负高压，为磁控管的阴极供电。当阴极被预热后开始发射电子，连续不断地向阳极移动，电子在移动的过程中受到垂直磁场的作用而做圆周运动，并在各谐振腔产生高频振荡，经射频输出端送出 2 450MHz 的微波，然后通过波导管传输到炉腔，再经炉腔各壁反射，对炉盘上的食物进行加热。

三、磁控管的检测

1. 灯丝的检测

将数字万用表置于"200Ω"挡，用两个表笔测磁控管灯丝两个引脚间的阻值，正常时显示屏显示的数值为 0.07，如图 3-65（a）所示。若阻值过大或无穷大，说明灯丝不良或开路。

 提示 若采用指针型万用表测量，应采用"R×1"挡，测得的磁控管灯丝两个引脚间的阻值应低于 1Ω。

---

2. 绝缘性能的检测

如图 3-65（b）所示，将万用表置于"200M"挡，测磁控管灯丝引脚、天线与外壳间的电阻，正常时阻值应为无穷大；否则，说明有漏电现象。

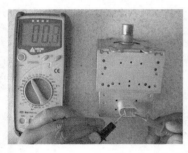
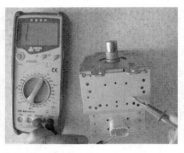
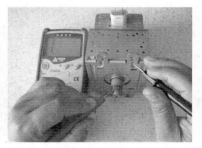

（a）灯丝的检测　　　　　　　　　　　　　　　（b）绝缘性能的检测

图 3-65　磁控管的检测示意图

 提示 若采用指针型万用表测量绝缘性能时应置于"R×10k"挡。若怀疑磁控管性能不良时，最好采用代换法进行判断。磁控管损坏后，还应检查高压熔丝管（高压保险管）、高压电容、高压二极管和高压变压器是否正常。

第九节 使用万用表检测传感器

传感器（transducer/sensor）是一种能够探测、感受外界的信号、物理条件（如光、热、湿度）或化学组成（如烟雾）的装置或器件。它是实现自动检测和自动控制的基础。

一、传感器的分类

1. 按工作原理分类

传感器根据工作原理可分为物理传感器和化学传感器两大类。其中，物理传感器应用的是物理原理，诸如压电效应、磁致伸缩现象以及热电、光电、磁电、离化、极化等原理。化学传感器应用的是化学吸附、电化学反应原理，被测信号量的微小变化会被转换成电信号。目前，大多数传感器是以物理原理为基础运作的。随着技术的发展和成本的降低，化学传感器将会得到更广泛的应用。

2. 按用途分类

传感器按用途可分为压力敏和力敏传感器、位置传感器、液面传感器、能耗传感器、速度传感器、加速度传感器、射线辐射传感器、湿敏传感器、热敏传感器、磁敏传感器、气敏传感器、真空度传感器、生物传感器等。目前，常见的是热敏传感器、湿敏传感器、磁敏传感器、气敏传感器、速度传感器等。

3. 按构成材料分类

传感器按构成材料的类别可分为金属传感器、聚合物传感器、陶瓷传感器、混合物传感器，按材料的物理性质传感器可分为导体传感器、绝缘体传感器、半导体传感器、磁性材料传感器，按材料的晶体结构传感器分为单晶传感器、多晶传感器、非晶材料传感器。

4. 按制造工艺分类

传感器按制造工艺可分为集成传感器、薄膜传感器、厚膜传感器、陶瓷传感器。常见的传感器是集成传感器、陶瓷传感器和厚膜传感器。

二、传感器的特性

1. 传感器的静态特性

传感器的静态特性是指传感器输入静态信号后，传感器的输出量与输入量之间所具有的相互关系。传感器静态特性主要包括线性度、灵敏度、分辨力和迟滞等参数。

（1）灵敏度

灵敏度是指传感器在稳态工作情况下，输出量变化 Δy 对输入量变化 Δx 的比值。它是输入—输出特性曲线的斜率。如果传感器的输出和输入之间呈线性关系，则灵敏度是一个常数；否则，它将随输入量的变化而变化。

（2）分辨力

分辨力是指传感器可能感受到的被测量最小变化的能力。也就是说，如果输入量从某一非零值缓慢地变化，当输入变化值未超过某一数值时，传感器的输出不会发生变化，即传感器对此输入量的变化是分辨不出来的。只有当输入量的变化超过分辨力时，其输出才会发生变化。通常传感器在满量程范围内各点的分辨力并不相同，因此常用满量程中能使输出量产生阶跃变化的输入量中的最大变化值作为衡量分辨力的指标。

2. 传感器的动态特性

所谓动态特性是指传感器在输入变化时，它的输出的特性。在实际工作中，传感器的动态特性常用它对某些标准输入信号的响应来表示。

三、气体传感器的识别与检测

气体传感器除了应用在抽油烟机内，实现厨房油烟的自动检测外，还广泛应用在矿山、石油、机械、化工等领域，实现火灾、爆炸、空气污染等事故的检测、报警和控制。常见的气体传感器的实物外形如图 3-66 所示。

图 3-66　气体传感器

1. 气体传感器的构成和工作原理

气体传感器由气敏电阻、不锈钢网罩（过滤器）、螺旋状加热器、塑料底座和引脚构成，如图 3-67（a）所示。气体传感器的电路符号如图 3-67（b）所示。其中，A—a 两个脚内部短接，是气敏电阻的一个引出端；B—b 两个脚内部短接，是气敏电阻的另一个引出端；H—h 两个脚是加热器供电端。

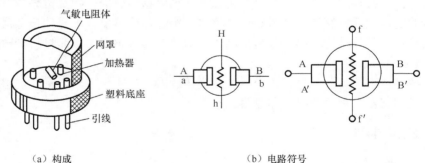

（a）构成　　　　　　　　　　　（b）电路符号

图 3-67　气体传感器的构成和电路符号

提示

许多资料将 H、h 脚标注为 F、f。

当加热器得到供电后，开始为气敏电阻加热，使它的阻值急剧下降，随后进入稳定状态。进入稳定状态后，气敏电阻的阻值会随着被检测气体的吸附值而发生变化。N 型气敏电阻的阻值随气体浓度的增大而减小，P 型气敏电阻的阻值随气体浓度的增大而增大。

2. 气体传感器的检测

（1）加热器的检测

用万用表的"R×1"或"R×10"挡测量气体传感器加热器两个引脚间的阻值，若阻值为无穷大，说明加热器开路。

（2）气敏电阻的检测

如图 3-68 所示，检测气敏电阻时最好采用两块万用表。其中，一块置于"500mA"电流挡后，将两个表笔串接在加热器的供电回路中；另一块万用表置于"10V"直流电压挡，黑表笔接地，红表笔接在气体传感器的输出端上。为气体传感器供电后，电压表的表针会反向偏转，几秒后返回到 0 的位置，然后逐渐上升到一个稳定值，电流表指示的电流在 150mA 内，说明气敏电阻已完成预热。此时吸一口香烟对准气体传感器的网罩吐出，电压表的数值应该发生变化；否则，说明网罩或气体传感器异常。检查网罩正常后，就可确认气体传感器内部的气敏电阻异常。

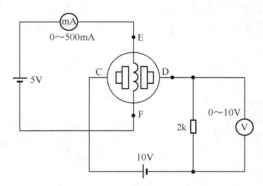

图 3-68　气体传感器内气敏电阻的检测示意图

 提示　采用一块万用表测量气体传感器时，将吸入口内的香烟对准气体传感器的网罩吐出后，若气体传感器的输出端电压有变化，则说明它正常。

四、热电偶传感器的识别与检测

热电偶是一种特殊的传感器，它能够将热信号转换为电信号，并且有一定的带载能力。

1. 热电偶传感器的识别

热电偶传感器是将 A、B 两种成分且热电性能不同的材料一端焊接在一起，另一端与放大器等电路相接，如图 3-69 所示。常见的热电偶传感器实物外形如图 3-70 所示。

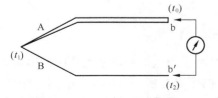

图 3-69　热电偶传感器示意图

图 3-70　典型热电偶传感器实物外形

热电偶传感器的焊接端称为检测端或热端。该端安装在被检测温度的部位，设其温度为

t_1；未焊接端称为自由端或冷端，设其温度为 t_2。当 $t_1 > t_2$ 时，回路中就会产生热电动势。该电动势经放大后控制执行部件，便可实现对被控制器件的温度控制。

2．热电偶传感器的检测

用万用表的二极管挡测量热电偶两个引脚间的阻值，阻值应为 0 且蜂鸣器鸣叫，否则说明它异常。

五、霍尔元件与霍尔传感器的识别与检测

1．霍尔元件

（1）霍尔元件的识别

霍尔元件是由具有霍尔效应的砷化铟（InAs）、锑化铟（InSb）、砷化镓（GaAs）等半导体构成的磁敏元件。霍尔效应是指置于磁场中的静止载流导体，当电流方向与磁场方向垂直时，在垂直于电流和磁场方向上的两个面之间产生电动势的现象。霍尔元件的工作原理和常见实物外形如图 3-71 所示。

（a）工作原理　　　　　　　　　　　　　　（b）实物外形

图 3-71　霍尔元件

（2）霍尔元件的检测

检测霍尔元件时需要采用两块指针型万用表或指针型万用表、数字型万用表各一块，测试方法如图 3-72 所示。

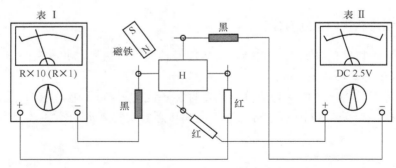

图 3-72　霍尔元件检测示意图

将一块指针型万用表置于"2.5V"直流电压挡，两个表笔接在霍尔元件的输出端上，再将另一块指针型万用表置于"R×1"或"R×10"挡，两个表笔接在霍尔元件的两个输入端上，为霍尔元件供电，此时用一块条形磁铁靠近霍尔元件，若表Ⅱ的表针摆动，说明霍尔元件正常；否则，说明被测的霍尔元件异常。

2．霍尔传感器

（1）霍尔传感器的识别

霍尔传感器是以霍尔元件为核心构成的一种传感器。霍尔传感器具有结构牢固、体积小、寿命长、安装方便、功耗小、频率高、耐震动以及不怕灰尘、油污、盐雾等的污染或腐蚀等优点。常见的霍尔传感器的实物外形如图3-73所示。

图3-73　霍尔传感器的实物外形

（2）霍尔传感器的分类和构成

按照输出方式霍尔传感器可分为线性输出型和开关输出型两类。

线性输出型霍尔传感器是由霍尔元件、放大器、温度补偿电路等构成的，如图3-74（a）所示。所谓的线性输出型霍尔传感器就是当由强到弱的磁场靠近它时，其输出电压随之逐渐增大或减小。开关输出型霍尔传感器是由霍尔元件、放大器、整形电路、放大管等构成的，如图3-74（b）所示。

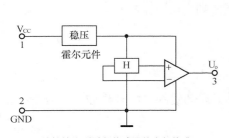
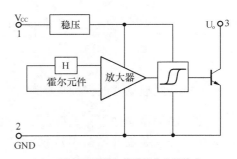

（a）线性输出型霍尔传感器的内部构成　　　　　　（b）开关输出型霍尔传感器的内部构成

图3-74　线性输出型霍尔传感器的内部构成

开关输出型霍尔传感器就是当一个磁场靠近或远离霍尔元件时，其输出电压随之改变为低电平或高电平。

六、热释电传感器的识别与检测

1．热释电传感器的识别

热释电传感器除了应用在防盗系统内外，还广泛应用在自动门、自动灯、自动烘干机、高级光电玩具等产品内，实现自动控制。常见的热释电传感器的实物外形和内部构成如图3-75所示。

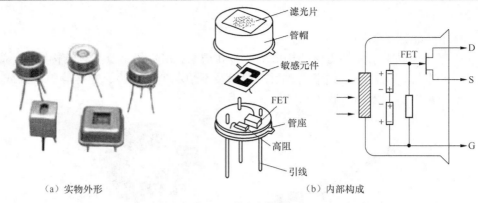

（a）实物外形 　　　　　　　　　　　　　　（b）内部构成

图 3-75　热释电传感器

2. 热释电传感器的构成和工作原理

如图 3-75（b）所示，热释电传感器由敏感元件、菲涅尔透镜（图中未画出）、电阻、场效应管（FET）、滤光片、管帽和引线等构成。

当人体辐射的红外线通过滤光片时，滤光片滤除太阳光、灯光等可见光中的红外线，仅让人体发出的红外光进入传感器内部。进入的人体红外光通过菲涅尔透镜形成一个"盲区"和"高灵敏区"交替的光脉冲信号。该脉冲信号加在热释电传感器的敏感元件上后，由它转换为电信号，再经场效应管放大，从热释电传感器的输出端输出。

第十节　使用万用表检测其他器件

一、重锤式启动器的识别与检测

重锤式启动器的作用就是启动压缩机运转。重锤式启动器的实物外形如图 3-76 所示。它在压缩机上的安装位置如图 3-77 所示。

图 3-76　重锤式启动器的实物外形

图 3-77　重锤式启动器的安装位置

1. 重锤式启动器的构成和工作原理

重锤式启动器由驱动线圈、重锤（衔铁）、触点、接线柱等构成，如图 3-78 所示。

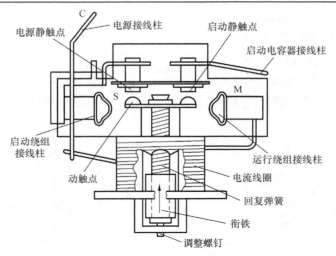

图 3-78　重锤式启动器的构成

　　重锤式启动器电路如图 3-79 所示。接通电源后，因启动器触点是分离的，启动绕组（CS 绕组）没有供电，电动机无法启动，导致流过运行绕组（CM 绕组）的电流较大，使启动器的驱动线圈产生较大的磁场，衔铁（重锤）被吸起，使触点闭合，接通压缩机启动绕组的供电回路，压缩机电动机启动，开始运转。当压缩机运转后，运行电流下降到正常值，驱动器驱动线圈产生的磁场减小，衔铁在自身重量和回复（复位）弹簧的作用下复位，切断启动绕组的供电回路，完成启动过程。

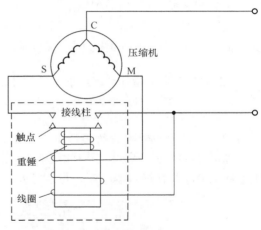

图 3-79　重锤式启动器电路

　　压缩机功率不同，配套使用的重锤式启动器的吸合和释放电流也不同。启动器的吸合和释放电流随压缩机功率的增大而增大。

　　2. 重锤式启动器的检测

　　如图 3-80 所示，将万用表置于通断测量挡，在启动器正置时，把两个表笔接在它的两个引线上，数值接近于 0，且蜂鸣器鸣叫，否则说明启动器开路或触点接触不良；将启动器倒置后不仅应听到重锤下坠发出的响声，而且接线端子间的阻值应为无穷大，否则说明启动器短路。

（a）接通状态

（b）断开状态

图 3-80　重锤式启动器的检测示意图

二、显像管管座的识别与检测

1. 显像管管座的识别

显像管管座的作用就是将显像管与电路连接在一起。它主要由引脚、管座架、放电电极、放电盒、外壳等组成。显像管管座的实物外形如图 3-81 所示。它在电路板上的安装位置如图 3-82 所示。

图 3-81　显像管管座的实物外形　　　　　　图 3-82　显像管管座的安装位置

2. 显像管管座的检测

（1）聚焦极是否漏电的判断

如图 3-83（a）所示，用数字型万用表的"200M"电阻挡测它的聚焦极引脚和接地脚间的阻值，正常时阻值应为无穷大；若有阻值，说明管座内部漏电。

提示　若采用指针型万用表，测量时应采用"R×10k"挡。管座内部聚焦极对地漏电是由于潮湿引起的，漏电后轻则会产生显像管散焦的故障，重则还会产生无光栅等故障。

（2）其他电极引脚通断的判断

如图 3-83（b）所示，用万用表的二极管挡检测其他电极的引脚与插座引脚间的电阻，阻值应为 0，并且蜂鸣器鸣叫，指示灯发光，否则说明出现接触不良等异常现象。

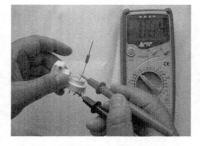

（a）聚焦极是否漏电的检测　　　　　（b）其他电极是否通断的检测

图 3-83　显像管管座的检测

三、声表面波滤波器的识别与检测

1. 声表面波滤波器的识别

声表面波滤波器是利用压电陶瓷、铌酸锂、石英等压电晶体振荡器材料的压电效应和声表面波传播的物理特性制成的一种换能式无源带通滤波器，它的英文缩写为 SAWF 或 SAW。

它用在电视机和录像机的中频输入电路中作选频元件，取代了中频放大器的输入吸收回路和多级调谐回路。

声表面波滤波器在电路中用字母"Z"或"ZC"（旧标准用"X"、"SF"、"CF"）表示。它的实物外形和常见的电路符号如图3-84所示。

（a）实物外形　　　　　　　　　　　　　　　　（b）电路符号

图3-84　声表面波滤波器

2. 声表面波滤波器的构成和原理

声表面波滤波器内部由输入换能器、压电基片、输出换能器和吸声材料等组成，如图3-85所示。当其输入端有电视信号输入时，输入换能器将电信号转换为机械振动信号，在压电基片上产生声表面波。此声表面波经输出换能器转换为电信号并输出至后级电路。在信号的电能→机械能→电能转换过程中，将中频信号中的有用成分选出，对无用信号进行衰减和滤除。

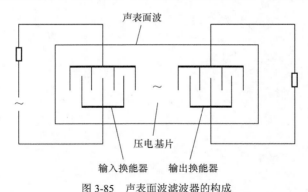

图3-85　声表面波滤波器的构成

提示

彩电采用的声表面波滤波器的标称频率有37MHz、38MHz等多种。

---

3. 声表面波滤波器的检测

声表面波滤波器可采用电阻法、电容法、模拟法、代换法进行检测。

（1）电阻测量法

如图3-86所示，将数字万用表置于"200M"电阻挡，测量声表面波滤波器各引脚之间的正、反向电阻，因②脚与⑤脚相连，所以之间的阻值为0，其余各引脚与②脚或⑤脚间的电阻值均应为无穷大；否则，说明该声表面波滤波器已损坏。

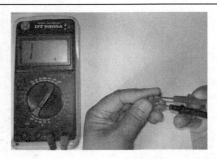

图 3-86   用电阻测量法测量声表面波滤波器

（2）电容测量法

由于声表面波滤波器引脚间呈容性，所以用电容表测得的彩电用 38MHz 声表面波滤波器各引脚之间的正常电容量参考值为：①、②脚间容量为 4～5pF，②、③脚间容量为 6～7pF，③、④脚间容量为 7.2～8pF，④、⑤脚间容量为 14～16pF，③、⑤脚间容量为 4.6～5pF，⑤、①脚间容量为 7.2～8pF。

第四章 使用万用表检测显示器件

第一节 使用万用表检测 LED 数码显示器件

LED 数码显示器件是由 LED 构成的数字、图形显示器件，主要用于数字仪器仪表、数控装置、家用电器、电脑的功能或数字显示。常见的 LED 数码显示器件的实物外形如图 4-1 所示。

（a）一位　　　（b）双位　　　　（c）普通显示屏　　　　　　（d）多功能显示屏

图 4-1　LED 数码显示器件实物外形

一、LED 数码显示器件的分类

1. 按显示位数分类

LED 数码显示器件按显示位数可分为一位、双位、多位。一位就是人们常说的数码管，如图 4-1（a）所示；双位由两个一位数码管构成，如图 4-1（b）所示；多位（3 位以上）的数码显示器件多称为数码显示屏。为了降低功耗和减少引脚数量，数码显示屏通常采用动态扫描显示方式。其特点是将各位同一笔段的电极短接后作为一个引出端，并且各位数码管按一定顺序轮流发光显示，只要位扫描频率足够高，就可以避免闪烁等不良现象。

2. 按显示功能分类

LED 数码显示器件按显示功能可分为普通显示型和多功能显示型两种。所谓的普通显示型仅能够显示 0~9 的数字，如图 4-1（c）所示；多功能显示型不仅可以显示数字，而且可以显示字母、符号和图形，如图 4-1（d）所示。

二、LED 数码显示器件的特点

LED 数码管、数码显示屏的主要特点：① 在低电压、小电流的驱动下能发光，能与 CMOS、TTL 电路兼容；② 亮度高，发光响应时间短（<0.1μs），高频特性好，单色性能好；③ 体积小，重量轻，抗冲击性能好；④ 寿命长，使用寿命超过 10 万小时，甚至可达 100 万小时；⑤ 成本低。

三、LED 数码管的构成与原理

1．LED 数码管的构成

LED 数码管有共阳极和共阴极两种，如图 4-2（a）所示。所谓的共阳极就是 7 个 LED 的正极连接在一起，如图 4-2（b）所示；所谓的共阴极就是将 7 个 LED 的负极连接在一起，如图 4-2（c）所示。

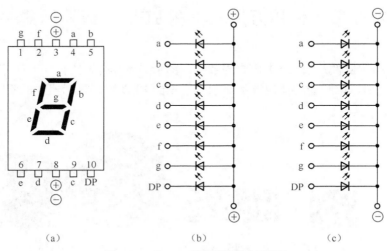

图 4-2　一位 LED 数码管的构成示意图

a～g 脚是 7 个笔段的驱动信号输入端，DP 脚是小数点驱动信号输入端，③、⑧脚的内部相接，是公共阳极或公共阴极。

2．LED 数码管的工作原理

对于共阳极数码管，它的③、⑧脚是供电端，接电源；a～g 脚是激励信号输入端，接在激励电路输出端上。若 a～g 脚内的一个脚或多个脚输入低电平信号，则相应笔段的 LED 发光。

对于共阴极数码管，它的③、⑧脚是接地端，直接接地；a～g 脚也是激励信号输入端，接在激励电路输出端上。若 a～g 脚内的一个脚或多个脚输入高电平信号，则相应笔段的 LED 发光，该笔段被点亮。

四、LED 数码显示器件的检测

如图 4-3 所示，将数字型万用表置于"二极管"挡，把红表笔接在 LED 正极端，黑表笔接在负极端，若测得正向导通压降值为"1.588"左右，并且数码管相应的笔段发光，则说明被测数码管笔段内的 LED 正常；否则，说明该笔段内的 LED 已损坏。

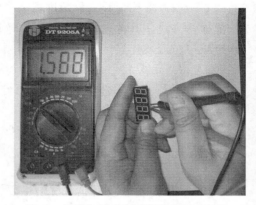

图 4-3　用数字型万用表检测数码管示意图

第二节　使用万用表检测彩色显像管

彩色显像管属于阴极射线管，用 CRT 表示。它主要应用在彩电、彩显、示波器、监视器中，用来显示画面或波形。

一、彩色显像管的识别

1. 彩色显像管的分类

（1）按结构分类

按结构彩色显像管可分为三枪三束彩色显像管、单枪三束彩色显像管和自会聚彩色显像管等多种。

（2）按用途分类

按用途，彩色显像管可分为电视机显像管、监视器显像管、显示器显像管。

（3）按荧光屏尺寸分类

彩电用显像管按荧光屏尺寸可分为 53cm（21in）、64cm（25in）、74cm（29in）、81cm（32in）、86cm（34in）等多种规格。其中 71cm 和 84cm 部分显像管的宽高比为 16:9，其他规格显像管的宽高比多为 4:3。

显示器用显像管按荧光屏尺寸可分为 38cm（15in）、43cm（17in）、48cm（19in）、53cm（21in）、64cm（25in）和 74cm（29in）等规格。

 提示　显像管荧光屏尺寸是指荧光屏玻壳对角线的有效尺寸，并非可视尺寸。

（4）按曲率半径的大小分类

彩色显像管按曲率半径的大小可分为平面直角显像管（ρ 为 1.5～2.5m）、超平显像管（ρ 为 3.5～3.8m）和纯平显像管（ρ 为 4m）。

 提示　由于显像管屏幕玻璃通常为球面形状，所以显像管通常用球面体曲率半径（r）的大小来描述屏幕玻璃向外鼓出的程度（球度）。曲率半径越小，屏幕越向外鼓；曲率半径越大，屏幕越平坦。

（5）按图像重现控制方式分类

按图像重现控制方式彩色显像管可分为荫罩式、聚焦栅式、束指引式和穿透式 4 类。目前，荫罩式彩色显像管是主流产品。

（6）按管颈粗细分类

按管颈粗细彩色显像管可分为粗管颈显像管和细管颈显像管两种。

2. 自会聚显像管的构成

自会聚显像管中的荫罩管不仅性能比较完善，而且大大简化了会聚调整，目前广泛使用的是荫罩式三枪三束黑底自会聚显像管，简称自会聚显像管。自会聚显像管主要由电子枪、荫罩板、玻璃外壳和荧光屏 4 部分构成，如图 4-4 所示。

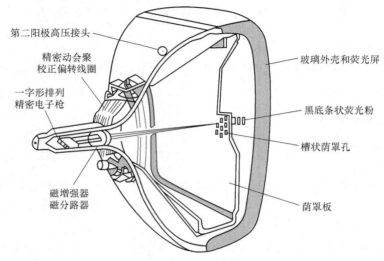

图 4-4　自会聚显像管的结构

（1）电子枪

它由 3 个灯丝、控制栅极、加速极、聚焦极、高压阳极（又称第二阳极）、3 个阴极组成。因为 3 个灯丝并联，所以显像管灯丝只有两个引脚，栅极、加速极、聚焦极是 3 个电子束公用的，所以这 3 个极都只有一个引脚。不过现在显示器和高清彩电采用的显像管具有水平、垂直两个聚焦极。而有的显像管还具有 3 个控制栅极。典型的自会聚显像管电子枪的结构如图 4-5 所示。

灯丝的作用是为阴极加热，它在电路中通常用"H"、"HT"或"F"表示。彩电显像管的灯丝多采用 27V（峰—峰值）左右的行逆程脉冲（交流有效值为 6.3V）供电方式，而彩显显像管的灯丝多采用 6V 直流供电方式。

阴极的作用就是发射电子，它在电路中通常用"K"表示。彩电显像管阴极的供电范围多为 90～150V，而彩显显像管的阴极供电范围多为 50～70V，个别的为 90～150V。

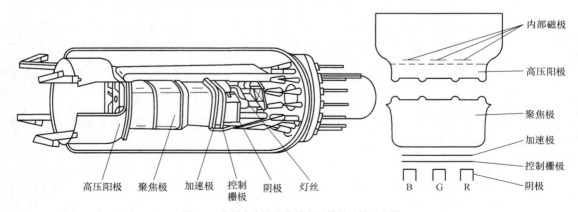

图 4-5　典型自会聚显像管电子枪的结构示意图

提示　由于彩色显像管有 R、G、B 3 个阴极，所以在电路中通常用 "KR"、"KG"、"KB" 或 "RK"、"GK"、"BK" 表示。

栅极的作用就是控制阴极发射电流的大小。栅极电压越高，阴极发射电流越小。彩电显像管的栅极多接地，而彩显显像管的栅极多接亮度控制电压（负压），这也是彩显显像管阴极电压较低的原因。

 提示　许多资料上将栅极称为控制极。

加速极又称为第一阳极，它的作用就是为阴极发射的电子初步加速。加速极电压的范围多为 200～450V，部分为 450～600V。加速极电压越高，轰击荧光屏的电流越大，屏幕越亮。

聚集极又称第三阳极，它的作用就是将阴极发射的电子会聚到一点，它在电路中用 "G3" 表示。彩电显像管聚集极电压的范围多为 5～8kV。聚集极电压过低或过高，都会引起散焦的现象。

高压阳极又称为第二阳极或第四阳极，它的作用就是给电子实行最终加速，使之轰击荧光粉，让荧光粉发光，它在电路中用 "H.V" 表示。

 注意　彩色显像管高压阳极的电压超过 23kV，有的高达 35kV 左右。因此，测量高压或从显像管上拆下高压阳极的引线时要注意，不要发生电击伤人事故。

（2）荧光屏

荧光屏玻璃内壁涂有红、绿、蓝三基色荧光粉小点，它们有规则地排列着，相邻的 3 种颜色荧光小点组成一个色点组，称为像素，它们是产生各种颜色的基本单元。根据三基色的混色原理，三色发光的亮度比例适当，就可呈现为白光，适当调整发光比例，则可重现出不同的颜色，比如红、蓝混合发出的光为紫色，红、绿混合后发出的光为黄色，绿、蓝混合发出的光为青色等。

（3）荫罩板

荫罩板安装在与荧光屏内壁距离很近的地方，并与阳极相连，它由很薄的金属片制成，上面开了很多的小圆孔，小孔按正三角形排列，与荧光点组一一对应。荫罩板的制造精度要求很高，要保证电子束打在与它相应的荧光粉小点上。

（4）玻璃外壳

玻璃外壳的作用就是将电子枪、荫罩板等器件密封起来，它的内部抽成真空，它的外形呈漏斗状。

二、彩色显像管的检测

 注意　由于彩色显像管的管颈容易受损，所以测量时不要让它受到外力的冲击，以免造成管颈漏气或断裂而导致显像管报废。

1. 灯丝通断的检测

如图 4-6 所示，用数字型万用表"200"电阻挡测量灯丝两引脚的直流电阻，阻值应为 1~
10Ω，若测得的阻值偏离较大，甚至为无穷大，说明显像管灯丝断路。

 注意　由于彩电的显像管灯丝供电几乎都是由行输出变压器提供的，所以显像管灯丝与行
输出变压器的灯丝绕组是并联的。若不拔下管座，测量灯丝的阻值是无法判断是否
开路的。而图 4-6 中显像管管座是后安装的，测量时可以直接测量灯丝的引脚。

（a）彩电显像管灯丝的检测　　　　　　　　　　（b）彩显显像管灯丝的检测

图 4-6　检测显像管灯丝的示意图

 提示　由于新型彩显的显像管灯丝供电几乎都是采用直流供电方式，所以测量显像管灯丝
的阻值时不需要拔下管座，直接在电路板上测量即可。但若阻值较大，则需要拔下
管座进行测量，以免管座损坏引起误判。不过，这种情况是很少见的。

---

2. 阴极发射能力的检测

阴极发射能力的检测对于显像管是极为重要的，当显像管的阴极发射能力下降后，会出
现刚开机时亮度偏暗、图像暗淡，增大亮度时聚焦变差，热机后会有所好转的故障。若是某
一个阴极或某两个阴极衰老时，则会造成开机后偏色，而热机后恢复正常的现象。

（1）彩电显像管阴极发射能力的检测

如图 4-7 所示，拔掉显像管管座，为显像管安装一个新管座，再将一只 6.3V 变压器的二
次绕组接在该管座的灯丝供电引脚上，单独为显像管灯丝提供 6.3V 工作电压，使显像管的灯
丝进入预热状态。在预热状态下，将万用表置于"R×1k"挡，用黑表笔接栅极、红表笔接某
一阴极时阻值应为 1~5kΩ；若测得某阴极与栅极之间的阻值在 5~10kΩ之间，则说明显像管
有不同程度衰老，但仍可以继续使用；若测得该阻值大于 10kΩ，则说明显像管已严重衰老，
需要进行激活处理或更换。

<table>
<tr><td>（a）用指针型万用表检测</td><td>（b）用数字型万用表检测</td></tr>
</table>

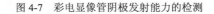

图 4-7　彩电显像管阴极发射能力的检测

提示　若手头有相同的显像管管座，最好将稳压器或变压器输出的 6.3V 交流电压通过导线加到管座上的灯丝供电脚上，这样可以避免短路等现象发生。另外，若采用数字型万用表"20k"电阻挡测量，数值会低于指针万用表测量的数值。

（2）彩显显像管阴极发射能力的检测

彩显显像管的阴极发射能力的检测方法和彩电显像管基本相同，不同的是，在测量时彩显显像管的灯丝加 6V 直流电压。

3．显像管是否断极的检测

当彩电、彩显出现亮度失控且伴有严重回扫线故障时，在亮度控制等电路正常的情况下，应检查显像管的栅极是否开路。若拔下管座，在灯丝预热状态下测量栅极与各阴极之间的电阻，阻值均为无穷大，则说明显像管的栅极已开路，需要更换显像管。而加速极断极后，会出现无光栅故障。检查时可拔下管座，将阴极与栅极之间短路，给灯丝加 6.3V 交流电压后，用万用表"R×10k"挡测量阴极与加速极之间的电阻值，正常值应为 400kΩ左右，若阻值为无穷大，则说明加速极已开路。

提示　三枪三束显像管的某一个栅极开路后，会出现亮度失控、有回扫线、光栅底色比断极栅极所对应的电子枪的颜色重等现象。若显像管某个阴极内部开路，则会出现图像缺少该阴极所对应的基色的现象。检查时也可通过测量阴、栅极之间的电阻值来判断。

4．极间漏电或碰极的检测

显像管阴极与灯丝或与栅极之间较易出现漏电或碰极，而阴极与加速极之间或栅极与加速极之间很少出现漏电或碰极。阴极与灯丝之间漏电，会出现刚开机工作正常，工作一段时间后，屏幕上显示单色光。比如绿阴极与灯丝之间漏电，严重时会出现光栅为绿色、亮度失控且满屏回扫亮线的现象。也就是哪个阴极和灯丝之间漏电，屏幕上就会显示该阴极所代表的颜色。因此，通过屏幕的颜色也就可以确认哪个阴极与灯丝漏电或短路。检测时，拔下管座，用万用表"R×1k"挡测量灯丝与阴极之间的电阻值，正常时应为无穷大。若测出阻值，则说明栅极与该阴极之间漏电；若阻值接近 0，则是栅极与阴极之间碰极。

提示 有的显像管灯丝与某个阴极之间在冷态（不开机）时不漏电，灯丝与阴极之间阻值为无穷大，而热机后（指电视机工作一段时间或灯丝通电预热后）灯丝与阴极之间发生漏电或短路现象。

 方法与技巧 若彩电显像管的某一个阴极与灯丝短路或漏电，可用壁纸刀将显像管管座上的两个灯丝供电脚与原电路断开，再用导线在行输出变压器的磁芯上绕2~3匝。线圈的两端与 0.68Ω/2W 左右的电阻 R 串联后，焊接到管座的灯丝引脚上。这样，因为线圈没有接地，所以它产生的脉冲电压通过电阻 R 限流后，单独为显像管灯丝供电，即悬浮供电，这样就可以排除单一栅极与灯丝短路或漏电的故障。电路如图4-8所示。

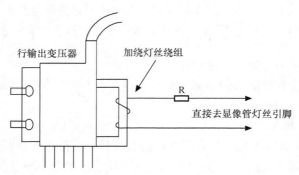

图 4-8　显像管灯丝悬浮供电电路

第五章　使用万用表检测集成电路

集成电路也称为集成块、芯片，我国港台地区称为积体电路，它的英文全称是 integrated circuit，缩写为 IC。集成电路采用一定的工艺，把一个电路中所需的三极管、二极管、电阻、电容、电感等元器件及布线互连在一起，制作在一小块或几小块陶瓷、玻璃或半导体晶片上，然后封装在一起，成为一个具有一定电路功能的微型电子器件或部件。集成电路有直插双列、单列和贴面焊接等多种封装结构，如图 5-1 所示。它在电路中多用字母"IC"表示，有时也用字母"N"、"Q"等表示。

（a）单列直插　　　　（b）双列直插　　　　（c）双列贴面　　　　（d）四列贴面

图 5-1　常见的集成电路实物外形图

第一节　集成电路概述

一、集成电路的特点

集成电路具有体积小、重量轻、引脚少、寿命长、可靠性高、成本低、性能好等优点，同时还便于大规模生产。因此，它不仅广泛应用在工业、农业、家用电器等领域，在军事、科学、教育、通信、交通、金融等领域同样得到了广泛应用。用集成电路装配的电子设备，不仅装配密度比三极管装配的电子设备提高了几十倍甚至几千倍，而且设备的稳定工作时间也得到了大大提高。

二、集成电路的分类

1. 按功能分类

按功能的不同集成电路可分为模拟集成电路和数字集成电路两大类。

（1）模拟集成电路

模拟集成电路主要用来产生、放大和处理各种模拟信号。所谓的模拟信号是指幅度随时间连续变化的信号。例如，复读机重放的录音信号就是模拟信号，收音机、电视机接收的音频信号也是模拟信号。模拟集成电路根据功能又分为运算放大器、电压比较器、稳压器、功率放大器等多种。

（2）数字集成电路

数字集成电路主要用来产生、放大和处理各种数字信号。所谓的数字信号是指在时间上和幅度上离散取值的信号，如 VCD、DVD 视盘机重放的音频信号和视频信号。数字集成电路又分为 TTL 集成电路、HTL 集成电路、STTL 集成电路、ECL 集成电路、CMOS 集成电路等多种。

2. 按制作工艺分类

按制作工艺不同，集成电路可分为半导体集成电路和膜集成电路两类。膜集成电路又分为厚膜集成电路（膜的厚度为 $1\sim10\mu m$）和薄膜集成电路（膜的厚度不到 $1\mu m$）两种。

3. 按集成度高低分类

按集成度高低的不同，集成电路可分为小规模集成电路、中规模集成电路、大规模集成电路和超大规模集成电路 4 类。

4. 按导电类型分类

集成电路按导电类型可分为双极型集成电路和单极型集成电路两类。其中，双极型集成电路不仅制作工艺复杂，而且功耗较大，大部分模拟集成电路和 TTL、ECL、HTL、LST-TL、STTL 类型的数字集成电路都属于双极型集成电路。单极型集成电路不仅制作工艺简单，而且功耗也较低，易于实现超大规模化，常见的 CMOS、NMOS、PMOS 等类型的数字集成电路就属于单极型集成电路。

5. 按用途分类

集成电路按用途可分为电视机用、音响用、影碟机用、电脑用、打印机用、复印机用、电子琴用、通信用、照相机用、遥控用、报警器用等各种专用集成电路。

6. 按焊接方式分类

集成电路按封装结构分为直插式和扁平式两大类。

（1）直插式集成电路

直插式集成电路又分为双列（双排引脚）集成电路和单列（单排引脚）集成电路两类。其中，小功率直插式集成电路多采用双列方式，而功率较大的集成电路多采用单列方式。

（2）扁平式集成电路

扁平式集成电路又分为双列扁平式和四列扁平式两大类。中、小规模扁平式集成电路多采用双列贴面焊接方式，而大规模扁平式集成电路多采用四列扁平焊接方式。

因扁平式集成电路是贴在电路板上焊接的，所以此类集成电路也被称为贴面式或贴片式集成电路。

三、集成电路的主要参数

1. 集成电路的电气参数

不同功能的集成电路，其电气参数的项目也各不相同，但多数集成电路均有最基本的几项参数（通常在典型直流工作电压下测量）。

（1）静态工作电流

静态工作电流是指在集成电路的信号输入脚无信号输入的情况下，电源脚与接地脚回路中的直流电流。该参数对确认集成电路是否正常十分重要。集成电路的静态工作电流包括典型值、最小值、最大值 3 个指标。若集成电路的静态工作电流超出最大值和最小值范围，而它的供电脚输入的直流工作电压正常，并且接地端子也正常，就可确认被测集成电路异常。

（2）增益

增益是指集成电路内部放大器的放大能力。增益又分开环增益和闭环增益两项，并且也包括典型值、最小值、最大值 3 个指标。

用万用表无法测出集成电路的增益，需要使用专门仪器来测量。

（3）最大输出功率

最大输出功率是指输出信号的失真度为额定值（通常为 10%）时，集成电路输出脚所输出的电信号功率，一般也分别给出典型值、最小值、最大值 3 项指标。该参数主要用于功率放大型集成电路。

2. 集成电路的极限参数

集成电路的极限参数主要有以下几项。

（1）最大电源电压

最大电源电压是指可以加在集成电路供电脚与接地脚之间的直流工作电压的极限值。使用中不允许超过此值，否则会导致集成电路过电压损坏。

（2）允许功耗

允许功耗是指集成电路所能承受的最大耗散功率，主要用于功率放大型集成电路（简称功放）。

（3）工作环境温度

工作环境温度是指集成电路能维持正常工作的最低和最高环境温度。

（4）储存温度

储存温度是指集成电路在储存状态下的最低和最高温度。

四、集成电路的检测与更换

1. 集成电路的检测

判断集成电路是否正常通常采用直观检查法、电压检测法、电阻检测法、波形检测法、代换法。

（1）直观检查法

部分电源控制芯片、驱动块损坏时表面会出现裂痕，所以通过查看就可判断它是否已损坏。

（2）电压检测法

电压检测法是指通过检测被怀疑芯片各脚的对地电压，和正常的电压比较后，就可判断该芯片是否正常。

注意　测量集成电路引脚电压时需要注意以下几项。

一是由于集成电路的引脚间距较小，所以测量时表笔不要将引脚短路，以免导致集成电路损坏。

二是不能采用内阻低的万用表测量。若采用内阻低的万用表测量集成电路的振荡器端子电压，会导致振荡器产生的振荡脉冲的频率发生变化，可能会导致集成电路不能正常工作，甚至会发生故障。比如，测量高压逆变器的振荡器端子电压时，可能会导致逆变管损坏。

三是测量过程中，表笔要与引脚接触良好，否则不仅会导致所测的数据不准确，而且可能会导致集成电路工作失常，甚至发生故障。

四是当测量的数据与资料上介绍的数据有差别时，不要轻易断定集成电路已损坏。这是因为使用的万用表不同，测量数据会有所不同，并且进行信号处理的集成电路在有无信号时的数据也会有所不同。因此，要经过仔细分析，并且确认它外接的元器件正常后，才能判断该集成电路损坏。

（3）电阻检测法

电阻检测法是指通过检测被怀疑芯片的各脚对地电阻，和正常的阻值比较后，就可判断该芯片是否正常。电阻检测法有在路检测和非在路检测两种。

 注意　在路检测时若数据有误差，也不能轻易断定集成电路已损坏。这是因为使用的万用表不同或使用的电阻挡位不同，都会导致测量数据不同。另外，应用该集成电路的电路结构不同，也会导致测量的数据不同。

（4）代换法

代换法是指采用正常的芯片代换所怀疑的芯片，若故障消失，则说明怀疑的芯片损坏；若故障依旧，说明芯片正常。注意在代换时首先要确认它的供电是否正常，以免再次损坏。

 提示　采用代换法判断集成电路时，最好安装集成电路插座，这样在确认原集成电路无故障时，可将判断用的集成电路退货，而焊锡后是不能退货的。另外，必须要保证代换的集成电路是正常的，否则会产生误判的现象，甚至会扩大故障范围。

2. 集成电路的更换

维修中，集成电路损坏后应更换相同品牌、相同型号的集成电路，仅部分集成电路可采用其他型号的仿制品更换。

 注意　拆卸和更换集成电路时不要急躁，不能乱拔、乱撬，以免损坏引脚。而安装时要注意集成电路的引脚顺序，不要将集成电路安反了，否则可能会导致集成电路损坏。

 提示　集成电路的引脚顺序有一定的规律，在引脚附近有小圆坑、色点或缺角，则这个引脚是①脚。而有的集成电路商标向上，左侧有一个缺口，缺口左下的第一个引脚就是①脚。

第二节　使用万用表检测三端稳压器

三端集成稳压器简称为三端稳压器，是目前应用最广泛的稳压器。

一、三端稳压器的识别

1. 三端稳压器的特点

三端稳压器的主要特点如下。

（1）体积小

三端稳压器所有的元器件都集成在一块很小的芯片上，设置了 3 个引脚，其体积较小，和三极管体积相似。

（2）稳压性能好

三端稳压器采用了先进的半导体技术，它的增益高、漂移小、失调小、稳压性能好。

（3）保护功能完善

三端稳压器内部设置了芯片过热保护、功率管过电流保护等保护功能，这是普通电源所不具备的。

2. 三端稳压器的分类

（1）按输出电压方式分类

三端稳压器按输出电压方式可分为电压不可调三端稳压器（简称三端不可调稳压器）和电压可调三端稳压器（简称三端可调稳压器）。

（2）按输出电流分类

三端稳压器按输出电流可分为小输出电流、大输出电流两大类。

（3）按封装结构分类

三端稳压器按封装结构可分为金属封装和塑料封装两大类。

（4）按焊接方式分类

三端稳压器按焊接方式可分为直插式和贴面式两大类。

3. 三端稳压器的主要参数

（1）输出电压 U_o

输出电压 U_o 是指稳压器的各项工作参数符合规定时的输出电压值。对于三端不可调稳压器，它是常数；对于三端可调稳压器，它是输出电压范围。

（2）输出电压偏差

对于不可调稳压器，实际输出的电压值和规定的输出电压 U_o 之间往往有一定的偏差。这个偏差值一般用百分比表示，也可以用电压值表示。

（3）最大输出电流 I_{CM}

最大输出电流指稳压器能够保持输出电压时的电流。

（4）最小输入电压 U_{imin}

输入电压值在低于最小输入电压值时，稳压器将不能正常工作。

（5）最大输入电压 U_{imax}

最大输入电压是指稳压器安全工作时允许外加的最大电压值。

（6）最小输入、输出电压差

它是指稳压器能正常工作时的输入电压 U_i 与输出电压 U_o 的最小电压差值。通常要求该压差不能低于 2.5V。

（7）电压调整率 SV

电压调整率是指当稳压器负载不变而输入的直流电压变化时，所引起的输出电压的相对变化量。电压调整率是用来表示稳压器维持输出电压不变的能力。

提示
电压调整率有时也用某一输入电压变化范围内的输出电压变化量表示。

（8）电流调整率 SI

电流调整率是指当输入电压保持不变而输出电流在规定范围内变化时，稳压器输出电压相对变化的百分比。

提示
电流调整率有时也用负载电流变化时输出电压的变化量来表示。

（9）输出电压温漂 ST

输出电压温漂也叫输出电压的温度系数。在规定的温度范围内，当输入电压和输出电流不变时，单位温度变化引起的输出电压变化量就是输出电压温漂。

（10）输出阻抗 Z

输出阻抗是指在规定的输入电压和输出电流的条件下，在输出端上所测得的输出电压与输出电流之比。输出阻抗反映了在动态负载状态下，稳压器的电流调整率。

（11）输出噪声电压 VN

它是指当稳压器输入端无噪声电压进入时，在其输出端所测得的噪声电压值。输出噪声电压是由稳压器内部产生的，它会给负载的正常工作带来一定的影响。

二、三端不可调稳压器的识别与检测

三端不可调稳压器是目前应用最广泛的稳压器。常见的三端不可调稳压器的实物外形与引脚功能如图 5-2 所示。

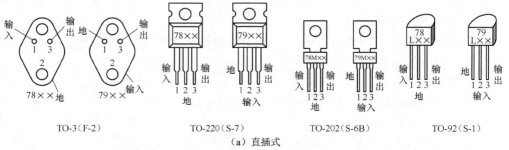

图 5-2 三端不可调稳压器的实物外形和引脚功能

1. OUT
2. GND
3. IN

SOT-89

（b）贴面式

图 5-2　三端不可调稳压器的实物外形和引脚功能（续）

提示　三端不可调稳压器主要有 78×× 系列和 79×× 系列两大类。其中，78×× 系列稳压器输出的是正电压，而 79×× 系列稳压器输出的是负电压。三端不可调稳压器的主要产品有美国 NC 公司的 LM78××/79××、美国摩托罗拉公司的 MC78××/79××、美国仙童公司的 μA78××/79××、日本东芝公司的 TA78××/79××、日本日立公司的 HA78××/79××、日本日电公司的 μPC78××/79××、韩国三星公司的 KA78××/79×× 以及意法联合公司生产的 L78××/79×× 等。其中，×× 代表电压数值，比如，7812 代表输出电压为 12V 的稳压器，7905 代表输出电压为−5V 的稳压器。

1.　三端不可调稳压器的分类

（1）按输出电压分类

按输出电压，三端不可调稳压器可分为 10 种，以 78×× 系列稳压器为例，包括 7805（5V）、7806（6V）、7808（8V）、7809（9V）、7810（10V）、7812（12V）、7815（15V）、7818（18V）、7820（20V）、7824（24V）。

（2）按输出电流分类

按输出电流，三端不可调稳压器可分为多种，电流大小与型号内的字母有关，稳压器最大输出电流与字母的关系如表 5-1 所示。

表 5-1　　　　　　　　　　稳压器最大输出电流与字母的关系

字母	L	N	M	无字母	T	H	P
最大输出电流（A）	0.1	0.3	0.5	1.5	3	5	10

如表 5-1 所示，常见的 78L05 就是最大输出电流为 100mA 的 5V 稳压器，而常见的 AN7812 就是最大输出电流为 1.5A 的 12V 稳压器。

2.　78×× 系列三端稳压器

（1）78×× 系列三端稳压器的构成

78×× 系列三端稳压器由启动电路（恒流源）、取样电路、基准电路、误差放大器、调整管、保护电路等构成，如图 5-3 所示。

（2）78×× 系列三端稳压器的工作原理

如图 5-3 所示，当 78×× 系列三端稳压器输入端有正常的供电电压 U_i 输入后，该电压不仅加到调整管 VT1 的 c 极，而且通过恒流源为基准电路供电，由基准电路产生基准电压。基准电压加到误差放大器后，误差放大器为 VT1 的 b 极提供基准电压，使 VT1 的 e 极输出电压。该电压经 R1 限流，再通过三端稳压器的输出端子输出后，为负载供电。

当输入电压升高或负载变轻，引起三端稳压器输出电压 U_o 升高时，通过取样电阻 RP、R2 取样后的电压升高。该电压加到误差放大器后，使误差放大器为调整管 VT1 提供的电压减小，VT1因b极输入电压减小导通程度减弱，它的e极输出电压减小，最终使U_o下降到规定值。当输出电压U_o下降时，稳压控制过程相反。这样，通过该电路的控制确保稳压器输出的电压U_o不随供电电压U_i高低和负载轻重变化而变化，实现稳压控制。

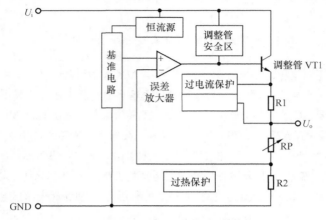

图 5-3　78××系列三端稳压器的构成

当负载异常引起调整管过电流时，被过电流保护电路检测后，使调整管VT1停止工作，避免调整管过电流损坏，实现了过电流保护。另外，VT1过电流时，温度会大幅度升高，被芯片内的过热保护电路检测后，也会使VT1停止工作，避免了VT1过热损坏，实现了过热保护。

3．79××系列三端稳压器

（1）79××系列三端稳压器的构成

79××系列三端稳压器的构成和78××系列稳压器基本相同，如图5-4所示。

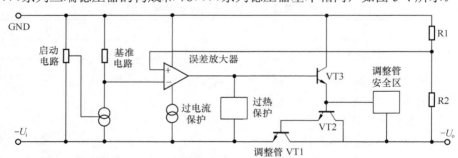

图 5-4　79××系列三端稳压器的构成

（2）79××系列三端稳压器的工作原理

如图5-4所示，79××系列三端稳压器的工作原理和78××系列稳压器一样，区别就是它采用的是负压供电和负压输出方式。

4．三端不可调稳压器的检测

检测三端不可调稳压器时，可采用电阻测量法和电压测量法两种方法。而实际检测中，一般都采用电压测量法。下面以空调通用板的5V电源电路为例进行介绍，测量过程如图5-5所示。

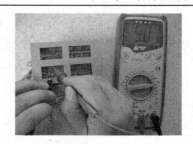

图 5-5　三端稳压器 78L05 的检测示意图

为空调器通用板电路供电后,用"20V"直流电压挡测 78L05 的输入端对地电压为 14.93V,测输出端与接地端间的电压为 5.01V,说明该稳压器及相关电路正常。若输入端电压正常,而输出端电压异常,则为稳压器或负载异常。

将 KA7812 的供电端和接地端通过导线接在稳压电源的正、负极输出端子上,将稳压电源调在 16V 直流电压输出挡上,测得 KA7812 的供电端与接地端之间的电压为 15.85V,输出端与接地端间的电压为 11.97V,说明该稳压器正常。若输入端电压正常,而输出端电压异常,则为稳压器异常。

提示　若稳压器空载电压正常,而接上负载时,输出电压下降,则说明负载过电流或稳压器带载能力差。这种情况下,缺乏经验的人员最好采用代换法进行判断,以免误判。

三、三端可调稳压器的识别与检测

三端可调稳压器是在三端不可调稳压器的基础上发展起来的,它最大的优点就是输出电压在一定范围内可以连续调整。它和三端不可调稳压器一样,也有正电压输出和负电压输出两种。常见的三端可调稳压器的实物外形如图 5-6 所示。

图 5-6　三端可调稳压器的实物外形

1. 三端可调稳压器的分类

（1）按输出电压分类

三端可调稳压器按输出电压可分为 4 种:第一种的输出电压为 1.2～15V,如 LM196/396;第二种的输出电压为 1.2～32V,如 LM138/238/338;第三种的输出电压为 1.2～33V,如 LM150/250/350;第四种的输出电压为 1.2～37V,如 LM117/217/317。

（2）按输出电流分类

三端可调稳压器按输出电流分为 0.1A、0.5A、1.5A、3A、5A、10A 等。如果稳压器型号后面加字母 L,说明它的输出电流为 0.1A,如 LM317L 就是最大输出电流为 0.1A 的稳压器；如果稳压器型号后面加字母 M，说明该稳压器的输出电流为 0.5A，如 LM317M 就是最大输出电流为 0.5A 的稳压器；稳压器型号后面没有加字母的，说明它的输出电流为 1.5A，如 LM317 就是最大输出电流为 1.5A 的稳压器。而 LM138/238/338 是 5A 的稳压器，LM196/396 是 10A 的稳压器。

2. 三端可调稳压器的工作原理

三端可调稳压器由恒流源（启动电路）、基准电压形成电路、调整器（调整管）、误差放大器、保护电路等构成。三端可调稳压器 LM317 的构成如图 5-7 所示。

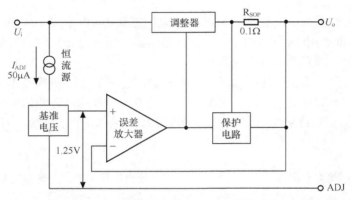

图 5-7　三端可调稳压器 LM317 的构成

当稳压器 LM317 的输入端有正常的供电电压输入后，该电压不仅为调整器（调整管）供电，而且通过恒流源为基准电压放大器供电，由它产生基准电压。基准电压加到误差放大器的同相（+）输入端后，误差放大器为调整器提供导通电压，使调整器开始输出电压，该电压通过输出端子输出后，为负载供电。

当输入电压升高或负载变轻，引起 LM317 输出电压升高时，误差放大器反相（−）输入端输入的电压增大，误差放大器为调整器提供的电压减小，调整器输出电压减小，最终使输出电压下降到规定值。输出电压下降时，稳压控制过程相反。这样，通过该电路的控制确保稳压器输出的电压不随供电电压和负载变化而变化，实现稳压控制。

LM317 没有设置接地端，它的 1.25V 基准电压发生器接在调整端 ADJ 上，这样改变 ADJ 端子电压，就可以改变 LM317 输出电压的大小。比如，通过控制电路的调整使 ADJ 端子电压升高后，基准电压发生器输出的电压就会升高，误差放大器输出的电压因同相输入端电压升高而升高，该电压加到调整器后，调整器输出电压升高，稳压器为负载提供的电压升高。通过控制电路的调整使 ADJ 端子电压减小后，稳压器为负载提供的电压降低。

当负载异常引起调整器过电流时，被过电流保护电路检测后，使调整器停止工作，避免调整器过电流损坏，实现了过电流保护。另外，调整器过电流时，温度会大幅度升高，被芯片内的过热保护电路检测后，也会使调整器停止工作，避免了调整器过热损坏，实现了过热保护。

3. 三端可调稳压器的检测

三端可调稳压器的检测可采用电阻测量法和电压测量法两种方法。而实际检测中，一般都采用电压测量法。下面以三端稳压器 LM317 为例进行介绍，检测电路如图 5-8 所示。

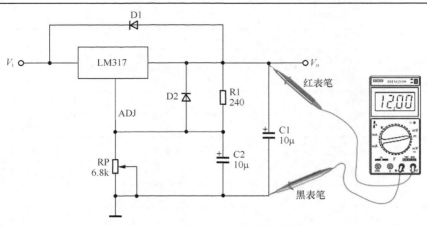

图 5-8　三端稳压器 LM317 的检测电路

将可调电阻 RP 左旋到头，使 ADJ 端子电压为 0，用数字万用表或指针万用表的电压挡测量，滤波电容 C1 两端电压应低于 1.25V，随后慢慢向右旋转 RP，使 C2 两端电压逐渐升高，C1 两端电压也应逐渐升高，最高电压接近 37V。否则，说明 LM317 异常。

提示　C2 的作用是软启动控制，使该稳压器在工作瞬间输出电压由低逐渐升高到正常，以免稳压器工作瞬间输出电压过高可能导致它工作异常。二极管 VD1、VD2 是钳位二极管，以免内部的调整管等元器件过电压损坏。

四、常用三端稳压器的型号及主要参数

1. 常用 78×× 系列不可调稳压器的型号及主要参数

常用 78×× 系列不可调稳压器的型号及主要参数如表 5-2 所示。

表 5-2　　　　　　　　　常用 78×× 系列不可调稳压器的型号及主要参数

国内型号	主 要 参 数				可互换的国外产品型号
	输出电压（V）	最大输出电流（A）	最小输入电压（V）	最大输入电压（V）	
W7805	5	1.5	7.5	35	LM7805、μPC7805
W7806	6	1.5	8.5	35	LM7806、μPC7806
W7808	8	1.5	10.5	35	LM7808、μPC7808
W7809	9	1.5	11.5	35	LM7809、μPC7809
W7810	10	1.5	12.5	35	LM7810、μPC7810
W7812	12	1.5	14.5	35	LM7812、μPC7812
W7815	15	1.5	17.5	35	LM7815、μPC7815
W7818	18	1.5	20.5	35	LM7818、μPC7818
W7820	20	1.5	22.5	35	LM7820、μPC7820
W7824	24	1.5	26.5	40	LM7824、μPC7824
W78L05	5	0.1			LM78L05、μPC78L05

续表

国内型号	主要参数				可互换的国外产品型号
	输出电压（V）	最大输出电流（A）	最小输入电压（V）	最大输入电压（V）	
W78L06	6	0.1			LM78L06、μPC78L06
W78L08	8	0.1			LM78L08、μPC78L08
W78L10	10	0.1			LM78L10、μPC78L10
W78L12	12	0.1			LM78L12、μPC78L12
W78L15	15	0.1			LM78L15、μPC78L15
W78L18	18	0.1			LM78L18、μPC78L18
W78L24	24	0.1			LM78L24、μPC78L24
W78M05	5	0.5			LM78M05、μPC78M05
W78M06	6	0.5			LM78M06、μPC78M06
W78M08	8	0.5			LM78M08、μPC78M08
W78M10	10	0.5			LM78M10、μPC78M10
W78M12	12	0.5			LM78M12、μPC78M12
W78M15	15	0.5			LM78M15、μPC78M15
W78M18	18	0.5			LM78M18、μPC78M18
W78M24	24	0.5			LM78M24、μPC78M24

2. 常用 LM×× 系列可调稳压器的型号及主要参数

常用 LM×× 系列可调稳压器的型号及主要参数如表 5-3 所示。

表 5-3　　　　　　　常用 LM×× 系列可调稳压器的型号及主要参数

型号	主要参数						
	最大输入电压（V）	输出电压（V）	最大输出电流（A）	最小负载电流/mA	调整端电压（V）	基准电压（V）	工作温度（℃）
LM117	40	1.2～37	1.5	3.5	50	1.25	−55～150
LM217	40	1.2～37	1.5	3.5	50	1.26	−25～150
LM317	40	1.2～37	1.5	3.5	50	1.25	0～150
LM137	−40	−1.2～−32	1.5	2.5	65	−1.25	−55～150
LM237	−40	−1.2～−32	1.5	2.5	65	−1.25	−25～150
LM137	−40	−1.2～−32	1.5	2.5	65	−1.25	0～150
LM138	35	1.2～32	5	3.5	45	1.24	−55～150
LM238	35	1.2～32	5	3.5	45	1.24	−25～150
LM338	35	1.2～32	5	3.5	45	1.24	0～150

第三节　使用万用表检测四端、五端稳压器

一、四端稳压器的识别与检测

　　四端稳压器是由夏普（SHARP）公司生产的一种新型稳压器，它实际上是在三端不可调稳压器的基础上发展而来的。与三端不可调稳压器最大的区别是其具有输出电压控制功能，所以该稳压器加设了控制端子，但其稳压值与普通三端稳压器相同。其型号PQ××中的"××"代表稳压值，如 PQ05RD21 就是 5V 稳压器。常见的 PQ 系列四端稳压器的实物外形如图 5-9 所示。

图 5-9　PQ 系列四端稳压器的实物外形

　　1. 四端稳压器的构成和工作原理

（1）构成

　　四端稳压器由基准源、调整器 VT1、放大管 VT2、开关控制电路、参考电压形成电路、自动保护电路、取样电阻等构成，如图 5-10 所示。

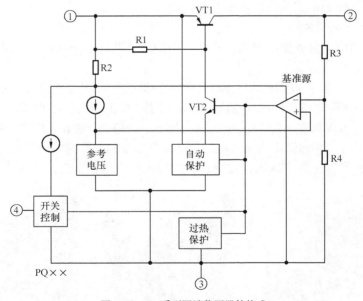

图 5-10　PQ 系列四端稳压器的构成

（2）工作过程

　　当稳压器的①脚有正常的供电电压输入后，该电压第一路加到调整器 VT1 的 e 极，为它供电；第二路经 R1 加到放大管 VT2 的 c 极，为 VT2 供电；第三路通过 R2 限流，不仅为基准源（误差放大器）和开关控制电路供电，而且通过参考电压发生器产生参考电压，为基准源的同相输入端提供参考电压。基准源开始为 VT2 的 b 极提供导通电压，使 VT2 导通，致

使 VT1 导通，由它的 c 极输出电压，该电压通过②脚输出后，为负载供电。

（3）稳压控制

当输入电压升高或负载变轻，引起稳压器的②脚输出电压升高时，经 R2、R3 取样后使基准源反相输入端（－）输入的电压增大，基准源为 VT2 提供的电压减小，VT2 导通程度减弱，使 VT1 的导通程度减弱，于是 VT1 的 c 极输出的电压减小，最终使②脚输出的电压下降到规定值。②脚输出的电压下降时，稳压控制过程相反。这样，通过该电路的控制确保稳压器②脚输出的电压不随①脚输入的电压高低和负载轻重变化而变化，实现稳压控制。

（4）保护

当负载异常引起调整器 VT1 过电流时，被自动保护电路检测后，输出低电平保护信号，使放大管 VT2 截止，VT1 因 b 极电位为高电平而截止，避免 VT1 过电流损坏，实现了过电流保护。另外，VT1 过电流时，温度会大幅度升高，被芯片内的过热保护电路检测后，也会输出低电平保护信号，使 VT2 和 VT1 相继截止，避免了 VT1 等元器件过热损坏，实现了过热保护。

（5）开关控制

该稳压器的②脚能否输出电压，不仅取决于①脚能否输入正常的工作电压，而且还取决于④脚能否输入控制信号（开关信号）。当④脚有高电平的控制信号输入后，开关控制电路变为高阻状态，不影响放大管 VT2 的 b 极电位，此时 VT2 和 VT1 能正常工作，稳压器的②脚有电压输出。当④脚输入低电平信号后，开关电路输出低电平信号，使 VT2 截止，致使 VT1 截止，稳压器的②脚无电压输出，实现开关控制。

2. 四端稳压器的检测

四端稳压器的检测可采用电阻测量法和电压测量法两种方法。而实际检测中，通常采用电压测量法。

如图 5-11 所示，将 PQ05NF 的供电端①脚和接地端③脚通过导线接在稳压电源的正、负电压输出端子上，再将一只 10kΩ电阻接在①脚和控制端④脚上，为④脚提供高电平控制信号。随后，将稳压电源调在 10V 直流电压输出挡上，测得 PQ05NF 的①脚与③脚之间的电压为 9.81V，它的④脚、③脚间电压为 5.08V，它的输出端②脚与③脚间电压也为 5.08V，说明 PQ05NF 正常。若②脚无电压输出，在确认①脚和④脚电压正常后，则说明它已损坏。

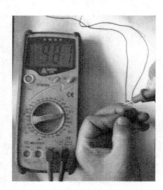 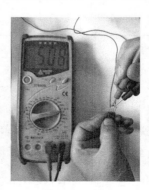 

（a）①脚电压的测量　　　　　（b）④脚电压的测量　　　　　（c）②脚电压的测量

图 5-11　四端稳压器 PQ05NF 的检测

二、五端稳压器的识别与检测

五端稳压器主要有具有复位功能的五端稳压器和输出电压可调的五端稳压器两种。

1. 具有复位功能的五端稳压器

具有复位功能的五端稳压器广泛应用在彩电、电脑等电子产品中，下面以常用的五端稳压器 L78MR05FA 为例进行介绍。L78MR05FA 的内部由启动电路、基准电压发生器、调整器 VT1、放大管 VT2、误差放大器、复位电路、保护器、取样电阻等构成，如图 5-12 所示。它的引脚功能与检测参考数据如表 5-4 所示。

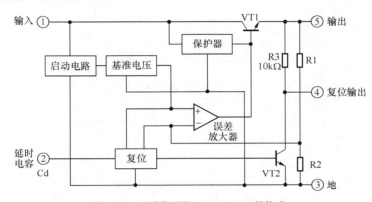

图 5-12　五端稳压器 L78MR05FA 的构成

表 5-4　　　　　　　　　　五端稳压器 **L78MR05FA** 的引脚功能和检测参考数据

脚　位	脚　名	功　能	电压（V）	在路阻值（kΩ）	
				黑表笔测量	红表笔测量
①	IN	供电	7.6	187	37
②	Cd	外接延时电容	4.6	∞	6.4
③	GND	接地	0	0	0
④	RESET	复位信号输出	4.8	22	5.2
⑤	OUT	5V 电压输出	5	7.3	3.8

2. 输出电压可调的五端稳压器

输出电压可调的五端稳压器广泛应用在彩电、录像机、彩色显示器等电子产品中，下面以常见的 BA×× 系列五端可控稳压器为例进行介绍。

（1）分类

该系列稳压器根据输出电压的不同，可分为 3.3V、5V、6V、9V 等多种。BA 后面的数字就代表稳压器的输出电压值，如 BA033ST 就是输出电压为 3.3V 的稳压器，BA12ST 就是输出电压为 12V 的稳压器。

该系列稳压器根据有无电压取样功能可分为两种：一种是内置电压取样电路，⑤脚外无须设置取样电阻，此类稳压器通过加 AST/ASFP 字符表示；另一种是内部无电压取样电路，外部需要设置取样电阻，此类稳压器通过加 ST/SFP 字符表示。

（2）构成和引脚功能

BA×× 系列五端可控稳压器的内部由基准电压发生器、调整器、控制开关、误差放大器、保护电路等构成，如图 5-13 所示。它的引脚功能如表 5-5 所示。

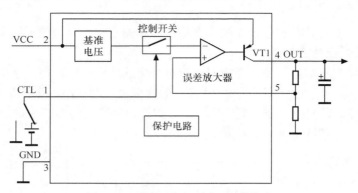

图 5-13　BA××系列五端稳压器的构成

表 5-5　　　　　　　　　　BA××系列五端可控稳压器的引脚功能

脚　　位	脚　　名	功　　能
①	CTL	控制信号输入端
②	VCC	供电
③	GND	接地
④	OUT	电压输出
⑤	NC	空脚
	C	输出电压取样信号输入

（3）工作过程

当稳压器的②脚有正常的供电电压输入后，该电压第一路加到调整管 VT1 的 e 极，为它供电；第二路经基准参考电压发生器产生基准电压。该电压加到误差放大器的反相输入端（-）后，误差放大器输出低电平信号，使 VT1 导通，由它的 c 极输出电压，该电压通过④脚输出后，为负载供电。

（4）稳压控制

当输入电压升高或负载变轻，引起稳压器的④脚输出电压升高时，经外接的取样电阻取样后，为稳压器⑤脚提供的取样电压升高，该电压输入到误差放大器的同相输入端（+），使误差放大器输出电压升高，调整管 VT1 的导通程度减弱，VT1 的 c 极输出的电压减小，使④脚输出的电压下降到规定值。④脚输出的电压下降时，稳压控制过程相反。这样，通过该电路的控制确保稳压器④脚输出的电压不随②脚输入的电压高低和负载轻重变化而变化，实现稳压控制。

（5）保护

当负载异常引起调整管 VT1 过电流时，温度会大幅度升高。当芯片温度达到 25℃时，被过热保护电路检测后，控制误差放大器输出的电压随温度升高而增大，使 VT1 导通程度逐渐减弱，致使稳压器输出的电压随温度升高而减小；当温度超过 125℃时，过热保护电路输出控制信号使误差放大器始终输出高电平电压，VT1 截止，避免了 VT1 等元器件过热损坏，实现了过热保护。

（6）开关控制

该稳压器的④脚能否输出电压，不仅取决于②脚能否输入正常的工作电压，而且还取决于①脚能否输入控制信号（开关信号）。当①脚有高电平的控制信号输入后，控制开关电路为高阻状态，不影响误差放大器反相输入端的电位，调整管 VT1 正常导通，稳压器的④脚有电压输出。当①脚输入低电平信号后，控制开关电路输出低电平信号，使误差放大器输出高电平控制信号，致使 VT1 截止，稳压器的④脚无电压输出，实现开关控制。

3. 五端稳压器的检测

（1）具有复位功能的五端稳压器的检测

检测具有复位功能的五端稳压器时，首先测①脚和②脚电压是否正常。若不正常，检查它们的外接元器件；若正常，⑤脚、④脚没有电压输出，说明该稳压器已损坏。

（2）五端可控稳压器的检测

对于内置取样电路的五端可控稳压器的检测可参考前面介绍的四端稳压器的检测方法。对于未设置取样电路的五端可控稳压器，应外接取样电阻或在路检测。

三、常用 PQ 系列四端稳压器的型号及主要参数

常用 PQ 系列四端稳压器的型号及主要参数如表 5-6 所示。

表 5-6 　　　　　　　　　　常用 PQ 系列四端稳压器的型号及主要参数

型　号	输出电压（V）	输出电流（A）	型　号	输出电压（V）	输出电流（A）
PQ3RD23	3.3	2	PQ3RD13	3.3	1
PQ05RD21	5	2	PQ05RD11	5	1
PQ09RD21	9	2	PQ09RD11	9	1
PQ012RD21	12	2	PQ012RD11	12	1
PQ05RH1/11	5	1.5	PQ012RH1/11	12	1.5
PQ09RH1/11	9	1.5			

第四节　使用万用表检测电源控制芯片 TDA4605

一、TDA4605 的识别

TDA4605（TDA4605-2、TDA4605-3）是德国西门子公司生产的新型开关电源控制芯片，它和大功率场效应管及相关元器件构成性能优异、稳定性高的他励式开关电源，采用 TDA4605-2、TDA4605-3 构成的开关电源广泛应用在彩电、彩显、VCD、DVD、电动车充电器、卫星接收机等电子设备中。TDA4605 的内部构成如图 5-14 所示，它的引脚功能和电压参考数据如表 5-7 所示。

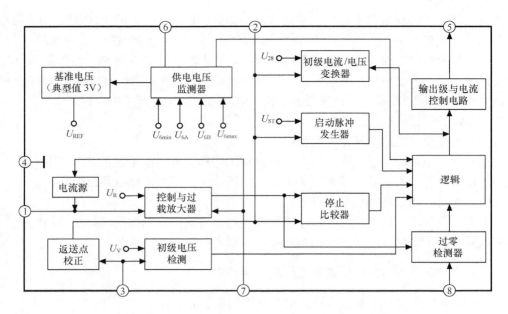

图 5-14　电源控制芯片 TDA4605 内部构成

表 5-7　　　　　　　　　　　　　　**TDA4605 的引脚功能和电压参考数据**

脚位	功　　能	电压（V）	脚位	功　　能	电压（V）
①	稳压控制信号输入	0.4	⑤	开关管激励脉冲输出	3.2
②	初始电流检测信号输入	1.1	⑥	供电	12.65
③	初级电流检测信号输入	3.3	⑦	软启动控制	1.34
④	接地	0	⑧	过零信号检测	0.39

二、TDA4605 的检测

由于电源控制芯片 TDA4605 获得供电便能够工作，所以不安装开关管时单独为其供电后，通过测 TDA4605 关键脚电压数据便可快速判断它和相关元器件是否正常，以免产生屡损开关管等元器件的故障。

⑥脚电压在 7.8～11V 跳变，⑤脚电压在 0～0.15V 跳变，③脚电压在 1.1～2.2V 跳变，②脚电压在 1.2～7.1V 跳变。上述数据是用数字型万用表测得的，不同设备应用的开关电源所测的数据可能会有所不同，但也应符合此规律。

维修时，若⑥脚电压能够在 7.8～11V 跳变，说明 TDA4605 能够启动，只是因没有自馈电电压而工作在重复启动与停止状态，若⑥脚没有电压，说明启动电路异常；⑤脚电压在 0～0.15V 跳变，说明 TDA4605 能够输出开关管激励脉冲，若⑤脚没有电压，说明其内部的振荡器、开关管激励电路异常；若③脚电压异常，说明③脚外接的元器件异常。

第五节　使用万用表检测电源控制芯片 UC/KA3842

一、UC/KA3842 的识别

UC/KA3842 属于单端输出脉宽控制电源芯片，它是一种高性能的固定频率电流型控制电路，采用它构成的开关电源广泛应用在彩电、彩显、VCD、DVD、电动车充电器、卫星接收机等电子设备中。它的主要优点是外接元器件少、结构简单、成本低。它的内部电路包括如下性能：一是可调整的充放电振荡器，可精确控制占空比；二是采用电流型控制，并可在 500kHz 高频状态下工作；三是误差放大器具有自动补偿功能；四是带锁定的 PWM 控制电路，可进行逐个脉冲的电流控制；五是具有内部可调整参考电压，具有欠电压保护锁定功能；六是采用图腾柱输出电路，提供大电流输出，输出电流可达到 ±1A；七是可直接驱动场效应晶体管或双极型晶体管。

UC/KA3842 有双列直插 minidip（DIP）式和双列贴片 SO-8 式两种封装结构，其实物外形如图 5-15 所示，内部构成如图 5-16 所示，引脚功能和引脚参考电压数据如表 5-8 所示。

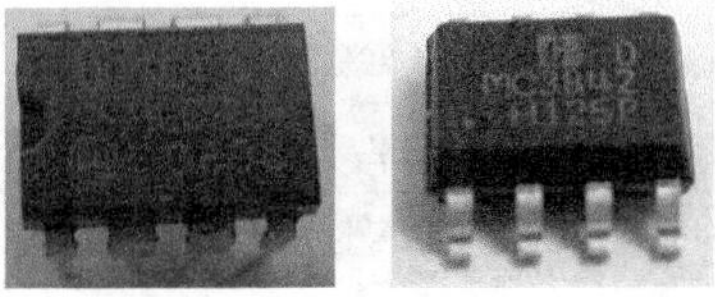

minidip　　　　　　SO-8

图 5-15　UC/KA3842 的实物外形

 提　示　UC3842～UC3845/UC2842～UC2845 属于一个系列产品，仅供电端⑦脚的启动电压、关闭电压和激励脉冲输出端⑥脚输出的激励信号的最大占空比不同，如表 5-9 所示。

二、工作原理

下面以 LG FB775FT 型彩显的开关电源为例，介绍以电源控制芯片 UC/KA3842 为核心构成的开关电源的工作原理。电路如图 5-16 所示。

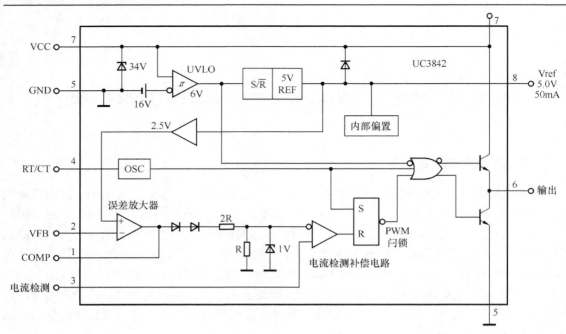

图 5-16   UC/KA3842 的内部构成

表 5-8   **UC/KA3842 引脚功能和参考电压数据**

脚　位	功　能	电压（V）
①	误差放大器输出，与②脚间接有 RC 补偿网络，缩短放大器响应时间	2.96
②	误差信号输入，该脚输入的电压与开关电源输出的电压成反比	2.48
③	开关管电流检测信号输入，该脚输入的电压与开关电源输出的电压成反比	0.33
④	振荡器外接 R、C 定时元件端/外触发信号输入	0.66
⑤	接地	0
⑥	开关管激励脉冲输出	2.07
⑦	供电/欠电压检测	19.22
⑧	5V 基准电压输出端	5

注：上述电压数据是在 LG FB775FT 型彩显主电源上测得的。

表 5-9   **UC3842～UC3845/UC2842～UC2845 的主要参数**

型　号	启动电压（V）	关闭电压（V）	输出激励电压占空比最大值
UC3842/UC2842	16	10	100%
UC3843/UC2843	8.5	7.6	100%
UC3844/UC2844	16	10	50%～70%可调
UC3845/UC2845	8.5	7.6	50%～70%可调

1. 工作过程

图 5-17 是 LG FB775FT 型彩显主电源电路。该机通上市电电压，市电电压经线路滤波组件 P901 滤除市电电网中的高频干扰，由限流电阻 TH902 抑制开机瞬间的冲击电流后，经 D900 桥式整流、C908 滤波获得 300V 直流电压，同时利用 R904、C913 和 D900 内的一个整流管构成启动电路，在 C913 两端建立启动电压。TH902 是负温度系数热敏电阻。

300V 电压经开关变压器 T901 一次绕组（1～3 绕组）加到开关管 Q901 漏极，为它供电，同时 C913 两端的启动电压达到 16V 后，电源控制芯片 IC901（KA3842）启动。IC901 启动后，它内部的 5V 基准电压发生器输出 5V 电压，不仅为它内部的振荡器、误差放大器、PWM 电路供电，而且由⑧脚输出。该电压为定时元件 R926、C914、R929 供电，于是 IC901 的④脚内的振荡器通过 C914 充、放电，在 IC901 的④脚上获得锯齿波脉冲信号，使 IC901 的⑥脚输出开关管激励脉冲。该激励电压经 R915、D910 驱动 Q901 工作在开关状态。

开关管 Q901 工作后，T901 的 5～8 绕组输出的脉冲电压分两路输出：一路经 D906 整流、C913 滤波获得 19.22V 直流电压，取代启动电路为 IC901 提供工作电压；另一路经 R911 限流、D904 整流、C911 滤波获得的电压，为误差取样电路提供取样电压。

2. 稳压控制

当市电电压下降引起开关管 Q901 漏极电流下降，在 R925 两端建立的电压较低时，电源控制芯片 IC901 的③脚输入的比较信号变低，同时开关变压器 T901 各个绕组产生的脉冲电压下降，使滤波电容 C911 两端的取样电压下降。该电压经 R912、R913、VR901、R914（或 Q902 的 c、e 极电阻）取样后的电压下降，为电源控制芯片 IC901 的②脚提供的误差控制电压下降。IC901 的②脚和③脚输入的电压升高后，必然使 IC901 的⑥脚输出的激励电压占空比增大，开关管 Q901 导通时间延长，T901 储能增加，开关电源输出的电压升高到规定值，实现稳压控制。

当市电电压升高时，稳压控制过程相反。调整 VR901 可改变输出电压的大小。

3. 保护电路

（1）欠电压保护

当稳压控制电路或自馈电电路异常等原因，引起 IC901 的⑦脚的工作电压低于 10V 后，IC901 停止工作。若启动电路为 IC901 提供的启动电压达到 16V 后，IC901 再次启动，随即 IC901 因自馈电电压低再次停止工作，因此开关电源进入欠电压保护状态。开关电源进入欠电压保护状态后，开关电源重复工作在启动与停振之间，避免了激励不足损坏开关管 Q901。

（2）过电压保护

当稳压控制电路异常，引起输出端电压升高时，C913 两端电压也相应升高。当 C913 两端电压超过 25V 时，24V 稳压管 ZD901 击穿导通，使电源控制芯片 IC901 的③脚输入的电压超过 1V 后，IC901 的⑥脚没有激励电压输出，开关管 Q901 停止工作，避免了开关管和负载元器件过压损坏，实现了过压保护。

（3）过电流保护

因负载短路等原因引起开关管 Q901 过电流，在取样电阻 R925 两端产生的压降达到 1V 时，IC901 内的控制电路停止工作，Q901 停止工作，随后开关电源进入欠电压保护状态。

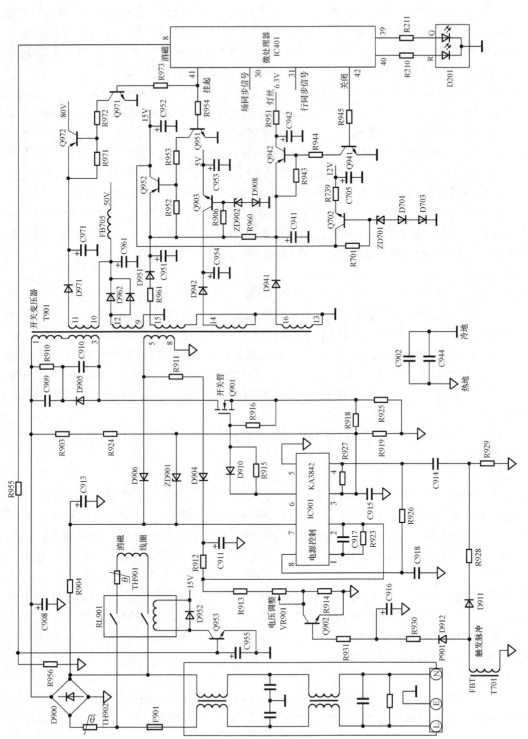

图 5-17　LG FB775FT 型彩显主电源电路

注：为能够与实际检修电路图相一致，本电路图元器件代号及文中对应文字并未采用国标。

三、UC/KA3842 的检测

由于电源控制芯片 UC/KA3842 获得供电便能工作，所以不安装开关管时单独为其供电后，通过测 UC/KA3842 关键脚电压数据，便可快速判断它和相关元器件是否正常。

⑦脚电压在 14.4～12.5V 跳变，④脚电压在−0.65～0.1V 跳变，①脚电压在 0.2～1.8V 跳变，⑥脚电压在 0.3～3.2V 跳变。上述数据是用数字型万用表测得的，不同电路所测的数据可能会有所区别，但也应符合此规律。

维修时，若⑦脚电压能够在 14.4～12.5V 跳变，说明 UC/KA3842 能够启动，只是因没有自馈电电压而工作在重复启动与停止状态，若⑥脚没有电压，说明启动电路或 UC/KA3842 的⑥脚内部电路异常；⑥脚电压在 0.3～3.2V 跳变，说明 UC/KA3842 能够输出开关管激励脉冲，若⑥脚没有电压，说明其内部的开关管激励电路异常；若④脚电压异常，说明④脚外接的振荡器及外接元器件异常；若⑤脚无电压输出，说明内部的 5V 基准电压发生器异常。

第六节 使用万用表检测电源厚膜块 STR-F6654/F6656

一、STR-F6654/F6656 的识别

STR-F6654/F6656 的实物外形如图 5-18 所示。STR-F6654/F6656（与它构成相同的还有 STR-F6454/F6456/F6653/F6658B）是日本三肯公司生产的新型电源厚膜电路。由于 STR-F6654/F6656 仅有 5 个引脚，和较少的外围元器件便可构成性能优异的开关电源，所以由它们构成的开关电源具有稳定性高、电路结构简单等优点。因此，由它们构成的开关电源广泛应用在国内外许多电子产品中。

STR-F6654/F6656 由控制芯片和绝缘栅型大功率场效应管两部分构成。其中控制芯片部分集成了启动电路、振荡器、保护电路、开关管激励电路等，如图 5-19 所示，它的引脚功能和维修数据如表 5-10 所示。

图 5-18 STR-F6654/F6656 的实物外形

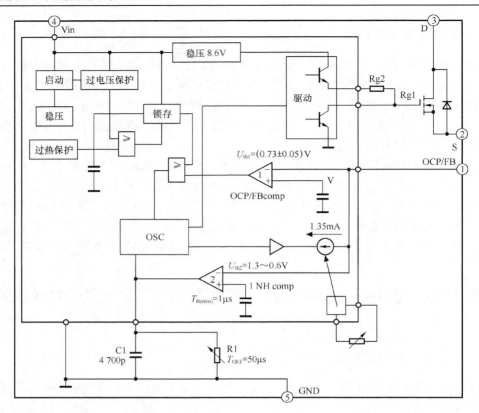

图 5-19　STR-F6654/F6656 内部构成

表 5-10　　　　　　　　　　　STR-F6654/F6656 的引脚功能和维修数据

脚　位	脚　名	功　　能	电压（V）
①	OCP/FB	过电流保护信号输入/开关管截止控制信号输入/稳压控制信号输入	2.1
②	S	开关管源极	0
③	D	开关管漏极	308
④	Vin	内部控制电路供电	18
⑤	GND	接地	0

二、工作原理

下面以创维 6D20 机芯彩电的开关电源为例，介绍以电源控制芯片 STR-F6654 为核心构成的开关电源的工作原理。电路如图 5-20 所示。

1. 市电变换

该机输入市电电压后，市电电压不仅送到显像管消磁电路，而且通过熔断器 FUSE2 送到由 C601、L601、C602 等组成的线路滤波器，通过它滤除市电电网中的高频干扰脉冲后，一路通过 IC600 桥式整流，利用 R602 抑制开机大电流，由 C607 滤波，在 C607 两端产生 300V直流电压；另一路通过限流电阻 R604 限流，滤波电容 C612 和 IC600 内的一个整流管构成整流滤波回路，在 C612 两端建立启动电压。

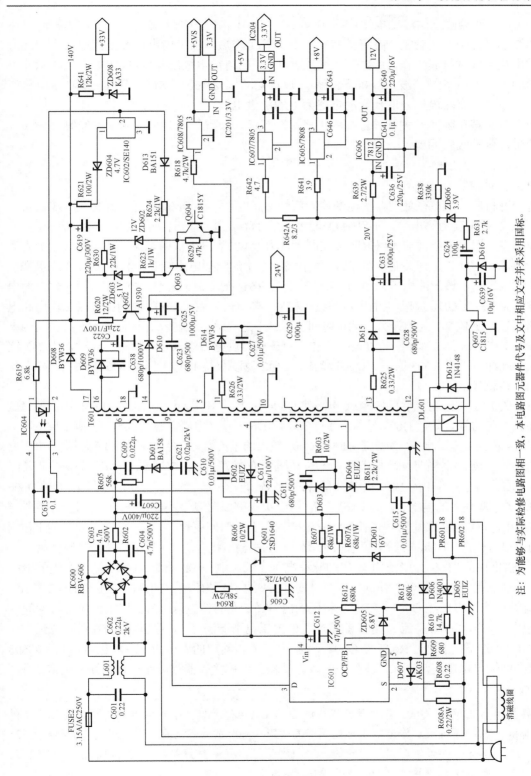

注：为能够与实际检修电路图相一致，本电路图元器件代号及文字中相应文字并未采用国标。

图5-20 创维6D20机芯型彩色电视电源电路

当 C612 两端建立的启动电压达到 16V 后，IC601 内的控制电路开始工作，由控制电路产生的激励脉冲使开关管工作在开关状态。开关管工作后，由市电电压经限流电路为 IC601 提供的电流不能维持其工作，此时开关变压器 T601 的自馈电绕组（1-4 绕组）产生的脉冲电压经 D602 整流、C617 滤波、R606 限流后，通过 Q601、ZD601、R607 等组成的稳压电路产生 14.5V 左右的直流电压，取代启动电路为 IC601 供电。

为了防止截止瞬间开关管被过高的尖峰脉冲损坏，设置了 R605、C609、D601 和 C621 组成的尖峰脉冲吸收回路。

2. 收看/待机控制

（1）收看控制

遥控开机时，来自微处理器的电源控制信号为高电平，使 Q604 导通，致使 Q603 截止，Q603 的 c 极电位变为高电平，不仅使 Q602 截止，而且不影响光电耦合器 IC604②脚电位，于是 IC604 在三端误差取样放大器 IC602 控制下，为 IC601①脚提供的电流下降，使 IC601 内的开关管导通时间延长，开关变压器 T601 各个绕组产生的脉冲电压较高，T601 的 1-2 绕组产生的脉冲电压较高，该脉冲电压经 D604 整流，通过 R611 对 C615 充电。当 C615 两端建立的电压通过 D606 为 IC601①脚提供的电压超过 1.45V（典型值）后，IC601 内的比较器 2 输出高电平控制信号，使 IC601 内的开关管截止时间变短，于是开关电源在收看状态工作在高频（频率为 60kHz 左右）、大功率输出的准谐振状态，负载获得供电后进入收看状态。此时，由 1-2 绕组产生的脉冲电压经 R603 限流、D603 整流、C612 滤波获得 17V 电压为 IC601 供电。

（2）待机控制

遥控关机时，电源控制信号变为低电平使 Q604 截止，C619 两端电压通过 R630 限流使稳压管 ZD602 击穿导通，致使 Q603 导通，通过 R624、D613 使光电耦合器 IC604 的②脚电位下降，于是 IC604 内的发光二极管发光急剧加强，IC604 输出的电流增大，为 IC601 的①脚提供的电压增大，IC601 内的振荡器提前被触发翻转，开关管导通时间缩短，开关电源输出的电压下降到正常时的一半左右。此时，T601 的 1-2 绕组产生的脉冲电压较低，C615 两端产生的电压较低，通过 D606 使 IC601 的①脚输入的电压达不到 1.45V，所以 IC601 内的比较器 2 不能工作，由比较器 1 控制定时电容放电，该电容的放电时间延长到 50μs，开关管截止时间变长，开关电源在待机时的工作频率降到 20kHz 以内。因此，开关电源处于低频、小功率输出状态，大大降低了待机时的功耗。

待机期间由于 T601 各个绕组输出的脉冲电压较低，由 D603 整流、C612 滤波产生的电压较低，不能满足 IC601 正常工作的需要，此时 T601 的 1-4 绕组输出的脉冲电压经 D602 整流、C617 滤波产生的电压经 Q601、ZD601 稳压输出 14.6V 左右的电压，为 IC601 提供待机期间的工作电压。同样，D610 整流、C625 滤波产生的电压也不能满足 5V 稳压器 IC608 的正常供电，此时由于 Q603 导通，通过 R623 使 Q602 导通，从它 c 极输出的电压为 IC608 供电，确保 IC608 在待机期间输出电压正常，保证微处理器、存储器、遥控接收器等电路在待机期间正常工作。

 典型故障 若 Q604、Q603 等元器件组成的待机控制电路异常，会产生开关电源始终处于待机状态或待机后输出电压不能下降的故障。Q602 的 c、e 极间击穿或漏电时会导致 C625 等元器件过电压损坏，它的 c、e 极间开路或 be 结短路时，在待机状态下不能进入收看状态，并且 IC608 不能输出 5V 电压。

3. 稳压控制

（1）收看期间

由于开关电源在收看期间的主要负载是行输出电路，所以该机的稳压控制电路通过IC602、R621、ZD604 对 C619 两端电压进行取样，再通过 IC604 将误差信号送到 IC601 的①脚内的振荡器，改变定时电容的充电时间，控制开关管的导通时间，确保开关电源输出电压的稳定。

若市电电压升高或负载变轻引起开关电源输出电压升高，C619 两端升高的电压不仅通过R619 使 IC604 的①脚输入的电压升高，而且通过 R621、ZD604 为 IC602 提供的电压升高，经 IC602 取样、放大后，使 IC604②脚电位下降，使 IC604 内发光二极管因导通电流增大而发光加强，IC604 内的光敏三极管导通加强，通过 D605、R610 使 IC601 的①脚输入的电压增大，IC601 内的开关管提前截止，开关管导通时间缩短，开关电源输出的电压下降到正常值。反之，稳压控制过程相反。

（2）待机期间

由于开关电源在待机期间的负载较轻，所以该机通过 ZD602 等元器件组成的简易的误差取样放大电路对 C619 两端的电压进行取样来实现稳压控制。

当开关电源输出电压升高时，滤波电容 C619 两端升高的电压不仅使 IC604 的①脚输入的电压升高，而且经 R630 使 ZD602 导通加强，为 Q603 的 b 极提供的导通电压加强，Q603 导通加强，通过 R624、D613 使 IC604 的②脚电位下降，于是 IC604 内的发光二极管因导通电压升高而发光加强，IC604 内的光敏三极管导通加强。与收看期间一样，IC604内的光敏三极管导通加强后，最终使开关电源输出的电压下降到正常值。反之，稳压控制过程相反。

 方法与技巧 在检修输出电压高或过电压保护电路动作故障时，首先，悬空待机控制电路的 Q604 的 c 极，强制该机处于待机状态后，若过电压保护电路不再动作，并且开关电源输出待机状态时的电压，说明 R621、ZD604 或三端误差取样放大电路 IC602 异常。若过电压保护仍然动作，用 1kΩ 左右电阻短接光电耦合器 IC604 的③脚、④脚后，若过电压保护电路不再动作，重点检查 IC604、D608；若仍然保护，确认 IC601①脚外接元器件正常后，便可更换 IC601。

4. 保护电路

（1）欠电压保护

开机瞬间，启动电阻 R604 或滤波电容 C612 异常，为 IC601 提供的启动电压低于 16V时它不能启动；若稳压控制电路或供电电路异常，使 IC601 启动后的工作电压低于 10V 后，IC601 内的欠电压保护电路动作，使开关管停止工作。

（2）过电压保护

若稳压控制电路异常，引起 T601 各个绕组输出的脉冲电压升高时，T601 的 1～2 绕组输出的脉冲电压经 D603 整流、C612 滤波获得的电压超过 22.5V 后，IC601 内的过电压保护（OVP）电路动作，通过锁存器使开关管停止工作，避免开关管和负载元器件过电压损坏。保护后，④脚电压通常在 10～16V 变化。

（3）过电流保护

当负载短路等原因引起 IC601 内的开关管过电流，在 R608、R608A 两端建立的电压达到 0.73V 后，开关管停止工作，从而限制了开关管最大电流，实现了开关管过电流保护。实际上这也是逐个脉冲限流技术。

（4）市电过电压保护

当市电电压升高引起滤波电容 C607 两端电压升高，经 R612、R613 取样后的电压超过 7.53V，使 IC601 的①脚输入的电压达到 0.73V 后，开关管停止工作，避免了市电电压升高给开关管带来的危害，但升高的电压仍会导致滤波电容 C607 等元器件损坏。

三、STR-F6654/F6656 的检测技巧

由于 STR-F6654/F6656 内设独立的启动和振荡电路，所以通过开机瞬间测 STR-F6654/F6656 的④脚的供电电压，便可初步判断故障部位，从而避免了屡损 STR-F6654/F6656 的故障。不同的彩电所测数据可能会有所区别，但也应符合以下规律。

1. 电压未达到 16V

开机瞬间电压不能达到 16V，说明启动电路异常。检查 R604、C612、IC601。

2. 电压达到 16V 但随即下降到 10V 以内

开机瞬间电压达到 16V 随即下降到 10V 以内，说明控制电路启动后，稳压控制电路或自馈电电路异常，使其进入欠电压保护状态。

3. 电压超过 22.5V 随后在 10～16V 摆动

开机瞬间电压超过 22.5V，随后在 10～16V 摆动，说明稳压控制电路异常，引起过电压保护电路动作。为了更好地判断故障原因，也可在开机瞬间测+B 电压，若电压超过正常值后随即下降，也可说明稳压控制电路异常。

4. 电压未超过 22.5V 随后在 10～16V 摆动

开机瞬间电压未超过 22.5V，但随即在 10～16V 摆动，此时应检查负载电路是否有短路或过电流现象。

第七节　使用万用表检测电源厚膜块 STR-S6709

一、STR-S6709 的识别

STR-S6709 的实物外形如图 5-21（a）所示。STR-S6709（与它构成相同的还有 STR-S6707/S6708）是日本三肯公司生产的一种大功率电源厚膜电路。采用它构成的开关电源广泛应用在彩电、彩显等电子设备中。它们均由控制芯片和双极型大功率三极管构成，控制芯片部分集成了启动电路、振荡器、保护电路、开关管激励电路等，如图 5-21（b）所示。其引脚功能和参考数据如表 5-11 所示。

 注意　STR-S6707/S6708/S6709 虽然内部构成相同，但它们的输出功率不同。因此，维修时 STR-S6709 可代换 STR-S6707、STR-S6708，但最好不要反向代换。

（a）实物外形

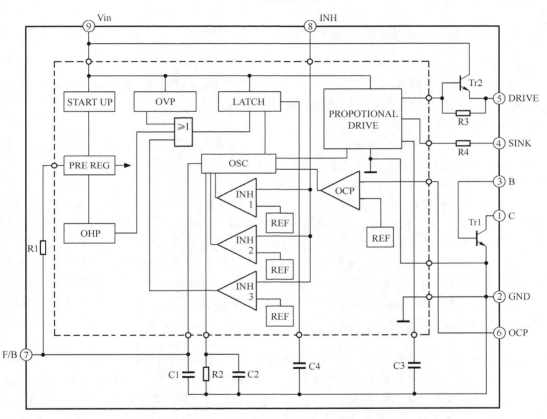

（b）内部构成

图 5-21　STR-S6707/S6708/S6709

表 5-11　　　　　　　　　　STR-S6707/S6708/S6709 的引脚功能和参考数据

脚　位	脚　名	功　能	电压（V）	在路电阻（kΩ）	
				黑表笔接地	红表笔接地
①	C	开关管的 c 极	307	12	500
②	GND	内部控制电路接地、开关管 e 极	0	0	0
③	B	开关管的 b 极	−0.2	12	5
④	SINK	开关管激励脉冲耦合电容放电控制	0.9	5.5	100

续表

脚　位	脚　名	功　能	电压（V）	在路电阻（kΩ）	
				黑表笔接地	红表笔接地
⑤	DRIVE	开关管激励脉冲输出	1.5	5.5	100
⑥	OCP	过电流保护检测信号输入	0.05	0.1	0.1
⑦	F/B	稳压控制信号输入	0.45	6	7.5
⑧	INH	开关电源工作模式控制	0.9	1	1
⑨	Vin	供电/供电异常检测	8.1	4.2	1

二、STR-S6709 的检测和局部维修技巧

1. STR-S6709 的检测

由于电源厚膜电路 STR-S6709 内部由小信号的控制电路和开关管两部分构成，所以它的检测可采用非在路电阻检测和在路电压检测两种检测方法。

（1）非在路电阻检测

STR-S6709 的非在路检测主要是测量①、②、③脚内开关管的正、反向电阻以及控制电路供电端⑨脚对②脚的正、反向电阻的阻值，如图 5-22 所示。

（2）在路电压检测

由于电源厚膜电路 STR-S6707/S6708/S6709 内设独立的启动和振荡电路，STR-S6707/S6708/S6709 的⑨脚获得供电后，便能够进入启动和工作状态，所以解除 STR-S6707/S6708/S6709 的①脚供电后，测关键脚电压数据是否正常，便可快速判断 STR-S6707/S6708/S6709 和相关元器件是否正常，以免 STR-S6707/S6708/S6709 和相关元器件再次损坏。以下数据由数字型万用表 DT9205 测得，不同的电路所测数据可能会有所区别，但也应符合以下规律。

第 1 步，断开它的①脚，⑨脚电压在 6.4～7.5V 跳变，⑦脚电压为 0V，⑤脚电压为 0.91V，④脚电压为 0.88V，③脚电压为−0.78V。

提 示　⑨脚电压能够在 6.4～7.5V 之间跳变，说明开关电源能够启动，只是因没有自馈电电压而工作在重复启动与停止状态；③脚电压为−0.78V，说明开关管已输入激励脉冲电压。若⑨脚没有电压，说明启动电路异常；若⑤脚没有电压输出，说明其内部的振荡器、开关管激励电路异常；若③脚电压异常，说明③、⑤脚间电路异常。

第 2 步，断开它的①脚且悬空③脚，⑨脚电压在 6.2～7.62V 跳变，⑤脚电压在 0.33～0.75V 摆动，④脚电压在 0.33～0.75V 跳变。

提 示　由于悬空③脚，开关管没有激励电压输入，所以电源模块处于空载状态，其关键脚电压变化范围要大于悬空③脚前所测的电压数据。

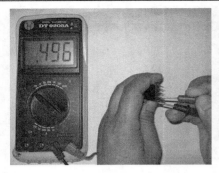

（a）be 结正向电阻的测量　　　　（b）bc 结正向电阻的测量　　　　（c）ce 结正、反向电阻的测量

图 5-22　STR-S6709 的非在路电阻检测

第 3 步，断开 STR-S6709①脚且短接⑦脚外接光耦合器的光敏管 c、e 极，⑨脚电压为 4.11V，⑤脚电压为 0.33V，⑦脚电压为 1.03V。

 提示　短接 STR-S6709⑦脚外接光耦合器的光敏管 c、e 极后，⑦脚电压为 1.03V，说明稳压电路提供的误差信号达到最大；⑤脚电压为 0.33V，说明 STR-S6709 内的控制电路使⑤脚输出的开关管激励电压消失；⑨脚电压为 4.11V，说明 STR-S6709 进入欠电压保护状态。

2. STR-S6709 的局部修理技巧

STR-S6707/S6708/S6709 是由开关管和控制电路再次集成的厚膜电路，所以在检修时确认它们的外观正常后，仅开关管击穿故障时，可脱开其①、③脚后，通过测其⑨、⑤、⑦脚电压来判断 STR-S6707/S6708/S6709 内的控制电路是否正常。若正常，将其①脚和③脚剪断后安回，再将一只 2SD1887 或 2SC4706 大功率开关管的 b、c、e 极 3 个引脚通过引线焊在电路板的③、①、②脚位置后便可实现局部修理。通过该方法不但可保质保量地修复故障机，还可大大减小维修成本，而且便于以后的维修工作。

由于 STR-S6707/S6708/S6709 的②脚不但接开关管 e 极，而且是内部控制电路的接地端，所以不能剪断②脚。

第八节　使用万用表检测其他集成电路

一、三端误差放大器 TL431 的识别与检测

1. TL431 的识别

三端误差放大器 TL431（或 KIA431、KA431、LM431、HA17431）在电源电路中应用得较多。TL431 属于精密型误差放大器，它有 8 脚直插式和 3 脚直插式两种封装形式，如图 5-23 所示。

目前，常用的是 3 脚封装的（外形类似 2SC1815），它有 3 个引脚，分别是误差信号输入端 R（有时也标注为 G）、接地端 A、控制信号输出端 K。

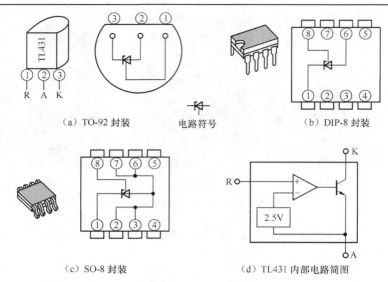

(a) TO-92 封装 　　　　电路符号　　　　(b) DIP-8 封装

(c) SO-8 封装　　　　　　(d) TL431 内部电路简图

图 5-23　误差放大器 TL431

当 R 脚输入的误差取样电压超过 2.5V 时，TL431 内的比较器输出的电压升高，使三极管导通加强，TL431 的 K 极电位下降；当 R 脚输入的电压低于 2.5V 时，K 脚电位升高。

2. TL431 的检测

TL431 可采用非在路电阻检测和在路电压检测两种检测方法。下面介绍非在路的检测方法。

如图 5-24 所示，TL431 的非在路电阻检测主要是测量 R、A、K 脚间的正、反向电阻。

(a) 黑表笔接 A、红表笔接 K　　　(b) 红表笔接 A、黑表笔接 K　　　(c) 黑表笔接 R、红表笔接 K

(d) 红表笔接 R、黑表笔接 K　　　(e) 黑表笔接 A、红表笔接 R　　　(f) 红表笔接 A、黑表笔接 R

图 5-24　TL431 的非在路电阻检测示意图

二、驱动器 ULN2003/μPA2003 /MC1413/TD62003AP/KID65004 的识别与检测

1. ULN2003/μPA2003/MC1413/TD62003AP/KID65004 的识别

ULN2003/μPA2003/MC1413/TD62003AP/KID65004 是由 7 个非门电路构成的，它的输出电流为 200mA（最大可达 350mA），放大器采用 c 极开路输出，饱和压降 U_{ce} 约 1V，耐压 BV_{ceo} 约为 36V，可用来驱动继电器，也可直接驱动白炽灯等器件。它内部还集成了一个消线圈反电动势的钳位二极管，以免放大器截止瞬间过电压损坏。ULN2003/μPA2003/MC1413/TD62003AP/KID65004 的实物外形与内部构成如图 5-25 所示。在图 5-26（b）内接三角形底部的引脚是输入端，接小圆圈的引脚是输出端。

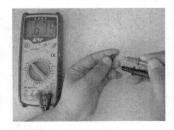
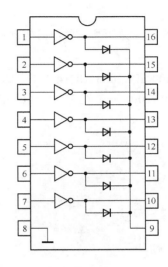

（a）实物外形　　　　　　　　（b）内部构成

图 5-25　ULN2003/μPA2003/MC1413/TD62003AP/KID65004 的实物外形与构成示意图

2. ULN2003/μPA2003 /MC1413/TD62003AP/KID65004 的检测

（1）ULN2003/μPA2003/MC1413/TD62003AP/KID65004 内非门的检测

由于 ULN2003/μPA2003/MC1413/TD62003AP/KID65004 是由 7 个非门电路构成的，所以它们的 7 个非门的输入端、输出端对接地端⑧脚、对电源供电端⑨脚的导通压降值基本相同的，下面以①、⑯脚内的非门为例介绍该电路的检测方法，如图 5-26 所示。

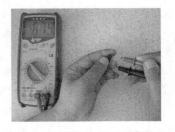
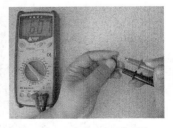

（a）黑笔接⑧脚、红笔接①脚　　　（b）黑笔接①脚、红笔接⑧脚　　　（c）黑笔接⑯脚、红笔接⑧脚

图 5-26　ULN2003 的非门检测示意图

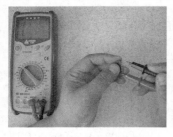 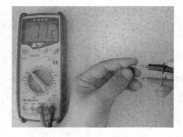 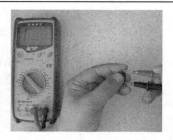

（d）黑笔接⑧脚、红笔接⑯脚　　　（e）黑笔接⑨脚、红笔接⑯脚　　　（f）黑笔接⑯脚、红笔接⑨脚

图 5-26　ULN2003 的非门检测示意图（续）

 提示

图 5-27 中未对所有的非门的引脚进行测量，如需测量，按同样方法依次测量即可。

（2）ULN2003/μPA2003/MC1413/TD62003AP/KID65004 的供电端子的检测

ULN2003/μPA2003/MC1413/TD62003AP/KID65004 的供电端⑨脚和接地端⑧脚间的正、反向电阻的检测如图 5-27 所示。

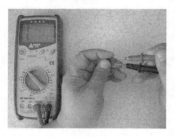 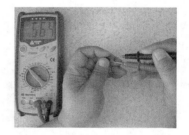

（a）黑表笔接⑧脚、红表笔接⑨脚　　　（b）黑表笔接⑨脚、红表笔接⑧脚

图 5-27　ULN2003 的供电端子对地阻值检测示意图

三、驱动器 ULN2803/TD62803AP 的识别与检测

空调器、电冰箱、打印机还采用一种 8 个非门电路构成的驱动器 ULN2803/TD62803AP。它与 ULN2003 的工作原理和检测方法相同，仅多一路非门，有 18 个引脚，其实物外形如图 5-28 所示。

图 5-28　TD62803AP 实物外形

四、LM358/LM324/LM339/LM393

LM358、LM324、LM339、LM393 等芯片的构成和工作原理基本相同，下面以双电压运算放大器 LM358 为例介绍它们的检测方法。

1. 识别

LM358 内设 2 个完全相同的运算放大器及运算补偿电路，采用差分输入方式。它有 DIP-8 双列直插 8 脚和 SOP-8(SMP)双列扁平两种封装形式。它的外形和内部构成如图 5-29 所示，它的引脚功能如表 5-12 所示。

（a）实物外形

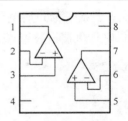

（b）内部构成

图 5-29　　LM358

表 5-12 **LM358 的引脚功能**

脚　　位	脚　　名	功　　能
①	OUT 1	运算放大器 1 输出
②	Inputs1（－）	运算放大器 1 反相输入端
③	Inputs1（＋）	运算放大器 1 同相输入端
④	GND	接地
⑤	Inputs2（＋）	运算放大器 2 同相输入端
⑥	Inputs2（－）	运算放大器 2 反相输入端
⑦	OUT 2	运算放大器 2 输出
⑧	Vcc	供电

2. 检测

（1）运算放大器的检测

由于 LM358 是由 2 个相同的运算放大器构成的，所以它的两个运算放大器的相同功能引脚对地正、反向导通压降值基本相同，下面以①、②、③脚内的运算放大器为例介绍放大器的测试方法，如图 5-30 所示。

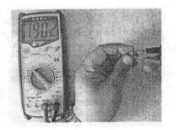

（a）红表笔接①脚、黑表笔接④脚

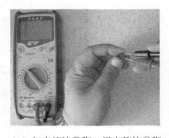

（b）红表笔接②脚、黑表笔接④脚

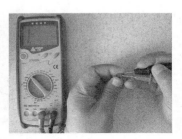

（c）红表笔接③脚、黑表笔接④脚

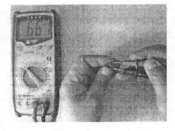

（d）黑表笔接①脚、红表笔接④脚

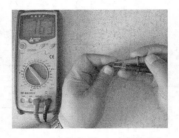

（e）黑表笔接②脚、红表笔接④脚

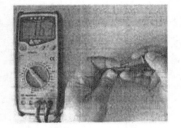

（f）黑表笔接③脚、红表笔接④脚

图5-30　万用表二极管挡测量LM358的运算放大器示意图

（2）供电端子对地导通压降值的检测

LM358 的供电端⑧脚和接地端④脚间的正、反向导通压降值如图 5-31 所示。

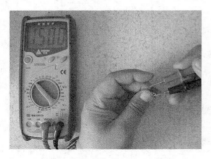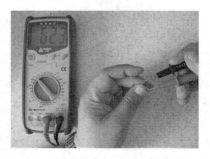

（a）黑表笔接④脚、红表笔接⑧脚　　　　　　（b）黑表笔接⑧脚、红表笔接④脚

图 5-31　LM358 的供电端子对地测量

五、电源模块 VIPer12A 的识别与检测

1. VIPer12A 的识别

VIPer12A 是意法半导体公司（ST）开发的低功耗离线式电源集成电路，采用 8 脚双列直插式封装结构，内部由控制芯片和场效应管再次集成为电源厚膜电路。控制芯片内含电流型 PWM 控制电路、60kHz 振荡器、误差放大器、保护电路等，如图 5-32 所示，VIPer12A 的引脚功能如表 5-13 所示。

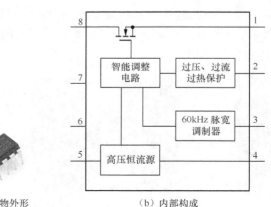

（a）实物外形　　　　　　（b）内部构成

图 5-32　电源模块 VIPer12A

表 5-13　　　　　　　　　　　　　　电源模块 VIPer12A 的引脚功能

脚　　位	脚　　名	功　　能	电压（V）
①、②	SOURCE	场效应型开关管的源极	0
③	FB	误差放大信号输入	0.5
④	VDD	供电/供电异常检测	16.3
⑤～⑧	DRAIN	开关管漏极和高压恒流源供电	309

注：该数据是在采用它构成的并联型开关电源上测得的，若采用它构成的串联型开关电源时①、②脚电压为 18V，这样它的④脚电压为 40V 左右。

2. VIPer12A 的检测

首先，将数字型万用表置于 PN 结压降测量挡，检测方法与步骤如图 5-33 所示。

（a）黑表笔接①脚、红表笔接③脚　　（b）黑表笔接①脚、红表笔接④脚　　（c）黑表笔接①脚、红表笔接⑤脚

（d）红表笔接①脚、黑表笔接③脚　　（e）红表笔接①脚、黑表笔接④脚　　（f）红表笔接①脚、黑表笔接⑤脚

图 5-33　VIPer12A 的检测示意图

第六章 使用万用表检测小家电

提 示 为了能够与实际检修电路图相一致，本章及以后电路图中的元器件代号未全部采用国标。

第一节 使用万用表检测电水壶

电水壶的基本功能是烧水。电水壶根据结构分为一体式和分体式两种，根据功能分为非保温型和保温型两种。

一、分体非保温式电水壶的检测

下面以格来德 WEF-115S 电水壶为例，介绍使用万用表检修分体非保温式电水壶故障的方法与技巧。该电路由加热管 EH、蒸汽控制型电源开关 K、热保护器 ST1/ST2、指示灯等构成，如图 6-1 所示。

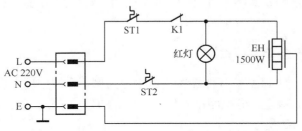

图 6-1 格来德 WEF-115S 型电水壶电路

1. 电路分析

需要烧水时，装入适量水的壶体安放在底座上，底座上的升降保护环被压下，使 L、N 环的触点露出，最终使底座输入的市电电压进入壶体电路。此时，按下电源开关 K1 后，220V 市电电压经热保护器 ST1、ST2 与 K1 的触点输入，一路为红色指示灯（氖泡）供电，使其发光，表明该壶工作在加热状态；另一路为加热管 EH 供电，使它开始发热烧水。当水烧开后，水蒸气使 K1 的簧片变形，将其触点断开，切断 EH 的供电回路，烧水结束。

热保护器 ST1、ST2 采用的是 KSD201/EC 型温控器。当电源开关 K1 异常，使加热管 EH 加热时间过长，导致壶底的温度达到 125℃时，ST1、ST2 的触点断开，切断市电输入回路，以免加热管过热损坏，实现过热断电保护。

2. 故障检测

（1）不加热且指示灯不亮

该故障的主要原因：1）无市电电压输入或线路异常，2）电源开关 K1 开路，3）热保护器异常。

首先，用万用表的交流电压挡检测市电插座有无 220V 市电电压，若没有，检查供电系统；若电压为 220V，检查底座和壶体连接是否正常，若不正常，维修或更换故障元件即可；若连接正常，检查电源线是否正常，若异常，维修或更换即可；若电源线正常，说明故障发生在电水壶内。拆开后，用指针型万用表 R×1 挡或数字型万用表通断测量挡分别检查开关 K1 是否正常，若异常，维修或更换即可；若正常，检查热保护器 ST1、ST2 是否正常，若异常，用相同的温控器更换即可。

（2）不加热，但指示灯亮

该故障的主要原因：1）供电线路开路，2）加热管开路。

拆开后，用指针型万用表 R×10 挡或数字万用表 200Ω电阻挡检测加热管 EH 的阻值，若阻值正常，说明线路开路，维修或更换线路即可；若阻值为无穷大，说明开路。因大多数分体电水壶的加热管封装在壶体底部，不能更换。因此，遇到加热管开路的，则需要整体更换。

（3）加热温度低

该故障的主要原因：1）电源开关 K1 开路，2）热保护器异常。

首先，检查开关 K1 是否正常，若异常，维修或更换即可；若正常，检查热保护器 ST1、ST2 是否正常，若异常，用相同的温控器更换即可。

（4）能加热，但指示灯不亮

该故障的主要原因就是指示灯或其供电线路异常。

用万用表交流电压挡检测指示灯有无供电，若有，说明指示灯损坏，更换即可；若没有，维修线路。

二、保温型电水壶电路故障检修

下面以九阳 JYK-311 保温型分体式快速电水壶为例，介绍使用万用表检测此类电水壶的故障检修方法与技巧。该电水壶电路由温控器 ST1、ST2，加热器 EH1、EH2，热熔断器 FU、指示灯等构成，如图 6-2 所示。

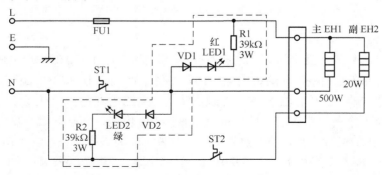

图 6-2 九阳 JYK-311 型电水壶电路

1. 电路分析

（1）加热电路

当壶体放在底座上后，在重力的作用下，底座上的升降保护环被压下，使 L、N 环的触点露出，最终使底座输入的市电电压进入壶体电路。当壶体内的水温较低时，温控器 ST1、ST2 的触点接通，220V 市电电压经过热熔断器 FU 和 ST1、ST2 输入后，不仅经电阻 R1、R2 限流，二极管 VD1、VD2 半波整流，使红色发光管 LED1 和绿色发光管 LED2 同时发光，表明电水壶处于烧水状态，而且为加热器 EH1、EH2 供电，EH1、EH2 得电后发热烧水，使水温逐渐升高。当水温超过温控器 ST2 的设置温度后，ST2 的触点断开，不仅使 EH2 停止加热，而且使 LED2 熄灭，此时仅由 EH1 继续加热，当水烧开并达到 ST1 的设置温度后，ST1 的触点断开，切断 EH1 的供电回路，使它停止加热，进入保温状态，同时使指示灯 LED1 熄灭。随着保温的不断进行，水温下降到 ST2 的闭合温度后，它的触点接通，不仅使 EH2 发热，而且使 LED2 发光，表明该壶进入保温状态。这样，在 ST2 的控制下，该机就会实现保温控制功能。

（2）过热保护电路

一次性温度熔断器 FU 用于过热保护。当开关 ST1 异常使加热器 EH1 加热时间过长，导致加热温度达到 FU 的标称值后 FU 熔断，切断市电输入回路，实现断电保护。

2. 故障检测

（1）不加热且指示灯不亮

该故障的主要原因：1）无市电电压输入或线路异常，2）温度型熔断器 FU 开路。

首先，用万用表的交流电压挡检测市电插座有无 220V 市电电压，若没有，检查供电系统；若电压为 220V，检查底座和壶体连接是否正常，若不正常，维修或更换故障元件即可；若连接正常，检查电源线是否正常，若异常，维修或更换即可；若电源线正常，说明故障发生在电水壶内。拆开后，用指针型万用表 R×1 挡或数字型万用表通断测量挡分别检查熔断器 FU 是否熔断，若熔断，检查温控器 ST1、ST2 是否正常，若异常，与 FU 一起更换即可；若正常，检查 EH1、EH2 是否短路，若是 EH2 短路，取消保温功能即可。

（2）不加热，但指示灯亮

该故障的主要原因：1）供电线路开路，2）加热管开路，3）温控器 ST1 异常。

拆开后，用指针型万用表 R×10 挡或数字万用表 200Ω 电阻挡检测温控器 ST1，若阻值正常，说明 EH1 或线路开路，维修或更换线路即可；若阻值为无穷大，需要更换相同的温控器。

（3）保温功能失效

该故障的主要原因：1）温控器 ST2 异常，2）加热管 EH2 开路，3）线路开路。

首先，检测 ST2 是否开路，若是，更换相同的温控器即可；若正常，检查 EH2 是否正常，若异常，维修或更换即可；若 EH2 正常，检查线路即可。

（4）加热、保温正常，但指示灯不亮

该故障的主要原因就是指示灯或其供电线路异常。

用万用表交流电压挡检测不发光的发光二极管有无供电，若有，说明该发光二极管损坏，更换相同即可；若没有供电，检查相应的二极管、限流电阻和线路。

第二节　使用万用表检测电饭锅

电饭锅不仅能煮出香甜、可口的米饭，而且可以完成蒸、煮、炖、煨等多种烹饪操作。若配用电饭锅火力调节器，还能扩展电饭锅的用途，例如慢火煲粥、熬骨汤等。电饭锅最大的特点是煮饭无须看管，饭熟自动跳闸，自动保温，其具有操作方便、使用方法简单、无污染、清洁卫生、省时省力、安全可靠等优点。本节主要介绍用万用表检测机械控制型和电脑控制型两种电饭锅的方法。

一、机械控制型电饭锅的检测

典型的机械控制型电饭锅电路如图6-3所示。

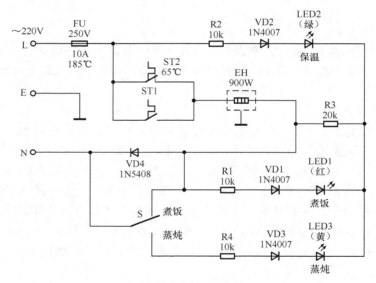

图6-3　典型机械控制型电饭锅电路

1. 电路分析

（1）煮饭

将功能开关拨到"煮饭"的位置，再按下按键开关，总成开关的触点ST1闭合，220V市电电压一路经热熔断器FU、保温温控器ST2和ST1、加热盘EH、功能开关S构成的煮饭回路，使EH得电后发热煮饭；另一路经R1、VD1、LED1、R3、EH、ST2构成回路使LED1发光，表明电饭锅工作在煮饭状态。当煮饭温度升至65℃时，ST2的触点断开，此时ST1的触点仍闭合，继续为EH供电，使它继续加热，当加热温度达到103℃时，磁钢温控器动作，使ST1的触点断开，EH停止加热，进入保温状态。保温期间，若米饭温度低于60℃时，ST2的触点闭合，使EH加热，当温度达到65℃时ST2的触点释放，这样，在ST2的控制下，米饭的温度就可以保持在62～65℃。保温期间煮饭指示灯LED1熄灭，保温指示灯LED2点亮。

（2）蒸炖

蒸炖与煮饭的工作原理基本相同，有几点不同：一是，将功能开关拨到"蒸炖"的位置；二是，煮饭指示灯 LED1 不发光，而蒸炖指示灯（黄色发光管）LED3 发光；三是，在蒸炖时通过二极管 VD4 半波整流，加热盘 EH 进入半功率工作方式。

2．故障检测

（1）不加热且指示灯不亮

该故障的主要原因：1）温度熔断器 FU 开路，2）功能开关 S 异常，3）电源线开路。

首先，用万用表的交流电压挡检测市电插座有无 220V 市电电压，若没有，检查供电系统；若有，将电源线插入市电插座，测电源线另一端有无 220V 电压，若电压不正常，说明电源线异常；若电压为 220V，说明故障发生在电饭锅内。拆开电饭锅后，用指针型万用表"R×1"挡或数字型万用表通断测量挡分别检查超温熔断器 FU、功能开关 S 的阻值是否为 0，若阻值为无穷大，说明开路，需要更换。

（2）不加热，但指示灯亮

该故障的主要原因：1）加热盘异常，2）线路异常。

断电后，用指针型万用表"R×10"挡或数字万用表"200"电阻挡检测加热盘 EH 的阻值，若阻值为无穷大，说明开路，需要更换；若阻值正常，检查线路。

（3）不能蒸炖

该故障的原因多是半波整流管 VD4 异常。

断电时，用数字型万用表的二极管挡测量正、反向电阻，若阻值均为无穷大，说明该整流管已击穿开路，更换即可排除故障。

（4）保温功能失效

该故障的原因主要是保温温控器 ST2 异常。修复或更换即可排除故障。

（5）加热，但指示灯不亮

加热正常，说明电饭锅工作基本正常，指示灯不亮说明电阻 R2 异常。由于保温指示灯工作时间长，R2 功耗较大，原电阻功率较小，所以容易损坏。维修时，应更换功率为 2W 的 20kΩ电阻。

（6）做饭不熟或夹生

做饭不熟或夹生故障的主要原因：1）磁钢温控器内的磁铁性能下降，2）加热盘或内锅变形。

检查加热盘、内锅正常后，更换磁钢即可；若加热盘变形，通常需要更换加热盘；而内锅变形，只要校正即可。

二、电脑控制型电饭锅的检测

下面以美的 MB- YCB30B/40B/50B 系列电脑控制型电饭锅为例介绍，介绍用万用表检测电脑控制型电饭锅故障的方法与技巧。

1．电路分析

该系列电饭锅电路由电源电路和控制电路两大部分构成的。

（1）电源电路

电源电路采用了变压器降压式电源电路，如图 6-4 所示。

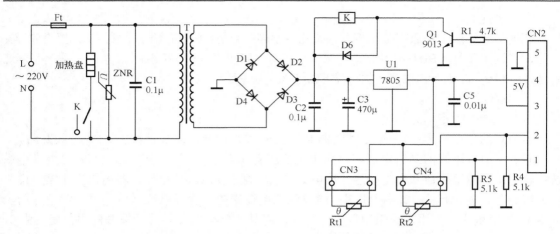

图 6-4 美的 MB-YCB30B/40B/50B 电脑控制型电饭锅电源电路

220V 市电电压先经热熔断器 Ft 输入，再经 C1 滤波后，不仅通过继电器 K 的触点为加热盘供电，而且经电源变压器 T 降压，它的次级绕组输出 11V 左右的（与市电高低有关）交流电压。该电压经 D1～D4 构成的整流堆进行整流，通过 C2、C3 滤波产生 12V 左右的直流电压，不仅为继电器 K 的线圈供电，而且经三端稳压器 U1（7805）稳压产生 5V 直流电压，通过连接器 CN2 的④脚为微处理器电路供电。

ZNR 是压敏电阻用于市电过压保护。ZNR 在市电电压正常时相当于开路，不影响电路正常工作；当市电升高或有雷电窜入后，引起 ZNR 两端的峰值电压达到 470V 时它击穿，导致热熔断器 Ft 过流熔断，切断市电输入回路，避免了变压器 T、加热盘等器件过压损坏，实现市电过压保护。

（2）微处理器电路

微处理器电路由微处理器 TMP87P809N、晶振 XL1、操作键、指示灯等构成，如图 6-5 所示。TMP87P809N 的引脚功能和引脚维修参考数据如表 6-1 所示。

表 6-1　　　　　　　　微处理器 TMP87P809N 的引脚功能和维修参考数据

脚　号	脚　名	功　能	电压（V）
①	X OUT	晶振输出	2.75
②	X IN	晶振输入	2.56
③	VPP	接地	0
④	P60（AIN0）	温度检测信号 2 输入	0.45
⑤	P61（AIN1）	温度检测信号 1 输入	0.45
⑥～⑩	P62～P66	操作键信号输入	5.04
⑪	P7	接地	0
⑫，⑬	P50，P51	接指示灯（发光二极管）供电检测	3.9
⑭	VSS	接地	0
⑮	P40	4h 指示灯控制信号输出	4.15
⑯	P41	3h 指示灯控制信号输出	4.15
⑰	P42	2h 指示灯控制信号输出	4.08
⑱	P43	1h 指示灯控制信号输出	4.22
⑲	P10	开始指示灯控制信号输出	0.26～5
⑳	P11	小米量/保温指示灯控制信号输出	5

脚 号	脚 名	功 能	电压（V）
㉑	P12	冷饭/1h 汤指示灯控制信号输出	5
㉒	P13	快煮/2h 粥指示灯控制信号输出	5
㉓	P14	精煮/1h 粥指示灯控制信号输出	0.27
㉔	P15	指示灯供电控制信号输出	5
㉕	P16	指示灯供电控制信号输出	0
㉖	P17	电热盘供电控制信号输出	0
㉗	RESET	低电平复位信号输入	5
㉘	VDD	5V 供电	5

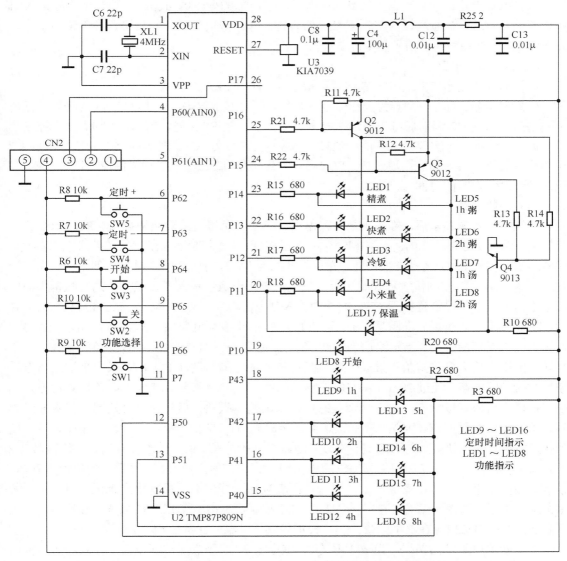

图 6-5 美的 MB-YCB30B/40B/50B 电脑控制型电饭锅控制电路

1) 微处理器基本工作条件电路

5V 供电：插好电饭煲的电源线，待电源电路工作后，由其输出的 5V 电压经 R25 限流，再经 C12、L1、C4、C8 组成的 π 型滤波器滤波后，加到微处理器 U2（TMP87P809N）供电端㉘脚，为它供电。

复位电路：复位信号由专用复位芯片 U3（KIA7039）提供。开机瞬间，由于电源在滤波电容的作用下是逐渐升高到 5V 的，当该电压低于设置值时（多为 3.6V），U3 的输出端输出一个低电平的复位信号。该信号加到 U2 的㉗脚，U2 内的存储器、寄存器等电路清零复位。随着电源电压不断升高，U3 输出高电平信号，加到 U2 的㉗脚后，U2 内部电路复位结束，开始工作。

时钟振荡电路：微处理器 U2 得到供电后，它内部的振荡器与①、②脚外接的晶振 XL1 和移相电容 C6、C7 通过振荡产生 4MHz 的时钟信号。该信号经分频后协调各部位的工作，并作为 U2 输出各种控制信号的基准脉冲源。

2) 操作显示电路

该机的操作显示电路由 5 个操作键和指示灯 LD1～LED13 构成。

微处理器 U2 的⑥～⑩脚为操作信号输入端，通过按 SW3 键，可为 U2 的⑧脚提供低电平控制信号，被 U2 识别后可实现加热控制功能；通过按 SW2 键，为 U2 的⑨脚提供控制信号，被 U2 识别后可实现关机功能；通过按 SW1 键，可为 IC1、⑩脚提供控制信号，被 U2 识别后可选择需要的功能；通过按 SW4、SW5 键，为 U2 的⑥、⑦脚提供控制信号，被 U2 识别后可设置定时的时间。

（3）加热电路

当锅内放入米和水后，在未加热时，温度传感器（负温度系数热敏电阻）Rt1、Rt2 的阻值较大，为微处理器 U2 的④、⑤脚输入的电压较低，U2 判断锅内温度低，并且无水蒸气，此时通过功能键 SW1 选择煮饭功能，并按下开始键 SW3，使 U2 的⑧脚输入低电平，此信号被 U2 识别后，U2 控制快煮和开始指示灯发光，表明电饭煲进入煮饭状态，同时从㉖脚输出高电平信号。该信号经连接器 CN2 的③脚输入到电源电路，再经 R1 限流，使放大管 Q1 导通，为继电器 K 的线圈提供驱动电流，于是 K 内的常开触点闭合，加热盘得到供电开始发热，使锅内的水温逐渐升高。当水温达到 100℃时，传感器 Rt1 的阻值减小到设置值，使 U1 的⑤脚输入的电压增大到设置值，被 U2 识别后控制它的㉖脚周期性输出高、低电平控制信号，使水维持沸腾状态。经过 20min 左右的保沸时间后，U2 的㉖脚输出低电平，使加热盘停止加热，电饭锅进入焖饭状态。进入焖饭状态后，米饭基本煮熟，但米粒上会残留一些水分，尤其是顶层的米饭更严重。因此，在焖饭达到一定时间后，U2 的㉖脚再次输出高电平信号，使加热盘开始加热，使多余的水分进行蒸发；随着水分的蒸发，锅盖的温度升高，使传感器 Rt2 的阻值大幅度减小，为 U2 的④脚提供的电压增大到设置值，被 U2 检测后，判断饭已煮熟，使㉖脚输出低电平信号，煮饭结束，同时控制煮饭指示灯熄灭，提醒用户米饭可以食用。若米饭未被食用，则进入保温状态。保温期间，U2 控制保温指示灯 LED17 发光，表明该机进入保温状态，同时加热盘在 Rt1、U2、Q1、K 的控制下，温度保持在 65℃左右。

热熔断器用于过热保护。当放大器 Q1、继电器 K 的触点异常等原因，导致加热温度达到 165℃时热熔断器熔断，切断市电输入回路，加热盘停止加热，实现过热保护。

2. 故障检测

（1）不加热、指示灯不亮

该故障说明电源电路或微处理器电路未工作，主要的故障原因：一是供电线路异常，二是电源电路异常，三是加热盘或其供电电路异常，四是微处理器电路异常。

首先，用万用表交流电压挡测电源插座有无 220V 左右的交流电压，若没有，检查插座或供电线路；若有，用电阻挡测量电饭锅电源插头两端阻值，通过所测结果进行检修。

若电源插头两端阻值为无穷大，说明电源线异常、热熔断器 Ft 或电源变压器 T 的初级绕组开路。此时，先确认电源线是否正常，若异常，更换或维修即可；若电源线正常，拆开电饭锅后盖后，检测热熔断器 Ft 是否开路，若 Ft 开路，还应检查内锅、加热盘是否变形，若是，维修或更换；若正常，检查 ZNR、C1 是否正常，若异常，更换即可；若正常，检查加热盘供电电路的继电器 K 和 Q1 是否正常，若异常，更换即可；若它们正常，更换 Ft。若 Ft 正常，检查 T 的初级绕组是否开路，若是，更换 T 并检查 D1～D4、C3、C2、U1。若 T 正常，检查线路。

若测量电源插头的阻值正常，说明电源电路或微处理器电路异常。此时，测 CN2 的④脚电压是否正常，若正常，查微处理器电路；若电压低，查稳压器 U1 和负载；若无电压，说明供电电路异常。首先，测 C3 两端电压是否正常；若不正常，查 T 和 D1～D4；若 C3 两端电压正常，查 U1。确认故障发生在微处理器电路时，首先，要检查 U2 的㉘脚供电是否正常，若不正常，查 R25、L1 和线路；若正常，查 U3、C7、C6、晶振 XL1 是否正常，更换即可；若正常，检查操作键是否正常，若不正常，更换即可；若正常，检查 U2 即可。

（2）不加热、但指示灯亮

该故障说明加热盘或其供电电路异常，导致加热器不加热所致。该故障主要的故障原因：一是加热盘异常，二是加热盘供电电路异常，三是电源电路异常，四是微处理器电路异常。

首先，按开始键时，若开始指示灯 LED8 不发光，说明开始键 SW3 或微处理器 U2 异常；若发光，说明加热盘或其供电电路异常。此时，测加热盘有无 220V 市电电压输入，若有，说明加热器开路，通过测量其阻值就可以确认；若没有，说明加热盘供电电路异常。此时，先测 U2 的㉖脚能否输出高电平电压；若不能，检查温度传感器 RT1、RT2、R4、R5 和 U2 是否正常，若不正常，更换即可；若正常，测继电器 K 的线圈的供电是否正常，若正常，说明 K 损坏；若不正常，检查 R1、Q1。

（3）操作显示正常，但米饭煮不熟

该故障的主要原因：一是内锅或加热盘变形，二是放大管 Q1 的热稳定性能差，三是温度传感器 RT1、R2 异常或 R4、R5 的阻值增大，四是继电器 K 异常。

首先，检测内锅和加热盘是否变形，若内锅变形，校正或更换即可；若加热盘变形，则需要维修或更换。确认它们正常后，在加热过程中，检测微处理器 U2 的④、⑤脚电位是否提前下降到设置值，若是，则检测 RT1、RT2 和 R4、R5；若④、⑤脚电位正常，检查 U2。

（4）按某功能键无效故障

按某功能键无效的故障多是该功能键开关接触不良所致。拆出电脑板，用指针万用表的 R×1 挡或数字万用表的通断测量挡测量该开关的同时，按压该开关，看阻值能否在 0 与无穷大间变化，若不能，说明该开关，更换即可排除故障。

第三节　使用万用表检测微波炉

微波炉不仅能快速除霜、解冻食物，而且具有煲、蒸、煮、炆、炖、烤、炒、灭菌、消毒等功能。与传统炉具相比，微波炉具有操作简便、烹调迅速、省时省力、耐用、寿命长、安全、节能、卫生、无污染等优点，所以微波炉作为现代厨具迅速走进千家万户。本节主要介绍用万用表检修机械控制型和电脑控制型两种微波炉的方法。

一、机械控制型微波炉的检测

典型的机械控制型微波炉的控制系统采用了机械定时器，其电气原理图如图6-6所示。

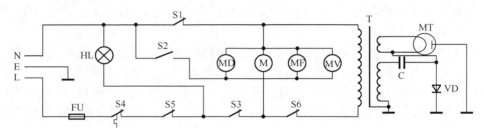

FU—熔断器　S1—副联锁开关　S2—联锁监控开关　S3—主联锁开关　S4—过热保护器　S5—定时器开关

S6—功率调节器开关　MD—定时器电动机　M—转盘电动机　MF—风扇电动机　MV—功率调节器电动机

T—高压变压器　MT—磁控管　C—电容　VD—高压二极管　HL—炉灯

图6-6　机械控制型微波炉电气原理图（图中开关处于关门状态）

1. 工作原理

关闭炉门时，联锁机构随之动作，使联锁监控开关S2断开，主联锁开关S3和副联锁开关S1闭合，此时微波炉处于准备工作状态。将定时器置于某一时间挡后，定时器开关S5的触点闭合，炉灯HL的供电回路被接通，HL开始发光。再将功率调节器设定在某一挡位上，此时220V市电电压不仅为定时器电动机MD、转盘电动机M、风扇电动机MF供电，使它们开始运转，而且加在高压变压器T的一次绕组上，使它的灯丝绕组和高压绕组输出交流电压。其中，灯丝绕组向磁控管的灯丝提供3.4V左右的工作电压，点亮灯丝为阴极加热；高压绕组输出的2 000V左右的交流电压，通过高压电容C和高压二极管VD组成半波倍压整流电路，产生4 000V的负压，为磁控管的阴极供电，使阴极发射电子。磁控管形成2 450MHz的微波能，经波导管传入炉腔，通过炉腔反射，刺激食物的水分子使其以每秒24.5亿次的高速振动，互相摩擦，从而产生高热，将食物煮熟。

2. 故障检测

（1）熔断器（熔丝管）FU熔断

该故障的主要原因：1）自身损坏；2）有元件击穿或漏电，使其过电流熔断；3）联锁监控开关S2的触点粘连，使它过电流熔断。

首先，用指针型万用表的"R×1"挡或数字型万用表的通断测量挡测炉灯HL两端的阻值，若阻值为 0，说明 HL 或开关 S2 短路；若阻值正常，说明低压部位基本没有短路的现象，需要检查高压电路。确认故障部位在高压电路时，首先检查高压电容 C、高压整流管 VD 和高压变压器 T 是否正常，若不正常，更换故障元器件即可；若正常，更换熔断器 FU，若微波炉正常工作，说明 FU 误熔断；若再次熔断，则应依次断开高压变压器 T、转盘电动机、风扇电动机的供电，就可确认故障元器件。

> **提示**　目前，大部分微波炉的高压变压器 T 与高压电容之间串联了一只高压熔断器，当高压电容 C、高压二极管 VD 击穿或磁控管损坏时，该熔断器熔断，产生转盘转但不加热的故障。维修时，该电容不能用导线短接，否则 C、VD 击穿后可能会导致高压变压器 T 损坏。

（2）熔断器 FU 正常，炉灯不亮且不加热

该故障原因：1）过热保护器 S4 开路，2）定时器开关 S5 内的触点开路，3）线路开路。

首先，用指针型万用表的"R×1"挡或数字型万用表的通断测量挡测 S4 两端的阻值，若阻值过大，说明 S4 损坏，需要更换；若阻值为 0，说明 S4 正常。接着，测 S5 两端的阻值，若阻值过大，说明 S5 损坏，需要更换；若阻值为 0，说明 S5 正常。确认 S4、S5 正常后，检查供电线路即可。

（3）炉灯亮，转盘不转，且不加热

该故障的主要原因：1）联锁开关异常，2）供电线路异常。

检修时，先用指针型万用表的"R×1"挡或数字型万用表的通断测量挡测 S3、S1 两端的阻值，若阻值过大，说明 S3、S1 损坏，需要修复或更换；若阻值为 0，说明 S3、S1 正常，检查供电线路即可。

（4）炉灯亮，转盘转，但不加热

该故障的主要原因：1）功率调节器开关异常，2）高压形成电路异常，3）磁控管异常。

检修时，先用万用表的交流电压挡测高压变压器 T 的一次绕组有无 220V 市电电压，若没有，查开关 S6；若有，说明是由于高压形成电路或磁控管异常所致。首先，测 T 的二次绕组输出电压是否正常，若不正常，需要检查 T；若输出电压正常，断电后，检查磁控管的灯丝是否正常，若开路，需要更换磁控管；若磁控管灯丝正常，检查高压电容、高压二极管是否正常，若不正常，更换即可；若正常，则检查磁控管。

（5）能加热，但转盘不转

能加热，但转盘不转的故障主要是转盘电动机或其供电线路开路。检修该故障时，先用万用表的交流电压挡测转盘电动机的接线端子上有无 220V 市电电压，若有，需要修复或更换电动机；若没有，检查供电线路即可。

> **提示**　能加热但不能排风或能加热但炉灯不亮的故障，和能加热但转盘不转的故障检修方法是一样的，不再介绍。

二、电脑控制型微波炉的检测

电脑控制型微波炉的控制系统采用了电脑板，下面以格兰仕 WD700A/WD800B 型微波炉为例进行介绍，该机的电气原理图如图 6-7 所示，控制电路如图 6-8 所示。

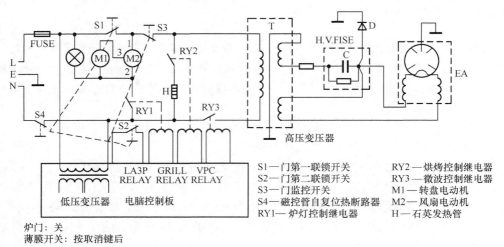

S1—门第一联锁开关	RY2—烘烤控制继电器
S2—门第二联锁开关	RY3—微波控制继电器
S3—门监控开关	M1—转盘电动机
S4—磁控管自复位热断路器	M2—风扇电动机
RY1—炉灯控制继电器	H—石英发热管

炉门：关
薄膜开关：按取消键后

图 6-7　格兰仕 WD700A/WD800B 型微波炉电气原理图

1. 工作原理

（1）电源电路

如图 6-8 所示，为微波炉通上市电电压后，市电电压通过熔丝管 FUSE 输入，利用变压器 T101 降压，输出 6V 和 16V 两种交流电压。其中，6V 交流电压经 D1、D2 全波整流、C1 滤波产生 6.6V 直流电压，为显示屏供电；16V 交流电压通过 D6 半波整流产生 17V 左右的直流电压。该电压一路通过限流电阻 R1、稳压管 DZ1、调整管 Q1 稳压输出 5V 电压，为微处理器（CPU）IC01 等电路供电；另一路通过限流电阻 R2、稳压管 DZ2、调整管 Q2 稳压输出 12V 电压，为继电器等供电。

（2）CPU 电路

5V 供电：插好微波炉的电源线，待电源电路工作后，由其输出的 5V 电压经电容滤波，加到 IC01 的供电端㊷、㉞、㉟脚，为 IC01 供电。

复位：该机的复位电路由 IC01 和三极管 Q16、稳压管 DZ3 等元器件构成。开机瞬间，5V 电源电压在滤波电容的作用下逐渐升高。当该电压低于 4.8V 时，Q16 截止，IC01 的㉝脚输入低电平信号，使 IC01 内的存储器、寄存器等电路清零复位；随着 5V 电源电压的逐渐升高，当其超过 4.8V 后，Q16 导通，由它的 c 极输出高电平电压，该电压经 R52、C3 积分后加到 IC01 的㉝脚，IC01 内部电路复位结束，开始工作。

时钟振荡：IC01 得到供电后，它内部的振荡器与㉛、㉜脚外接的晶体振荡器 OSC 和移相电容 C124、C129 通过振荡产生 4.194MHz 的时钟信号。该信号经分频后协调各部位的工作，并作为 IC01 输出各种控制信号的基准脉冲源。

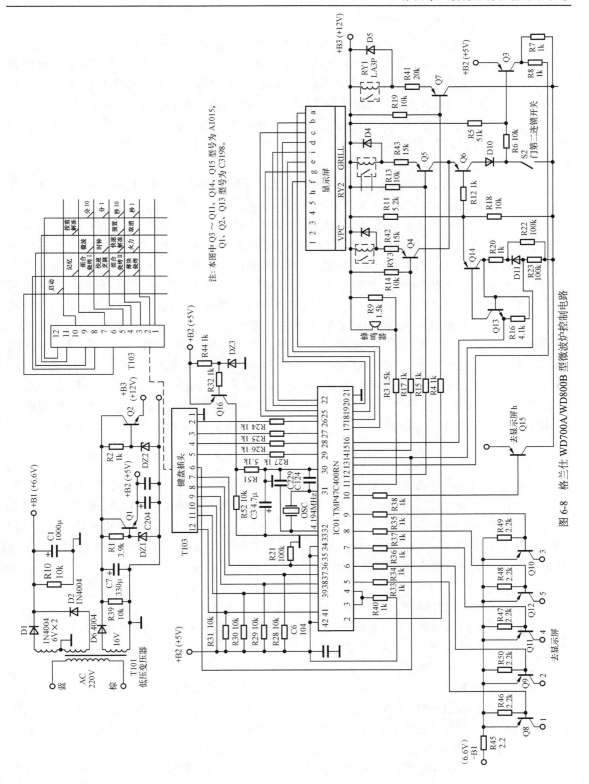

图 6-8 格兰仕 WD700A/WD800B 型微波炉控制电路

（3）炉门开关电路

如图 6-7、图 6-8 所示，关闭炉门时，联锁机构做相应动作，使联锁开关 S1～S3 接通。S1、S3 接通后，接通变压器 T、石英发热管 H 与熔断器 FUSE 的线路。S2 接通后，不仅将 Q6 的 c 极通过 D10 接地，而且通过 R6 使 Q3 导通。Q3 导通后，其 c 极输出的电压通过 R8 加到 IC01 的⑬脚，该高电平信号被 IC01 检测后，IC01 识别出炉门关闭，该机进入待机状态。反之，若打开炉门后，联锁开关 S1～S3 断开，切断市电到 T、H 的回路。同时，IC01 的⑬脚电位变为低电平，IC01 判断炉门被打开，不再输出微波或烧烤的加热信号。

（4）微波加热电路

首先，按下面板上的微波键，选择好时间后，按下启动键，产生的高电平控制电压依次通过连接器 T103 进入电脑板，送给 IC01 进行识别。其中，⑥脚输入的控制电压不仅加到 IC01 的⑭脚，而且经 D11 使 Q13、Q14 组成的单向晶闸管电路导通，通过 R12 始终为 Q6 的 b 极提供低电平导通电压，确保 Q6 导通。IC01 的⑭脚输入启动信号后，IC01 从内存调出烹饪程序并控制显示屏显示的时间，同时控制②脚和⑮脚输出低电平控制信号。②脚输出的低电平控制信号通过 R4 限流，使 Q7 导通，为继电器 RY1 的线圈提供导通电流，线圈产生的磁场使它内部的触点吸合，为炉灯、转盘电动机、风扇电动机供电，使炉灯发光，并使转盘电动机和风扇电动机开始旋转。⑮脚输出的低电平信号通过 R17 限流，使 Q4 导通，为继电器 RY3 的线圈提供导通电流，RY3 内的触点吸合，接通高压变压器 T 的一次回路，使它的灯丝绕组和高压绕组输出交流电压。其中，灯丝绕组向磁控管 EA 的灯丝提供 3.4V 左右的工作电压，点亮灯丝为阴极加热；高压绕组输出的 2 000V 左右的交流电压，通过高压电容 C 和高压二极管 D 组成半波倍压整流电路，产生 4 000V 的负压，为磁控管的阴极供电，使阴极发射电子，磁控管产生的微波能经波导管传入炉腔，通过炉腔反射，最终产生高热，将食物煮熟。

（5）烧烤加热电路

烧烤加热控制电路与微波加热控制电路的工作原理基本相同，不同的是使用该功能时需要按下面板上的烧烤键，被 IC01 识别后，IC01 控制②脚和⑫脚输出低电平控制信号。如上所述，②脚输出的低电平控制信号使炉灯发光，并使转盘电动机和风扇电动机开始旋转。⑫脚输出的低电平信号通过 R15 限流，使 Q5 导通，为继电器 RY2 的线圈提供导通电流，RY2 内的触点吸合，接通烧烤石英管发热管的供电回路，使它开始发热，将食物烤熟。

2. 故障检测

（1）熔丝管 FUSE 熔断

该故障的主要原因：1）自身损坏，2）高压变压器 T 异常，3）转盘电动机、风扇电动机或炉灯短路。检修方法与机械型微波炉相同。

（2）FUSE 正常，但显示屏不亮

该故障的主要原因：1）电源电路异常，2）CPU 电路异常。

首先，测电源输出的 5V 电压是否正常，若不正常，测 12V 电压是否正常，若 12V 电压正常，说明 5V 供电或它的负载异常。怀疑负载短路时可利用万用表电阻挡测该元器件的供电端对地阻值，若阻值较小，则说明该元器件短路。若短路点不好查找，可结合开路法，即分别断开单元电路的供电端子，再通过测供电端子对地电阻的阻值，就可查出故障点；若负载正常，则检查 Q1、DZ1、R1。若 12V 电压不正常，测 6.6V 电压是否正常，若 6.6V 供电电压也不正常，查变压器 T101 或市电电压输入回路。若 6.6V 电压正常，查 D6、T101。

若 5V 供电电路正常，查操作键是否正常，若正常，则检查 CPU 电路。检查 CPU 电路时，首先要检查它的 3 个基本工作条件电路是否异常，最后才能怀疑 IC01。

怀疑复位电路异常时，首先测 IC01 的㉝脚电位，若电位为低电平，测 Q16 的 c 极有无电压输出，若有，检查 R52、C3 和 IC01；若无电压输出，确认 Q16 的 e 极供电正常后，检查 Q16、DZ3 和 R32。

怀疑时钟振荡电路异常时，可采用正常的元器件对晶体振荡器 OSC、移相电容进行代换检查。

（3）显示屏亮，但炉灯不亮、不加热

该故障的主要原因：1）过热保护器 S4 开路，2）联锁开关 S1 内的触点开路，3）12V 供电异常，4）启动控制键电路异常，5）炉门关闭检测电路异常，6）Q6 及其控制电路异常。

首先，用指针型万用表的"R×1"挡或数字型万用表的通断测量挡测 S4、S1、S2 两端的阻值，若阻值过大，说明接触不良或开路，需要更换；若阻值为 0，说明它们正常。接着，用万用表直流电压挡测 12V 供电是否正常，若不正常，测 Q2、DZ2 及 Q2 的供电电路；若12V 供电正常，测 IC01 的⑬脚有无高电平电压，若为高电平，查供电电路和 IC01；若电压为 0 或过低，查 S2、Q3、R10。若用导线将 Q6 的 c 极对地短接后，该机能够工作，说明 Q6或 Q13、Q14 等组成的控制电路异常。若 Q6 的 b 极电位为低电平，说明 Q6、D10 异常；若b 极为高电平，则检查 Q13、Q14、D11、R16。

（4）炉灯亮，但不加热、不烧烤

该故障的主要原因：1）门监控开关 S3 异常，2）供电线路异常。

首先，用指针型万用表的"R×1"挡或数字型万用表的通断测量挡测 S3 两端的阻值，若阻值过大，说明它接触不良或开路，需要更换；若阻值为 0，说明它正常，检查供电电路。

（5）不加热，但可以烧烤

该故障的主要原因：1）高压形成电路或其供电电路异常，2）磁控管异常。

首先，用万用表的交流电压挡测高压变压器 T 的一次绕组有无 220V 市电电压输入，若没有，测 IC01 的⑮脚是否为低电平，若不是则检查 IC01；若是，则检查 Q4、RY3、R17。若 T 的一次绕组有 220V 交流电压输入，说明是由于高压形成电路或磁控管 EA 异常所致。首先，测 T 的二次绕组输出电压是否正常，若不正常，需要检查 T；若输出电压正常，断电后，检查磁控管的灯丝是否正常，若开路，需要更换磁控管；若磁控管灯丝正常，检查高压电容 C、高压二极管 D 是否正常，若不正常，更换即可；若正常，则检查磁控管。

 提示 用万用表最大交流电压挡测量高压变压器输出端子电压时，在接近端子时就会发生拉弧的现象，若没有弧光，则说明变压器没有电压输出或输出电压过低。

（6）能加热，但不烧烤

该故障的主要原因：1）烧烤用石英发热管异常，2）烧烤加热供电控制电路异常。

首先，用万用表的交流电压挡测烧烤石英发热管 H 两端有无 220V 市电电压输入，若有，说明 H 开路，断电后用电阻挡测量阻值即可确认；若无供电，测 IC01 的⑫脚是否为低电平，若不是则检查 IC01；若是，则检查 Q5、RY2、R15。

（7）能加热，但转盘不转、炉灯不亮

该故障的主要原因就是供电控制电路异常。

测 IC01②脚是否为低电平，若不是则检查 IC01；若是，则检查 Q7、RY1、R4。

（8）炉灯不亮，其他正常

该故障的主要原因：1）炉灯异常，2）炉灯供电电路异常。

首先，察看炉灯的灯丝是否开路或用万用表的电阻挡测量灯丝的阻值，就可以确认灯丝是否正常；若灯丝正常，则检查供电电路。

 提示 能加热但不能排风或能加热但转盘不转的故障，和能加热但炉灯不亮的故障检修方法是一样的，在此不再介绍。

第四节　使用万用表检测电磁炉

电磁炉凭借外表美观、热效率高、体积小、重量轻、安全环保、操作简捷等优点，被许多人称为"烹饪之神"和"绿色炉具"。目前，电磁炉在发达国家的家庭普及率已超过 80%。随着我国人民生活水平的提高以及人们对健康环保认识的增强，电磁炉已走进千家万户。本节主要以美的 MC-IH-MAIN/V00 标准板电磁炉为例介绍用万用表检修电磁炉的方法。

一、电路分析

美的 MC-IH-MAIN/V00 标准板电磁炉主板电路由市电滤波电路、300V 供电电路、主回路（谐振回路）、驱动电路、电源电路、保护电路等构成，如图 6-9 所示。

1. 市电滤波、300V 供电电路

该机输入的市电电压通过高频滤波电容 C1 抑制高频干扰脉冲后，一路利用整流堆 DB1 桥式整流、L1 和 C4 滤波产生 300V 左右直流电压，为功率变换器（主回路）供电；另一路送到开关电源。市电输入回路的压敏电阻 CNR1 用于市电过电压保护。

2. 电源电路

该机的电源电路是以新型绿色电源模块 VIPer12A（U92）为核心构成的并联型开关电源。

（1）功率变换

整流堆 DB1 输出的电压通过 D90 隔离、R90 限流、EC90 滤波产生 300V 电压。该电压通过开关变压器 T90 的一次绕组（1-2 绕组）加到 U92 的⑤～⑧脚，不仅为它内部的开关管供电，而且通过高压电流源对④脚外接的滤波电容 EC95 充电。当 EC95 两端建立的电压达到 14.5V 后，U92 内的 60kHz 调制控制器等电路开始工作，由该电路产生的激励脉冲使开关管工作在开关状态。开关电源工作后，通过 T90 的二次绕组输出的脉冲电压通过整流、滤波后获得直流电压。其中，通过 D93 整流、C92 滤波产生的电压不仅通过 D94 加到 U92④脚，取代启动电路为 U92 供电，而且通过 R93 限流产生 18V 电压，为功率管的驱动电路、风扇电动机、振荡器等电路供电；通过 D92 整流、EC92 滤波产生的电压通过 R92 为三端 5V 稳压器 U90 供电，由 U90 稳压输出 5V 电压，为 CPU、操作显示电路、指示灯等电路供电。

T90 的一次绕组两端接的 R91、D91 和 C93 组成了尖峰脉冲吸收回路，它可对 T90 产生的尖峰脉冲进行吸收，以免 U92 内的开关管过电压损坏。

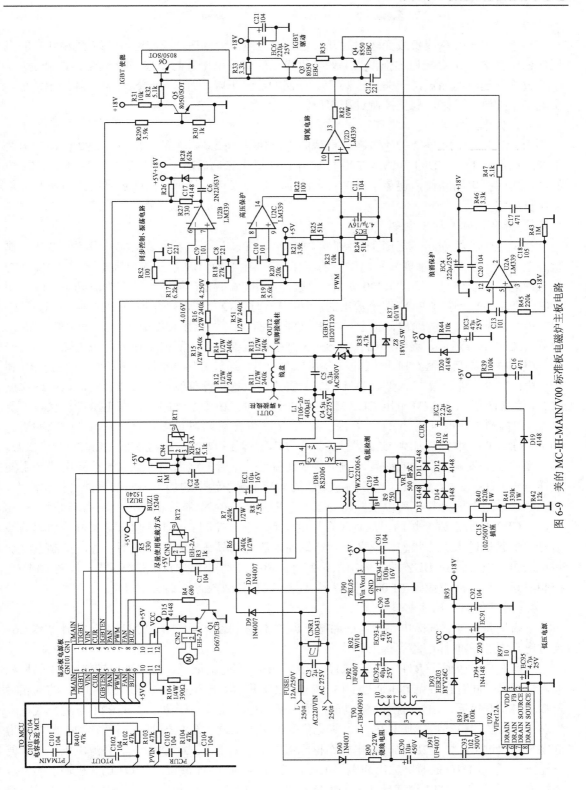

图 6-9 美的 MC-IH-MAIN/V00 标准板电磁炉主板电路

（2）稳压控制

当市电电压升高或负载变轻引起开关电源输出电压升高时，滤波电容 C92 两端升高的电压使稳压管 Z90 击穿导通加强，为 U92③脚提供的误差电压升高，被 U92 内部电路处理后，使开关管导通时间缩短，开关变压器 T90 存储的能量下降，开关电源输出电压降到正常值，实现稳压控制。反之，稳压控制过程相反。

（3）欠电压保护

当 EC95 击穿使 U92 的④脚在开机瞬间不能建立 14.5V 以上的电压时，U92 内部的电路不能启动；若 D93、D94 开路或 T90 异常为 U92 提供启动后的工作电压低于 8V 时，U92 内的欠电压保护电路动作，避免了开关管因激励不足而损坏。另外，U92 还具有过电压和过电流保护电路。

3. 开机与锅具检测电路

在电磁炉待机期间，按下面板上的开/关键后，CPU 从存储器内调出软件设置的默认工作状态数据，控制操作显示屏显示电磁炉的工作状态，由 IGBTEN 端子输出高电平的开关机（功率管使能）控制信号，通过 R290 使 Q5 导通，致使 Q6 截止，解除对功率管驱动电路的关闭控制。随后 CPU 通过 PAN 端子输出的启动脉冲通过 R27、C6 耦合到 U2D⑩脚，通过 U2D 比较放大后从它的⑬脚输出，再通过 Q3、Q4 推挽放大，利用 R37 限流驱动功率管 IGBT1 导通。IGBT1 导通后，线盘和谐振电容 C5 产生电压谐振。主回路工作后，市电输入回路产生的电流被电流互感器 CT1 检测并耦合到二次绕组，通过 C19 抑制干扰脉冲，再通过 R9 和可调电阻 VR1 进行限压，利用 D11～D14 桥式整流堆进行整流产生取样电压，该电压通过 EC2 滤波后产生直流取样电压 CUR 送到 CPU。同时，由于主回路工作在电压谐振状态，所以 C5 左端的脉冲电压通过 R11、R12、R17、R52 取样后加到 U2B⑥脚，它右端的脉冲通过 R13～R16、R18 取样后加到 U2B⑦脚，于是 U2B①脚便可输出 PAN 脉冲，该脉冲送到 CPU。

当炉面上放置了合适的锅具，因有负载使流过功率管的电流增大，电流检测电路产生的取样电压 CUR 较高，被 CPU 检测后，CPU 的 PWM 端子输出的功率调整信号的占空比增大，使功率管导通时间延长，所以主回路的工作频率降低，PAN 脉冲在单位时间内降低到 3～8 个，被 CPU 检测后判断炉面已放置了合适的锅具，于是控制 PWM 端输出可调整的功率调整信号，电磁炉进入加热状态。反之，判断炉面未放置锅具或放置的锅具不合适，控制电磁炉停止加热，CPU 通过 BUZ 端子输出报警信号，驱动蜂鸣器 BUZ1 发出警报声，同时 CPU 还控制显示屏显示故障代码 "E0"，提醒用户未放置锅具或放置的锅具不合适。

4. 同步控制、振荡电路

该机同步控制、振荡电路由主回路脉冲取样电路、比较器 U2B（LM339）、定时电容 C6、定时电阻 R28 和取样电路等构成。

线盘左端电压通过 R11、R12、R17、R52 取样，产生的取样电压加到比较器 U2B 的反相输入端⑥脚，同时它右端电压通过 R13～R16、R18 取样，产生的取样电压加到 U2B 的同相输入端⑦脚。开机后，CPU 输出的启动脉冲通过驱动电路放大，使功率管 IGBT1 导通，线盘产生左正、右负的电动势，使 U2B 的⑥脚电位高于⑦脚电位，经 U2B 比较后使它的①脚电位为低电平，通过 C6 将 U2D 的⑩脚电位钳位到低电平，低于 U2D⑪脚输入的直流电压（功率调整电压），于是 U2D 的⑬脚输出高电平电压，使 Q3 导通、Q4 截止，从 Q3 的 e 极输出的电压通过 R37 限流使 IGBT1 继续导通，同时 18V 电压通过 R28、C6 和 U2B①脚内部电路构成的充电回路为 C6 充电。当 C6 右端所充电压高于 U2D⑪脚电位后，U2D⑬脚输出低电平电压，Q3 截止、Q4 导通，通过 R37 使 IGBT1 迅速截止，流过线盘的导通电流消失，于是线盘通过自感产生右正、左负的电动势，使 U2B 的⑦脚电位高于⑥脚电位，致使 U2B 的①脚输出高电平，通过 C6 使 U2D 的⑩脚电位高于⑪脚电位，确保 IGBT1 截止。随后，无论是线盘对谐振电容 C5 充电期间，还是 C5 对线盘放电期间，线盘的右端电位都会高于左端电位，U2B⑥脚电位低于⑦脚电位，IGBT1 都不会导通。只有线盘通过 C4、IGBT1 内的阻尼管放电期间，U2B⑥脚电位高于⑦脚电位，使 U2B 的①脚电位变为低电平，由于电容两端电压不能突变，所以 C6 两端电压通过 D12、R26、R27 构成的回路放电。当线盘通过阻尼管放电结束，并且 C6 通过 D12、R26、R27 放电使 U2D 的⑩脚电位低于⑪脚电位后，U2D 的⑬脚再次输出高电平电压。该高电平电压通过驱动电路放大后使功率管 IGBT1 再次导通，从而实现同步控制。因此，该电路不仅实现了功率管的零电压开关控制，而且为 PWM 电路提供了锯齿波脉冲。该脉冲是由 C6 通过充放电产生的。

提示　由于 C6 充电采用了 18V 电压通过电阻完成，仅放电需要通过 5V 电源构成的回路，所以产生的锯齿波波形较好，大大减少了功率管的故障。

---

5. 功率调整电路

该机的功率调整电路由 CPU 和 PWM 比较器 U2D（LM339）等构成。需要增大输出功率时，CPU 的 PWM 端子⑦脚输出的功率调整信号占空比增大，通过 R23、EC5 和 C11 平滑滤波产生的直流控制电压升高。该电压加到比较器 U2D 的同相输入端⑪脚，而 U2D 的反相输入端⑩脚输入的是锯齿波信号，于是 U2D⑬脚输出激励脉冲的高电平时间延长，再通过 Q3、Q4 推挽放大后，使功率管 IGBT1 导通时间延长，为线盘提供的能量增大，输出的功率增大，加热温度升高。反之，功率调整信号占空比减小时，加热温度变低。

6. 保护电路

该机为了防止功率管因过电压、过电流、过热等原因损坏，设置了多种保护电路。保护电路通过两种方式来实现保护功能：一种是通过 PWM 电路切断激励脉冲输出，使功率管停止工作；另一种是通过 CPU 控制功率调整信号的占空比，也同样使功率管截止。

（1）浪涌保护

5V 电压通过 R44 降压产生 4.6V 左右电压，作为参考电压加到 U2A 的反相输入端④脚，同时市电电压通过整流管 D9、D10 全波整流产生的电压通过 R40～R42 分压后产生取样电压，该电压通过 D19 加到 U2A 的同相输入端⑤脚。当市电电压没有干扰脉冲时，U2A④脚电位高于⑤脚电位，于是 U2A②脚内部电路为导通状态，使 Q5 截止，不影响驱动电路的工作状态，电磁炉正常工作。一旦市电窜入干扰脉冲，D9、D10 整流后的电压内叠加了大量尖峰脉冲，通过取样使 U2A⑤脚电位超过④脚电位，于是 U2A②脚内部电路截止，18V 电压通过 R46 使 Q5 导通，致使 Q3 截止、Q4 导通，功率管 IGBT1 截止，避免了过电压损坏。

D20 是为防止取样电压过高而设置的钳位二极管，确保 U2A④脚电位不超过 5.5V。C15 是加速电容。

（2）通电延迟

EC3、R44 和 U2A 还组成延迟导通电路。因 EC3 在开机瞬间需要充电，充电使 U2A 的④脚电位由低逐渐升高到正常，导致 U2A②脚在开机瞬间输出一个由高到低的控制电压。该电压使 Q6 有一个短暂的导通过程，致使 Q3 在开机瞬间不能导通，功率管截止，从而实现延迟导通控制，避免了 CPU 等电路在通电时间未及时进入工作状态可能导致功率管损坏。

（3）功率管 c 极过电压保护电路

该机的功率管 c 极过电压保护电路以取样电路和比较器 U2C（LM339）为核心构成。

5V 电压通过取样电阻 R21、R20 取样后产生 2.8V 左右电压，作为参考电压加到 U2C 的同相输入端⑨脚，同时功率管 IGBT1 的 C 极产生的反峰电压通过 R13、R14、R51、R19 分压产生取样电压，加到 U2C 的反相输入端⑧脚。当 IGBT1 的 C 极产生的反峰电压在正常范围内时，U2C⑨脚电位低于⑧脚电位，于是 U2C⑭脚内部电路为开路状态，不影响 U2D⑪脚电位，电磁炉正常工作。一旦 IGBT1 的 C 极产生的反峰电压过高时，通过取样使 U2C⑨脚超过⑧脚电位，于是 U2C⑭脚内部电路导通，通过 R22 将 U2D 的⑪脚电位钳位到低电平，U2D⑬脚不能输出激励电压，IGBT1 截止，避免了过电压损坏。

（4）市电电压检测电路

该机的市电电压检测电路由整流电路、取样电路和 CPU 构成。

220V 市电电压通过 D9、D10 全波整流产生脉动电压，再通过 R6～R8、EC1 取样滤波，产生的取样电压 VOL 送到 CPU。当市电电压高于 260V 或低于 160V 时，相应升高或降低的 VOL 信号被 CPU 检测后 CPU 判断市电不正常，CPU 输出停止加热控制信号，避免了功率管等元器件因市电异常而损坏。同时，驱动蜂鸣器报警，并控制显示屏显示故障代码，提醒用户该机进入市电异常保护状态。市电电压低时显示的故障代码为"E7"，市电电压高时显示的故障代码为"E8"。

（5）炉面温度检测电路

该机的炉面温度检测电路以温度传感器 RT1（笔者加注）和 CPU 为核心构成。

RT1 紧贴在炉面内侧，它通过连接器接到主板，再通过 C2 滤波，接到 CPU 的 TMAIN 信号输入端，CPU 通过对该电压的监测，对炉面温度进行判断。当炉面的温度高于 220℃时，RT1 的阻值急剧减小，5V 电压通过 RT1 与 R2 分压后为 CPU 提供的取样电压达到设定值，被 CPU 检测后输出停止加热的控制信号，驱动蜂鸣器报警，并控制显示屏显示故障代码为"E3"，提醒用户该机进入炉面温度过热保护状态。

 提示 由于温度传感器 RT1 损坏后就不能实现炉面温度检测，这样容易扩大故障范围，为此该机还设置了 RT1 异常检测功能。

若连接器、RT1 开路或 C2 击穿，使 CPU 输入的 TMAIN 电压为 0，CPU 则判断 RT1 开路，不仅不发出加热指令，而且驱动蜂鸣器报警，并控制显示屏显示故障代码"E1"，提醒用户该机的炉面温度传感器开路；若 RT1 击穿，使 CPU 输入的电压为高电平，CPU 则判断 RT1 击穿，不仅不发出加热指令，而且驱动蜂鸣器报警，并控制显示屏显示故障代码为"E2"，提醒用户该机的炉面温度传感器击穿。

（6）功率管温度检测电路

该机的功率管温度检测电路以温度传感器 RT2（笔者加注）和 CPU 为核心构成。

RT2 紧贴在 IGBT 的散热片上，它通过连接器接到主板，再通过 C1 滤波，接到 CPU 的 TIGBT 信号输入端。当功率管的温度过高后，RT2 的阻值急剧减小，5V 电压通过 RT2 与 R3

分压后为 CPU 提供的取样电压达到设定值，被 CPU 检测后输出停止加热的控制信号，驱动蜂鸣器报警，并控制显示屏显示故障代码为 "E6"，提醒用户该机进入功率管温度过热保护状态。

 提示 由于温度传感器 RT2 损坏后就不能实现功率管温度检测，这样容易扩大故障范围，为此该机还设置了 RT2 异常检测功能。

当温度传感器 RT2 开路或滤波电容 C1 短路时，CPU 无 TIGBT 检测电压输入，CPU 不仅不输出加热指令，而且驱动蜂鸣器报警，并控制显示屏显示故障代码为 "E4"，表明该机的功率管检测电阻开路；当 RT2 击穿使 CPU 输入高电平信号时，CPU 不仅不能输出加热指令，而且驱动蜂鸣器报警，并控制显示屏显示故障代码为 "E5"，表明该机的功率管检测电阻击穿。当热敏电阻 RT2 失效被 CPU 识别后，该机不能加热，并且显示屏显示故障代码为 "ED"，表明该机的功率管检测电阻失效。

7. 风扇散热系统

开机后，CPU 的风扇控制端 FAN 输出风扇运转高电平指令，通过 R4 限流，再通过 Q1 放大，驱动风扇电动机旋转，对散热片进行强制散热，以免功率管、整流堆过热损坏。

D15 是用于保护 Q1 的钳位二极管。Q1 截止后，电动机绕组将在 Q1 的 c 极上产生较高的反峰电压，该电压通过 D15 泄放到电源 VCC，避免了 Q1 过电压损坏。

二、常见故障检测

1. 整机不工作故障

该故障主要是由于市电供电电路或电磁炉内部的电源电路、CPU 电路异常所致。在确认市电电压正常后，拆开电磁炉，查看市电输入回路的熔断器是否熔断。若熔断器熔断，说明 300V 供电电路、主回路过电流；若熔断器正常，说明低压电源电路或 CPU 异常。

（1）熔断器熔断的检修

首先，查看市电输入回路的压敏电阻是否出现裂痕，若有，说明它已击穿。若压敏电阻外观正常，将万用表置于二极管挡，在路测市电输入回路的高频滤波电容 C3 两端阻值是否正常，阻值过小或为 0，说明 C3 或压敏电阻 CNR1 击穿；若它两端阻值正常，在路测 300V 供电滤波电容 C4 两端阻值是否正常，若阻值过小，说明 C4 或功率管 IGBT1 击穿。此时测 IGBT1 的 G 极与 C、E 极间阻值也很小，说明 IGBT1 击穿，若 G 极与 C、E 极间阻值正常，说明 C4 击穿；若 C4 两端阻值正常，在路测整流堆 DB1 内的二极管是否正常即可。

注意 高频滤波电容 C3 击穿后必须采用 MKP 型高频滤波电容更换，以免再次损坏或扩大故障。功率管击穿后，除了要检查它的 G 极对地接的稳压管和驱动电路的放大管是否击穿，还应查找功率管损坏的故障原因，以免功率管再次损坏。

提示 由于熔断器的容量较大（8A 以上），所以部分电磁炉的高频滤波电容或压敏电阻击穿后会引起断路器跳闸。压敏电阻 CNR1 击穿后若无配件时也可不安装。

（2）熔断器正常的检修

首先，测低压电源输出的 5V 电压是否正常，若不正常，测 18V 电压是否正常；若正常，说明 5V 供电或它的负载异常。怀疑负载短路时可利用万用表电阻挡测该元器件的供电端对地阻值，若阻值较小，则说明该元器件短路。若短路点不好查找，可结合开路法，即分别断开单元电路的供电端子，再通过测供电端子对地电阻的阻值，就可查出故障点；若负载正常，检查 5V 稳压器 U90、限流电阻 R92、整流管 D92 和滤波电容 EC92、EC93。若 18V 供电也不正常，查电源芯片 U92 及其周围元器件。

若 5V 供电电路正常，查操作键是否正常，若正常，则检查 CPU 电路。查 CPU 电路时，首先要检查它的 3 个基本工作条件电路是否异常，最后才能怀疑 CPU 和移相寄存器。

怀疑时钟振荡电路异常时，可采用正常的元器件对晶体振荡器、移相电容进行代换检查。

 方法与技巧 由于复位时间较短，所以有的复位电路异常通过检测电压是不能确认的，因此，可采用模拟法对复位电路进行判断。该方法简单明了，对于采用低电平复位方式的复位电路可通过 120Ω 电阻将 CPU 的复位端子对地瞬间短接，若 CPU 能够正常工作，说明复位电路异常；对于采用高电平复位方式的复位电路可通过 120Ω 电阻将 CPU 的复位端子对 5V 电源瞬间短接，若 CPU 能够正常工作，说明复位电路异常。

2. 屡损功率管

功率管损坏主要由于过电压、过电流或功耗大所致。引起过电压损坏的原因主要是 300V 供电异常，引起过电流损坏的原因主要是驱动电路、功率调整电路异常，而引起功耗大的原因主要是谐振电容、同步控制电路、驱动电路的供电电路（多为 18V）、保护电路异常。

（1）300V 供电电路的检测

对于 300V 供电电路只要测 C4 两端电压是否为市电电压的 1.4 倍就可以确认其是否正常，若电压低于市电电压的 1.4 倍，则说明 DB1 或 C4 异常。

（2）18V 供电电路的检测

对于 18V 供电电路的检测，只要检测滤波电容 EC91 两端电压就可以判断出该供电电路是否正常，若电压低于正常值，应检查 18V 电源及其负载。脱开负载后，供电电压仍低，则检查滤波电容 EC91、整流管 D93 和 R93。

 提示 有的电磁炉 18V 供电采用了稳压电源供电方式，所以还需要检查调整管、稳压管是否正常。另外，部分电磁炉的 18V 供电还受通电延迟电路的控制，断开该电路后若 18V 供电正常，则说明通电延迟电路异常。

（3）驱动电路的检测

对于驱动电路，主要检查放大管是否老化或损坏，另外还应检查更换的放大管参数是否一致。检测该电路是否正常时，可通过测量电压、对地电阻进行判断，也可用正常的集成电路代换检查。

 提示 驱动电路的放大管多采用 8050、8550 系列对管，市场上有两种封装结构的 8050、8550 对管，一种是中间脚为 b 极，另一种是中间脚为 c 极，使用时要加以区分，以免因安装不当导致功率管损坏，带来不必要的损失和麻烦。另外，部分电磁炉的驱动电路采用集成电路（如 TA8316S/TA8316AS）构成。

（4）同步控制电路的检测

对于同步控制电路，主要检查大功率限流电阻是否阻值增大，随后再检查电容和芯片是否正常。

（5）主回路的检测

怀疑主回路的谐振电容 C5 异常时可用数字型万用表的电容挡进行检测，也可以采用代换法进行判断。

> **提示** 谐振电容 C5 采用的是 MKPH 电容，此类电容具有高频特性好、过电流和自愈能力强的优点，其最大工作温度可达到 105℃，所以不能采用普通电容更换，以免产生加热不正常，甚至屡损功率管的故障。

---

3. 不检锅

该故障说明 300V 供电、低压电源、电流检测电路、驱动电路、保护电路等异常，不能形成锅具检测信号。

开机后，CPU 应先输出启动脉冲（锅具侦测脉冲），若没有信号输出，说明 CPU 异常；若有启动脉冲输出，测功率管的 G 极有无启动脉冲输入，若无，检查 PWM 电路、驱动电路和功率管；若 G 极有启动信号输入，则检查 300V 供电电路、谐振电容是否正常，若不正常，更换即可；若正常，检查 CPU 能否输入正常的锅具检测脉冲和电流检测信号，若不能，检查锅具检测信号形成电路和电流检测电路，否则检查 CPU。

值得一提的是大部分电磁炉的锅具检测信号是通过同步控制电路形成的，所以检修锅具故障时要格外小心，以免导致功率管因功耗大而损坏。

4. 加热温度低

加热温度低故障主要是由于 300V 供电、主回路、低压电源、电流检测电路、功率调整电路、驱动电路、保护电路等异常所致。

300V 供电电路、低压电源电路是否正常通过测量电压就可判断。怀疑保护电路异常时，可采用开路法进行判断，即断开保护电路后电磁炉能够正常工作，则说明保护电路异常。怀疑功率调整电路异常时，在按功率调整键时，测 CPU 输出的 PWM 调整信号的占空比能否正常变化，若不能，检查操作键电路和 CPU；若能变化，测 PWM 电路输入的调整电压能否正常变化，若能正常变化，检查 PWM 电路和同步控制、振荡电路；若不能正常变化，检查 RC 滤波电路。怀疑电流检测电路异常时，可测量电流取样电压是否正常，若正常，检查 CPU；若不正常，检查电流检测电路。怀疑主回路异常时主要检查谐振电容是否容量不足。

5. 保护电路动作

保护电路动作故障的主要原因：（1）功率管过热引起功率管温度检测电路动作，或该保护电路误动作；（2）锅底温度过高引起锅底温度过高保护电路动作，或该保护电路误动作；（3）市电电压异常引起市电异常保护电路动作，或该保护电路误动作；（4）锅具检测异常引起保护电路误动作。锅具检测电路故障按不检锅故障检修。

方法 与 技巧 对于有故障代码显示功能的电磁炉，可以通过故障代码的含义检修故障部位；而对于无故障代码显示功能的电磁炉，可按以下方法检修。

若市电异常保护电路动作时，首先用万用表的交流电压挡测量市电电压是否正常，若市电电压正常，应检查电源插座、电源线和保护电路；若保护电路动作后功率管温度过高，说明功率管过热保护电路动作，除了要检查 300V 供电电路、同步控制电路、PWM 电路、谐振电容、电流检测电路、风扇散热系统外，还应检查驱动电路及其供电电路；若保护电路动作后炉面温度过高，说明炉面过热保护电路动作，除了要检查锅具是否合适，还要检查风扇散热系统。

若保护电路动作后功率管和炉面温度正常，说明保护电路误动作，可通过检测 CPU相应保护信号输入端口电压进行判断。若不了解电压，可主要先检查电压检测电路的取样电阻、温度检测电路的热敏电阻，确认它们正常后，再检查相应电路的滤波电容、二极管和小功率电阻等元器件。

提示 许多资料将保护性关机故障按照开机复位故障来介绍，这是错误的。因为开机复位是指 CPU 电路在开机瞬间清零复位。

6. 风扇运转不正常

风扇不转说明风扇电动机或它的驱动电路、CPU 损坏。

首先，用万用表直流电压挡测量风扇电动机两端有无驱动电压，若驱动电压正常，则说明电动机损坏；若电动机两端的驱动电压异常，应检查供电电路、驱动电路。另外，风扇电动机轴套内的润滑油干涸会产生风扇转速慢且噪声大的故障，此时掀开电动机顶端的不干胶标签，给轴套加一些润滑油，擦净多余的润滑油再粘好标签即可。

提示 部分电磁炉设置了风扇电动机检测电路。当风扇电动机不转或转速异常时，该检测电路将风扇运转异常的检测结果送到 CPU，被 CPU 检测后判断风扇旋转异常，发出停止加热指令，使该机停止工作，避免了风扇运转异常带来的危害。

第五节　使用万用表检测吸油烟机

吸油烟机又称抽油烟机、排油烟机，还称脱排抽油烟机等。它可直接吸走烹饪时产生的油烟、水蒸气等污染物，其排污率达 90%以上，还可将分解的污油收集在集油杯中，便于清洗，且有美化厨房等优点，是家庭厨房排污不可缺少的设备。本节主要介绍用万用表检修机械控制型和电脑控制型两种吸油烟机的方法。

一、普通吸油烟机的检测

典型的普通（机械控制方式）吸油烟机的控制系统采用了琴键开关，其电气原理图如图 6-10所示。

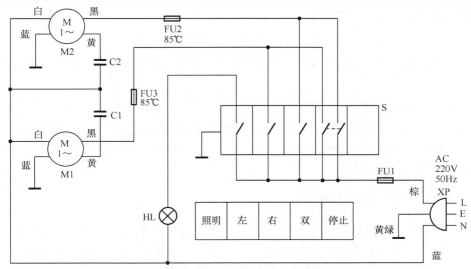

图 6-10　机械控制型吸油烟机电气原理图

1. 工作原理

将电源插头插入 220V 插座，按下琴键开关（组合开关）S 内的照明灯按键，照明灯 HL 的供电回路被接通，HL 开始发光；按下左风道键或右风道键，左风道风机 M 或右风道风机 M 运转，开始吸油烟，进行排污；当按下双风道按键时，左风道风机 M 和右风道风机 M 同时转动抽油烟；当按下停止键后，各按键自动复位，照明灯熄灭、电动机停转，整机停止工作。

2. 常见故障检测

（1）熔丝管 FU1 熔断

该故障的主要原因：1）自身损坏；2）照明灯 HL 或电动机 M1、M2 漏电，使其过电流熔断。

首先用指针型万用表的"R×1"挡或数字型万用表的电阻挡测量，两个表笔接在吸油烟机的电源插头上，若按下照明灯键后，万用表测得的阻值为 0，说明 HL 或其供电电路短路；若按下右风道键时，万用表测得的阻值变小，说明右风道电动机异常；若按下左风道键，阻值变小，说明左风道电动机异常。

（2）照明灯亮，但左风道电动机或右风道电动机不转

该故障的主要原因：1）琴键开关损坏，2）温度熔断器 FU2 或 FU3 损坏，3）电动机或其供电电路开路。下面以左风道为例进行介绍。

首先用指针型万用表的"R×1"挡或数字型万用表的通断测量挡，测琴键开关的左风道开关的阻值，若阻值过大，说明该开关损坏，需要更换；若阻值为 0，说明它正常。接着，测温度熔断器 FU3 两端的阻值，若阻值过大，说明它已熔断损坏，需要更换，并检查是否是因电动机或电容 C1 异常引起的；若阻值为 0，说明它正常。确认开关和 FU3 正常后，测电动机有无 220V 供电电压，若没有，检查供电电路；若有，检查电动机。

（3）电动机不转，有"嗡嗡"声

该故障的主要原因：1）启动电容损坏，2）电动机异常。下面以左风道为例进行介绍。

首先，在断电的情况下用手拨电动机的扇叶，若不能灵活转动，说明电动机的转子、转轴、轴承等机械系统异常；若转动灵活，用万用表的电容挡检查启动电容是否正常，若异常，更换即可；若正常，用万用表的电阻挡测电动机绕组的阻值，若阻值小于正常值，就可以确

认绕组有短路现象。

 提示　电动机绕组短路时，通常会发出焦味并且电动机的表面温度较高，甚至烫手。

（4）电动机的转速慢

该故障的主要原因：1）启动电容（运转电容）的容量不足，2）电动机轴承异常。

首先，用手拨电动机的扇叶，若不能灵活转动，说明电动机的轴承等机械系统异常；若转动灵活，则检查启动电容。

二、电脑控制型吸油烟机的检测

电脑控制型吸油烟机的控制系统除了采用手动控制系统外，还采用了自动控制电路，下面以华帝 CXW-200-204E 型吸油烟机为例进行介绍。该吸油烟机电路由电源电路、微处理器电路、风扇电机及其供电电路、照明灯及其供电电路构成，如图 6-11 所示。

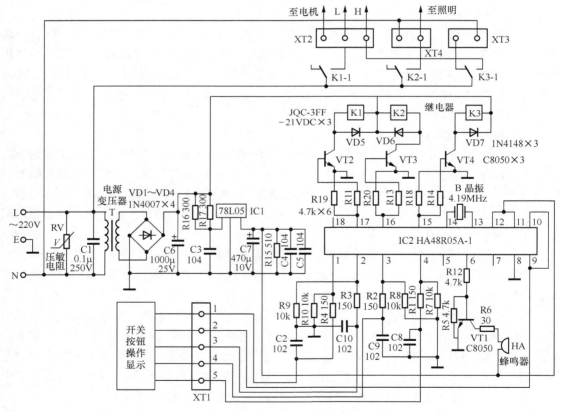

图 6-11　华帝 CXW-200-204E 型吸油烟机电路

1. 电源电路

将电源插头插入市电插座后，220V 市电电压一路经继电器 K1～K3 为风扇电机、照明灯（图中未画出）供电；另一路通过电源变压器 T 降压输出 11V 左右的（与市电高低有关）交流电压。

该电压经 VD1～VD4 构成的桥式整流器进行整流，通过 C6 滤波产生 12V 直流电压。12V 电压不仅为 K1～K3 的线圈供电，而且通过 R16、R17 限流，再利用三端稳压器 IC1（78L05）稳压产生 5V 直流电压。5V 电压通过 C4、C5、C7 滤波后，为微处理器 IC2（HA48R05A-1）、蜂鸣器供电。

RV 是压敏电阻，市电电压正常、没有雷电时 RV 相当于开路，不影响电路的工作；一旦市电电压升高或有雷电时，它的峰值电压超过 470V 后 RV 击穿，使空气开关跳闸或熔断器熔断，以免电源变压器、风扇电机、照明灯等元器件过压损坏，实现市电过压保护。

2．微处理器电路

（1）微处理器工作条件

① 供电。5V 电压经电容 C7、C5 滤波后加到微处理器 IC2（HA48R05A-1）的供电端⑫脚为它供电。

② 时钟振荡。IC2 得到供电后，它内部的振荡器与⑬、⑭脚外接的晶振 B 通过振荡产生 4.19MHz 的时钟信号，该信号经分频后协调各部位的工作，并作为 IC2 输出各种控制信号的基准脉冲源。

③ 复位。5V 电压还作为复位信号加到 IC2 的⑪脚，使它内部的存储器、寄存器等电路复位后开始工作。

（2）按键及显示

微处理器 IC2 的①～④、⑨脚外接操作键和指示灯电路，按压操作键时，IC2 的①～④、⑨脚输入控制信号，被它识别后，就可以控制该机进入用户需要的工作状态。

（3）蜂鸣器控制

微处理器 IC2 的⑥脚是蜂鸣器驱动信号输出端。每次进行操作时，它的⑥脚就会输出蜂鸣器驱动信号。该信号通过 R12 限流，再经 VT1 倒相放大，驱动蜂鸣器 HA 鸣叫，提醒用户吸油烟机已收到操作信号，并且此次控制有效。

3．照明电路

该机照明电路由微处理器 IC2、照明灯操作键、继电器 K2 及其驱动电路、照明灯（图中未画出）构成。

按照明灯控制键被 IC2 识别后，它的⑯脚输出高电平电压。该电压经 R13 限流使激励管 VT3 导通，为继电器 K2 的线圈供电，使 K2 内的触点闭合，接通照明灯的供电回路，使其发光。照明灯发光期间，按照明灯键后 IC2 的⑯脚电位变为低电平，使 K2 内的触点释放，照明灯熄灭。

二极管 VD6 是保护 VT2 而设置的钳位二极管，它的作用是在 VT2 截止瞬间，将 K2 的线圈产生的尖峰电压泄放到 12V 电源，以免 VT2 过压损坏，实现过压保护。

4．电机运转电路

该机电机运转电路由微处理器 IC2，电机风速操作键，继电器 K1、K3 及其驱动电路、电机（采用的是电容运行电机，在图中未画出）构成。电机风速操作键具有互锁功能。

按高风速操作键被 IC2 识别后，它的⑰脚输出低电平控制信号，⑮脚输出高电平控制信号。⑰脚为低电平时 VT2 截止，继电器 K1 不能为电机的低速端子供电。而⑮脚输出的高电平控制电压通过 R14 限流，使 VT4 导通，为继电器 K3 的线圈提供导通电流，使它内部的触点闭合，为电机的高速端子供电，电机在运行电容的配合下高速运转。

按低风速操作键被 IC2 识别后，它的⑰脚输出高电平控制信号，⑮脚输出低电平控制信号。⑮脚为低电平时 VT4 截止，继电器 K3 不能为电机的高速端子供电。而⑰脚输出的高电平控制电压通过 R11 限流，使 VT2 导通，为继电器 K1 的线圈提供导通电流，使它内部的触点闭合，为电机的低速端子供电，电机在运行电容的配合下低速运转。

二极管 VD5、VD7 是钳位二极管，它的作用是在 VT2、VT4 截止瞬间，将 K1、K3 的线圈产生的最高电压钳位到 12.5V，以免 VT2、VT4 过压损坏。

5. 常见故障检修

（1）用户家的空气开关跳闸

该故障的主要原因：1）照明灯短路，2）压敏电阻 RV、高频滤波电容 C1 击穿，3）电机或其运行电容异常。

拆掉照明灯后，能否恢复正常，若能，说明照明灯异常；若无效，用万用表通断挡或最小电阻挡在路检测 RV 和 C1 是否正常，若异常，更换即可；若正常，检查电机及其运行电容。

（2）不排烟，也没有显示

该故障的主要原因：1）供电线路异常，2）电源电路异常，3）微处理器电路异常。

首先，用万用表的交流电压挡检测市电插座有无 220V 市电电压，若没有，检查供电系统；若有 220V 电压，用直流电压挡检测 C7 两端有无 5V 电压，若有，检查晶振 B 和 CPU；若没有，说明电源电路异常。此时，测 C6 两端有无 13V 左右的直流电压，若有，检查 IC1、C7 和负载；若没有，测变压器 T 的初级绕组有无 220V 左右的市电电压，若没有，检查线路；若有，检查 T 及 VD1~VD4、C6。

（3）电机不运转，但照明灯亮

该故障的主要原因：1）操作键异常，2）电机、运行电容（启动电容）异常，3）微处理器异常。

排烟时听电机有无发出"嗡嗡"声，若有，检查电机及其运行电容；若没有，检查电机有无供电；若有，检查电机；若没有，说明微处理器 IC2 工作异常。

（4）电机不能低速运转

该故障的主要原因：1）继电器 K1 或其驱动电路异常，2）低速控制键异常，3）微处理器 IC2 异常。

首先，用万用表交流电压挡测电机低速绕组有无正常的供电，若有，检查电机及其运行电容；若没有，说明电机供电电路异常。此时，测继电器 K1 的线圈有无供电，若有，检查 K1 及 220V 供电线路；若没有，测微处理器 IC2 的⑰脚能否输出高电平控制信号，若能，检查 VT2、R11；若不能，检查低风速操作键和微处理器 IC2。

 提示 电机不能高速运转故障的检修方法与其不能低速运转的检修方法相同，只是所检查的元器件不同。

（5）通电后电机就高速运转

该故障的主要原因：1）继电器 K3 的触点粘连，2）放大管 VT4 的 ce 结击穿，3）高速操作键漏电、微处理器 IC2 所致。

首先，测继电器 K3 的线圈有无供电，若没有，更换 K3；若有，测微处理器 IC2 的⑮脚能否输出高电平控制信号，若不能，检查 VT4；若不能，检查高风速操作键和微处理器 IC2。

（6）电机运转，但照明灯不亮

该故障的主要原因：1）继电器 K2 或其驱动电路异常，2）照明灯控制键异常，3）微处理器 IC2 异常。

首先，查看照明灯灯丝是否损坏，若是，更换即可；若正常，测继电器 K2 的线圈有无供电，若有，检查 K2、灯座及 220V 供电线路；若没有，测微处理器 IC2 的⑯脚能否输出高电平控制信号，若能，检查 VT3、R13；若不能，检查照明灯操作键和微处理器 IC2。

第六节　使用万用表检测电风扇

一、普通电风扇的检测

下面以格力机械控制型台扇为例，介绍使用万用表检测普通电风扇电路故障的方法与技巧。该电路由电机、定时器、调速开关、电容等构成，如图 6-12 所示。

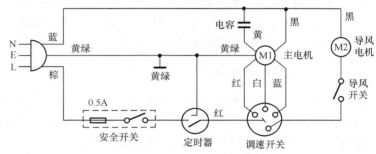

图 6-12　格力机械控制型台扇电路

1. 主电机电路

（1）供电电路

将电源插头插入 220V 插座，旋转定时器进行时间定时后，市电电压通过 0.5A 熔丝管、安全开关、定时器、调速开关为电机相应转速的绕组供电，电机绕组在运行电容的配合下开始旋转，带动扇叶转动。

（2）调速控制

调速是由切换开关和电机共同完成。若切换转速开关，分别为电机的高、中、低速供电端子后，电机就会按高速、中速、低速三种模式旋转，从而实现风速调整。

2. 导风电机电路

按下导风开关后，市电电压为导风电机 M2 供电，M2 开始旋转，带动导风扇叶摆动，实现多方向送风的导风控制。

3. 防跌倒保护电路

防跌倒保护由安全开关（也叫防跌倒开关）完成。当该机直立时，安全开关的触点闭合，电机获得供电可以旋转；若该机跌倒，安全开关的触点断开，切断市电输入回路，电机停止旋转，避免了扇叶等器件损坏，实现防跌倒保护。

4. 常见故障检修

（1）两个电机都不运转

该故障的主要原因：1）安全开关开路，2）定时器开路，3）0.5A 熔丝管熔断。

怀疑安全开关、定时器开路，以及 0.5A 熔丝管熔断时，采用万用表的最小电阻挡或通断测量挡在路检测就可以确认。不过。0.5A 熔丝管熔断，还应检查电机的绕组是否匝间短路。若电机正常，更换熔丝管即可。

（2）主电机不运转

该故障的主要原因：一是电容开路；二是调速开关异常；三是电机异常。测电机的供电端有无电压；若没有，检查调速开关；若有，说明电容或电机异常。首先，检查电容是否开路，若开路，更换即可；若电容正常，检查电机即可。

💡 **提示**　　　电机的供电端子开路，通常会产生一个转速失效的故障。

（3）电机转速慢

该故障的主要原因：1）电容容量减小，2）电机轴承异常。

在未通电的情况下，用手拨动电机的扇叶，若不能灵活转动，说明电机的轴承等机械系统异常；若转动灵活，则检查启动电容。

（4）导风电机运行不稳

该故障的主要原因：1）导风开关开路，2）导风电机异常。

怀疑导风开关开路时，采用万用表的最小电阻挡或通断测量挡在路检测就可以确认。确认导风开关正常后，就可以检查导风电机。

二、电脑控制型电风扇

下面以海尔 FTD30-2 型落地式电风扇电路为例，介绍使用万用表检测电脑控制型电风扇电路故障的方法与技巧。该机电路由电源电路、市电过零检测电路、微处理器电路、风速调整电路、模拟自然风电路构成，如图 6-13 所示。

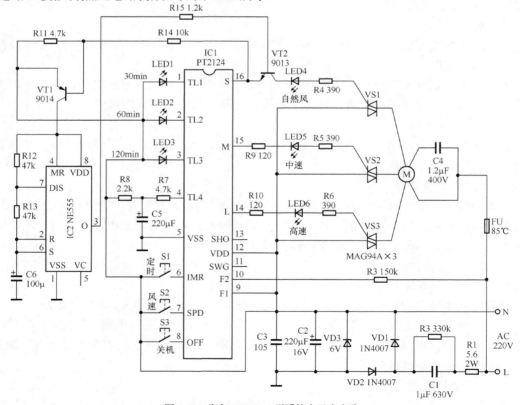

图 6-13　海尔 FTD30-2 型遥控电风扇电路

1. 电源电路

将电源线插入市电插座后，220V 市电电压一路经熔丝管 FU 和双向晶闸管为电机供电；另一路经 R1 限流、C1 降压，利用 VD2 半波整流，C2 滤波，VD3 稳压产生 5V 直流电压。该电压通过 C2、C3 滤波后，为微处理器电路供电。R2 是 C1 的泄放电阻。

2. 市电过零检测电路

市电过零检测（同步信号输入）电路由 R3 和微处理器 IC1 构成。市电电压通过 R3 限流，加到 IC1 的⑩脚，IC1 对⑩脚输入的信号检测后，就可以在市电过零处控制双向晶闸管 VS1～VS3 导通，从而避免了它们在导通瞬间可能过流损坏。

3. 微处理器电路

微处理器电路由微处理器 IC1（PT2124）为核心构成。

（1）PT2124 的引脚功能

微处理器 PT2124 的引脚功能如表 6-2 所示。

表 6-2 微处理器 PT2124 的引脚功能

脚位	脚名	功能	脚位	脚名	功能
1	TL1	指示灯控制信号 1 输出	9	F1	市电过零检测信号输入
2	TL2	指示灯控制信号 2 输出	10	F2	市电过零检测信号输入
3	TL3	指示灯控制信号 3 输出	11	SWG	未用，悬空
4	TL4	指示灯控制信号 4 输出	12	VDD	供电
5	VSS	接地	13	SHO	未用，悬空
6	IMR	定时操作信号输入	14	L	电机高速控制信号输出
7	SPD	开机、风速调整信号输入	15	M	电机中速控制信号输出
8	OFF	关机控制信号输入	16	S	自然风控制信号输出

（2）功能操作电路

功能操作电路由操作键 S1、S2、S3 和 IC1 共同构成。当按按键 S2 时，IC1 的⑦脚输入高电平信号，IC1 输出开机信号，使该机进入开机状态。开机后，按 S2 键，可调整风速；按 S1 键，使 IC1 的⑥脚输入高电平信号后，可进入定时运行状态，每按压一次 S1 键时，定时时间会递增 30min，最大定时时间为 2h；按 S3 键，使 IC1 的⑧脚输入高电平控制信号后，IC1 输出控制信号使该机停止工作。

4. 风速调整电路

该机风速调整电路由微处理器 IC1、电机（采用的是电容运行电机）M、运行电容 C4、风速键 S2 和双向晶闸管 VS2、VS3 等构成。

在开机状态下，按风速键 S2，使 IC1 的⑦脚输入风速调整信号，IC1 的⑭、⑮脚依次输出触发信号，使电机不仅可以运转在高风速、中风速状态，而且还可以工作在自然风状态。同时控制相应的指示灯发光，表明电机旋转的速度。

当 IC1 的⑮、⑯脚无驱动脉冲输出，⑭脚输出驱动信号时，双向晶闸管 VS1、VS2 截止，双向晶闸管 VS3 导通，为主电机的高速端子供电，于是电机在 C4 的配合下高速运转。同理，若按风速键 S2 使 IC1 的⑭、⑯脚无驱动信号输出，⑮脚输出驱动信号时，VS1、VS3 截止，VS2 导通，为电机的中速供电抽头供电，于是电机运转在中速上。

5. 模拟自然风电路

该机的模拟自然风电路由时基芯片 NE555 和相关元件构成。

用户选择模拟自然风时，微处理器 IC1 ⑯脚输出低电平控制信号，使 VT1 导通，由它 c 极输出的电压不仅加到 IC2 的供电端⑧脚和复位端④脚，而且通过 R12、R13 对 C6 充电。C6 两端电压不足 4V 时，被 IC2 内部触发器处理后使它的③脚输出高电平控制电压。该电压通过 R15 使 VT2 导通，不仅使自然风指示灯 LED4 发光，表明该机工作在模拟自然风状态，而且使晶闸管 VS1 触发导通，为电机的低速供电端子供电，使电机低速运转。7s 后，C6 两端电压达到 4V 后，IC2 的③脚输出低电平控制电压使 VT2 截止，VS1 截止，电机停转。同时，C6 通过 R13 和 IC2 的⑦脚内部电路放电，约 3.5s 后 C6 两端电压降到 2V 时，IC2 的③脚再次输出高电平控制电压，使电机再次运转，重复以上过程，电机时转时停，实现模拟自然风控制。

6. 常见故障检修

（1）电机不运转

该故障的主要故障原因：1）电源电路异常，2）电机或运行电容 C4 异常，3）开机/风速控制键 S2 异常，4）微处理器 IC1 异常。

首先，按键开机风速键，电机能否发出"嗡嗡"声，若能，查 C4 和电机；若不能，说明电机或其供电电路异常。此时，用万用表交流电压挡测市电插座有无 AC 220V 左右电压，若没有，检查电源线和电源插座；若电压正常，拆开该机的外壳后，查熔丝管 FU 是否熔断，若熔断，则检查运行电容 C4 和电机；若 FU 正常，说明电源电路或微处理器电路异常。此时，测 C2 两端有无 5V 电压，若有，查操作键和微处理器 IC1；若没有，测 R1 是否开路、C1 是否容量不足。

 注意 限流电阻 R1 开路后，必须要检查 VD2、VD3、C1、C2、C3 是否击穿，以免更换后的 R1 再次损坏。

（2）通电后，电机就高速运转

该故障的原因：1）双向晶闸管 VS3 击穿，2）微处理器 IC1 异常。

首先在路测量 VS3 是否击穿，若击穿更换即可；若 VS3 正常，检查 IC1。

（3）没有模拟自然风功能，其他正常

该故障的主要原因：1）VT1、VT2 异常，2）IC2（NE555）异常，3）R13、C6、LED4、R3 异常，4）双向晶闸管 VS1 异常。

首先，用万用表电压挡测 VT2 的 b 极有无导通电压，若有，检查 VT2、LED4 和 R4；若没有，测 IC2 的④脚供电是否正常，若不正常，检查 VT1、R15、IC1；若正常，测 IC2 的⑥脚电位是否正常，若不正常，检查 C6、R13、R12；若正常，检查 IC2。

第七节　使用万用表检测豆浆机/米糊机

下面以九阳 JYDZ-22 型豆浆机为例，介绍用万用表检修豆浆机故障的方法与技巧。该机电路由电源电路、微处理器电路、打浆电路、加热电路构成，如图 6-14 所示。

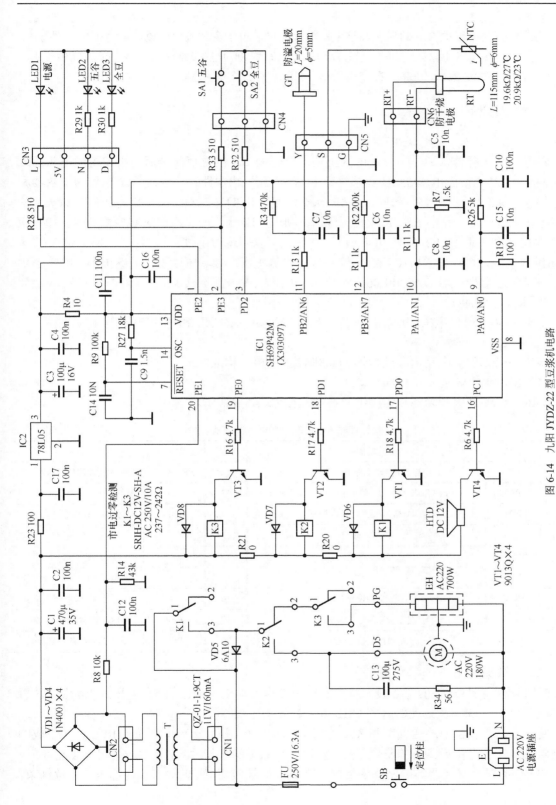

图 6-14 九阳 JYDZ-22 型豆浆机电路

提 示 改变图中 R19 的阻值，该电路板就可以应用于多种机型。该电路的工作原理与故障检修方法还适用于九阳 JYZD-15（R19 为 100）、JYZD-17A（R19 为 750）、JYZD-20B、JYZD-20C、JYZD-22、JYZD-23（R19 为 8.2k）等机型。

一、电路分析

1. 供电、市电过零检测电路

将机头装入杯体，通过定位柱的顶压使安全开关 SB 的触点闭合后，再将电源插头插入市电插座，220V 市电电压经 SB 和熔丝管 FU 输入到机内电路，不仅通过继电器为加热器和电机供电，而且经变压器 T 降压，从它的次级绕组输出 11V 左右（与市电电压高低有关）的交流电压。该电压一路经 R8、R14 分压限流，利用 C12 滤波产生市电过零检测信号，加到微处理器 IC1 的⑳脚，被 IC1（SH69P42M）识别后就可以实现市电过零检测；另一路通过 VD1～VD4 桥式整流，再通过 C1、C2 滤波产生 12V 直流电压。12V 电压不仅为继电器、蜂鸣器供电，而且经三端稳压器 U2（78L05）输出 5V 电压。5V 电压经 C3、C4 滤波，再经 R4 加到 IC1 的⑬脚，为它供电。

由于 12V 直流供电未采用稳压方式，所以待机期间 C1 两端电压可升高到 15V 左右。

2. 微处理器电路

该机的微处理器电路由微处理器 SH69P42M 为核心构成。

（1）SH69P42M 的实用资料

SH69P42M 的引脚功能和引脚维修参考数据如表 6-3 所示。

表 6-3　　　　　　　　　　　微处理器 SH69P42M 的引脚功能

引脚	脚名	功能	引脚	脚名	功能
1	PE2	电源指示灯控制信号输出	12	PB3/AN7	水位检测信号输入
2	PE3	AN1 操作信号输入/五谷指示灯控制信号输出	13	VDD	供电
3	PD2	AN2 操作信号输入/全豆指示灯控制信号输出	14	OSC1	振荡器外接定时元件
4～6		未用，悬空	15		未用，悬空
7	RESET	复位信号输入	16	PC1	蜂鸣器驱动信号输出
8	VSS	接地	17	PD0	继电器 K1 控制信号输出
9	PA0/AN0	机型设置	18	PD1	继电器 K2 控制信号输出
10	PA1/AN1	温度检测信号输入接地	19	PE0	继电器 K3 控制信号输出
11	PB2/AN6	防溢检测信号输入	20	PE1	市电过零检测信号输入

（2）工作条件电路

5V 供电：插好该机的电源线，待电源电路工作后，由其输出的 5V 电压经 R4 限流，再经 C11 滤波后，加到微处理器 IC1（SH69P42M）供电端⑬脚为它供电。

复位电路：复位电路由 IC1 和 R9、C14 构成。开机瞬间，5V 供电通过 R9、C14 组成的积分电路产生一个由低到高的复位信号。该信号从 IC1 的⑦脚输入，当复位信号为低电平时，IC1 内的存储器、寄存器等电路清零复位；当复位信号为高电平后，IC1 内部电路复位结束，开始工作。

时钟振荡：时钟振荡电路由微处理器 IC1 和外接的 R27、C9 构成。IC1 得到供电后，它内部的振荡器与⑭脚外接的定时元件 R27、C9 通过控制 C9 充、放电产生振荡脉冲。该信号经分频后协调各部位的工作，并作为 IC1 输出各种控制信号的基准脉冲源。

（3）待机控制

IC1 获得供电后开始工作，它的①脚电位为低电平，通过 R28 为电源指示灯 LED1 提供导通回路，使它发光，同时，IC1 的⑯脚输出的驱动信号经 R6 加到 VT4 的 b 极，经它倒相放大后驱动蜂鸣器 HTD 发出"嘀"的声音，表明电路进入待机状态。

3．打浆、加热电路

杯内有水且在待机状态下，按下五谷或全豆键，微处理器 IC1 检测到②脚或③脚的电位由高电平变成低电平后，确认用户发出操作指令，不仅通过⑯脚输出驱动信号，驱动蜂鸣器 HDT 鸣叫一声，表明操作有效，而且从⑰、⑲脚输出高电平驱动信号。⑰脚输出的高电平控制信号通过 R18 限流，再经放大管 VT1 倒相放大，为继电器 K1 的线圈供电，使 K1 内的常开触点闭合，为继电器 K2 的动触点端子供电；⑲脚输出的高电平控制信号通过 R16 限流，再通过放大管 VT3 倒相放大，为继电器 K3 的线圈供电，使 K3 内的常开触点闭合，为加热环供电，它开始加热，使水温逐渐升高。当水温超过 85℃，温度传感器 RT 的阻值减小到设置值，5V 电压通过它与 R7 取样后电压升高到设置值，该电压加到 IC1 的 10 脚，IC1 将该电压值与存储器存储的不同电压对应的温度值进行比较，判断加热温度达到要求，控制⑲脚输出低电平控制信号，控制⑱脚输出高电平控制电压。⑲脚输出的低电平电压使 VT3 截止，K3 的常开触点断开，加热器停止加热；⑱脚输出的高电平电压经 R17 限流使驱动管 VT2 导通，为继电器 K2 的线圈供电，使它的常开触点闭合，为电机供电，使电机高速旋转，开始打浆，经过 4 次（每次时间为 15 秒）打浆后，IC1 的⑱脚电位变为低电平，VT2 截止，电机停转，打浆结束。此时，IC1 的⑰脚又输出高电平电压，如上所述，加热器再次加热，直至五谷或豆浆沸腾，浆沫上溢到防溢电极，就会通过 R13 使 IC1 的⑪脚电位变为低电平，被 IC1 检测后，就会判断豆浆已煮沸，控制⑰脚输出低电平电压，使加热器停止加热。当浆沫回落，离开防溢电极后，IC1 的⑪脚电位又变为高电平，IC1 的⑰脚再次输出高电平电压，加热器又开始加热，经多次防溢延煮，累计 15min 后 IC1 的⑰脚输出低电平，停止加热。同时，⑯脚输出的驱动信号经 VT4 放大，驱动蜂鸣器报警，并且控制②脚或③脚输出脉冲信号使指示灯闪烁发光，提示用户自动打浆结束。

 提示　若采用半功率加热或电机低速运转时，微处理器 IC1 的 16 脚输出的控制信号为低电平，使放大管 VT1 截止，继电器 K1 的常闭触点接通，整流管 D6 接入电路，市电通过它半波整流后为电机和加热器供电，不仅使电机降速运转，而且使加热器以半功率状态加热。

4．防干烧保护电路

当杯内无水或水位较低，使水位探针不能接触到水时，5V 电压通过 R2、R1 使微处理器 IC1 的 12 脚电位变为高电平，被 IC1 识别后，输出控制信号使加热管停止加热，以免加热管过热损坏，实现防干烧保护。同时，控制 16 脚输出报警信号，使蜂鸣器 HDT 长鸣报警，提醒用户该机加热防干烧保护状态，需要用户向杯内加水。

二、常见故障检测

1. 不工作、指示灯不亮

该故障的主要故障原因：1）供电线路异常，2）电源电路异常，3）微处理器电路异常。

首先，用万用表交流电压挡测市电插座有无 220V 左右的交流电压，若不正常，检修电源插座及其线路；若正常，用电阻挡测量该机电源插头两端阻值，若阻值为无穷大，说明电源线、开关 SB、熔丝管 FU 或电源变压器 T 的初级绕组开路。确认电源线正常，就可以拆开外壳检修。此时，测 FU 是否开路，若开路，则检查电动机和电加热环；若 FU 正常，测 T 的初级绕组两端的阻值是否正常，若正常，说明 SB、电源线开路；若阻值仍为无穷大，说明 T 的初级绕组开路。若测量电源插头的阻值正常，说明电源电路或微处理器电路异常。此时，测 C3 两端有无 5V 电压，若有，查操作键 SA1、SA2 及微处理器 IC1；若 C3 两端无电压，说明电源电路或负载异常。此时，测 C1 两端有无 12V 电压，若无电压，检查线路；若有，测 C3 两端阻值是否正常，若正常，检查三端稳压器 IC2（78L05）；若异常，检查滤波电容 C3、C4 及负载。

2. 加热温度低、打浆慢

该故障说明继电器 K1 不工作，供电由整流管 D6 提供所致。该故障的主要原因：1）放大管 VT1 异常，2）K1 异常，3）微处理器 IC1 异常。

加热期间，测继电器 K1 的线圈两端有无 12V 左右的直流电压，若有，检查 K1；若没有，测 VT1 的 b 极有无 0.7V 导通电压，若有，检查 VT1、K1；若没有，测 IC1 的⑰脚能否为高电平，若能，检查 R18、VT1；若不能，检查 IC1。

3. 能打浆，但不加热

该故障的主要原因：1）加热器开路，2）放大管 VT3 或 VT2 异常，3）继电器 K3、K2 异常，4）温度传感器 RT 异常，5）微处理器 IC1 异常。

加热时，测加热器（加热管）两端有无市电电压输入，若有，检查加热器；若没有，测继电器 K3 的②脚有无供电，若没有，说明 K2 及其供电异常；若有，说明 K3 及其供电电路异常。确认 K3 及其供电异常后，测 VT3 的 b 极有无 0.7V 导通电压，若有，检查 VT3、K3；若没有，测微处理器 IC1 的⑲脚能否为高电平，若能，检查 R16、VT3；若不能，检查 IC1 的⑩脚输入的电压是否正常，若不正常，检查传感器 RT 是否漏电，R7 是否阻值增大，若它们异常，更换即可；若正常，则检测 IC11。若 IC1 的⑩脚输入的电压正常，测 IC1 的 12 脚电位是否为低电平，若不是，检查水位电极和 R1；若正常，检查 IC1。

确认 K2 及其供电异常后，测 VT2 的 b 极有无 0.7V 导通电压，若有，检查 VT2、K2；若没有，测 IC1 的⑱脚能否为高电平，若能，检查 R17、VT2；若不能，检查 IC1。

 提示 温度传感器 RT 的阻值在环境温度为 27℃ 时的阻值为 19.5k 左右，以上元件异常还会产生加热不正常的故障。

注意　加热环损坏，必须要检查 IC1 的 12 脚电位在无水状态下是否为高电平，否则还
可能导致更换的加热器再次损坏；若 IC1 的 12 脚电位不能为高电平，则检查水
位电极、R2 是否开路，C6 是否漏电。

4. 能加热，但不打浆

该故障的主要原因：1）电机 M 异常，2）放大管 VT2 异常，3）继电器 K2 异常，4）微
处理器 IC1 异常。

执行打浆程序时，测电机 M 的绕组有无供电，若有，维修或更换电机；若没有，测放大
管 VT2 的 b 极有无 0.7V 导通电压，若有，检查 VT2、K2；若没有，测 IC1 的⑱脚能否为高
电平，若能，检查 R17、VT2；若不能，检查 IC1。

5. 不加热，蜂鸣器长鸣报警

该故障的主要故障原因：1）水位探针异常，2）微处理器 IC1 异常。

首先，检查水位探针是否锈蚀，接线是否开路，若探针正常，查 IC1。

6. 加热时有泡沫溢出

该故障的主要故障原因：1）防溢电极异常，2）继电器 K3 的常开触点粘连，3）放大管
VT3 的 ce 结击穿，4）微处理器 IC1 异常。

首先，在路测继电器 K3 的①、③脚间的阻值、VT3 的 c、e 极间的阻值，判断它们是否
击穿；若异常，更换即可排除故障；若正常，测 IC1 的⑪脚电位能否为低电平，若不能，检
查防溢电极；若能，查 IC1。

第八节　使用万用表检测吸尘器、剃须刀

一、吸尘器电路的检测

下面以富达 ZW90-36B 型真空吸尘器为例，介绍使用万用表检测吸尘器电路故障的方
法与技巧。该电路由电机、双向晶闸管、时基芯片、电源电路、电位器等构成，如图 6-15
所示。

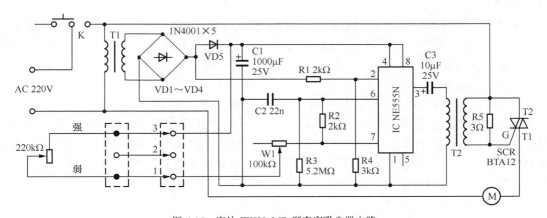

图 6-15　富达 ZW90-36B 型真空吸尘器电路

1．电源电路、市电过零检测电路

接通电源开关 K 后，220V 市电电压加到变压器 T1 的初级绕组上，利用它降压输出 10V 左右的交流电压。该电压第一路通过 D1～D4 桥式整流，C1 滤波产生 12V 左右的直流电压 Vcc，加到时基芯片 IC（NE555N）的⑧、④脚，不仅为它供电，而且为它的复位端提供高电平控制信号，使 IC 能够工作在触发状态；第二路通过双向晶闸管 SCR 为电机供电；第三路通过 R1、R4 分压限流，加到 IC 的②脚，确保 IC 的③脚输出市电过零触发信号，使 SCR 在市电过零处导通，以免它导通瞬间因功耗大损坏。

2．触发信号形成电路

当 IC 的②脚输入的市电过零信号不足 Vcc 的 1/3 时，IC 的③脚可以输出高电平触发电压，该电压通过 C3 和 T2 耦合，使双向晶闸管 SCR 导通，为电机 M 供电，开始吸尘。同时，C1 两端电压通过手柄内的转速调整电位器、可调电阻 W1 和 R2 对 C2 充电。C2 两端电压不足 2/3Vcc 时，IC 的③脚仍输出触发信号，一旦 C2 两端电压达到 2/3Vcc 时，IC 的③脚输出低电平电压，SCR 过零截止，使电机停转。因此，通过调整手柄内的电位器，可改变 C2 的充电速度后，进而可改变 SCR 的导通程度。SCR 的输出电压与其导通程度成正比。当 SCR 输出电压增大后，电机旋转速度加快，反之相反。这样，通过调整电位器就可以改变电机转速，也就调整了吸尘器的吸力大小。

3．常见故障检修

（1）电机不运转

该故障的主要原因：1）电源开关 K 开路，2）电源电路异常，3）触发信号形成电路异常，4）双向晶闸管 SCR 异常，5）电机 M 的绕组开路。

确认市电正常后，拆开机壳，测电机两端有无供电，若有，检查电机；若没有，说明双向晶闸管 SCR 或其触发电路异常。此时，测 SCR 的 G 极有无触发信号输入，若有，检查 SCR；若没有，测滤波电容 C1 两端有无 12V 直流电压，若有，检查 C2、R2、电位器、W1 和 IC；若没有，说明电源电路异常。此时，测电源变压器 T1 的初级绕组有无 220V 市电输入，若没有，检查电源开关 K 及线路；若有，检查 T1、D1～D4、C1。

（2）电机转速过快

该故障的主要原因：1）双向晶闸管 SCR 击穿，3）电容 C2 的容量不足或开路，3）电位器 RP 异常。

SCR 是否正常，用万用表电阻挡或通断测量挡在路测量就可以确认；怀疑 C2 异常时，可在电路板背面相应的位置并联一只相同的电容后，若恢复正常，则说明 C2 异常。若它们正常，则检查电位器。

（3）电机转速慢

该故障的主要原因：1）市电电压低，2）双向晶闸管 SCR 输出电压低。

首先，检测插座的市电电压是否不足，若是，待市电恢复正常或检修插座。确认市电正常后，测 C2 两端电压是否正常；若不正常，检查 R1、电位器是否阻值增大，C2 是否漏电；若 C2 两端电压正常，测 SCR 的 G 极输入的触发电压是否正常，若正常，检查 SCR；若不正常，更换 IC（NE555N）。

二、剃须刀电路的检测

下面以龙的 NKX-6038/8018 型充电式剃须刀为例，介绍使用万用表检测充电型剃须刀电路故障的方法与技巧。该剃须刀电路主要由电动机、电动机供电电路、充电电路构成，如图 6-16 所示。原图无符号，为了便于电路分析，图中的元件序号由编者加注。

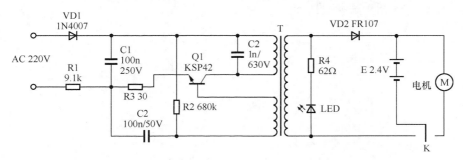

图 6-16 龙的 NKX-6038/8018 型充电剃须刀电路

1. 电动机供电电路

电动机供电电路比较简单，由电池、开关 K 构成。K 是 2 掷 1 开关，拨动 K 接通电动机回路后，电池存储的 2.4V 电压通过 K 的触点为电动机 M 供电，电机带动刀片旋转，完成剃须。断开 K 后，电机失去供电而停转。

2. 充电电路

充电电路由整流管 VD1、限流电阻 R1、滤波电容 C1、开关变压器 T、振荡管 Q1、启动电阻 R2、正反馈电容 C2 构成。

需要充电时，输入的 220V 市电电压经 VD1 半波整流，R1 限流、C1 滤波产生 100V 左右的直流电压。该电压不仅通过开关变压器 T 的初级绕组加到振荡管 Q1 的 c 极，而且通过 R2 和 T 的正反馈绕组为 Q1 的 b 极提供导通偏置电压，使 Q1 导通。Q1 导通后，它的 c 极电流使 T 的初级绕组产生上正、下负的电动势，致使正反馈绕组产生上负、下正的电动势，该电动势通过 Q1 的 be 结、R3、C2 使 Q1 因正反馈过程迅速饱和导通。Q1 饱和导通后，流过初级绕组的电流不再增大，因电感的电流不能突变，所以初级绕组通过自感产生反相电动势，使正反馈绕组相应产生反相的电动势，致使 Q1 因 be 结反偏置而迅速截止。Q1 截止后，T 的次级绕组输出的脉冲电压通过 VD2 整流后为电池充电。随着充电的不断进行，T 各个绕组的电流减小，于是它们再次产生反相电动势，如上所述，Q1 再次导通，重复以上过程，Q1 工作在振荡状态，T 就会不断的输出脉冲电压，满足电池充电的需要。

进入振荡状态后，T 的次级绕组输出的脉冲电压还经 R4 限流，使 LED 发光，表明剃须刀处于充电状态。

3. 常见故障检修

（1）电动机不转

该故障的主要原因：1）电池没电，2）开关 K 开路，3）电动机异常。

将剃须刀插入市电插座，并且指示灯 LED 发光，接通 K 后电动机能否运转，若能，说明电池异常；若不能，说明电动机或其供电电路异常。用通断挡或 R×1 挡在路测量开关 K 触点能否接通，若不能，更换即可；若能接通，说明电机或线路异常。

（2）不能充电

该故障的主要原因：1）整流、滤波电路异常，2）振荡器异常。

首先，用电压挡测滤波电容 C1 两端电压是否正常。若电压过低，检查 R1 是否阻值增大，若增大，还应检查 C1、VD1、Q1 是否击穿；若 R1 正常，检查 VD1 是否导通电阻大或 C1 开路。若 C1 两端电压正常，测 Q1 的 b 极有无启动电压，若无启动电压，检查 R2、Q1；若有，检查 VD2、C2 和开关变压器 T。

第七章　使用万用表检测电冰箱、洗衣机

第一节　使用万用表检测电冰箱

电冰箱凭借外表美观，能够保鲜食物、冰冻饮料、制作冰淇淋等功能，迅速走进千家万户。下面介绍机械控制型和电脑控制型电冰箱的电气系统的检测方法。

一、机械控制型电冰箱的检测

典型的机械控制型电冰箱的电气系统由机械式温控器、开关、压缩机、保护器等构成，如图 7-1 所示。

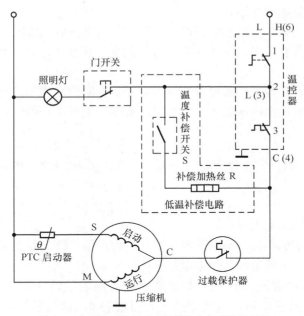

图 7-1　典型机械控制型电冰箱的电气系统原理图

1. 工作原理

（1）制冷控制

将温控器旋钮旋离"OFF"位置，温控器内的开关 S1、S2 闭合，接通压缩机的供电回路。因为 PTC 式启动器内热敏电阻的冷态阻值较小，仅为 22～33Ω，所以通电瞬间，220V 市电电压通过热敏电阻、压缩机启动绕组形成较大的启动电流，使压缩机电动机开始运转，同时热敏电阻因有大电流通过，温度急剧升至居里点以上，进入高阻状态（近似于开路），断开启动绕组的供电回路，完成启动。完成启动后，启动回路的电流迅速下降到 30mA 以内，运转

回路的电流下降到 1A 左右。

随着制冷的不断进行，蒸发器表面温度逐渐下降，温控器的感温管温度和压力也随之下降，感温腔的膜片向后位移，当降到某个温度时，使触点分离，切断压缩机供电电路，压缩机停转，制冷结束，进入保温状态。保温期间，蒸发器表面的温度会随着压缩机停转时间的增长而逐渐升高，引起感温管的温度也随之升高，管内感温剂膨胀使压力上升，当升高到某个温度时，使触点闭合，为压缩机供电，电冰箱再次进入制冷状态。重复上述过程，温控器对压缩机运行时间和停止时间进行控制，确保箱内温度在一定范围内变化，实现制冷功能。

（2）温度补偿控制

由于单循环制冷系统的电冰箱主要通过冷藏室、冷冻室两个蒸发器的合理匹配来满足冷藏室、冷冻室降温要求，但是在冷冻室放入的东西过多或环境温度较低时，则需要温度补偿电路对冷藏室进行温度补偿，以免冷冻室在环境温度过低时不能达到需要的冷冻温度。

当接通温度补偿开关 S 后，补偿加热丝 R 因获得 220V 市电电压开始发热，为冷藏室进行加温，从而实现温度补偿。当断开开关 S 后，补偿功能结束。

2. 故障检测

（1）压缩机不转且照明灯不亮

压缩机不转且照明灯不亮的故障说明该机没有市电电压输入或温控器的开关处于关闭状态。该故障的原因主要有 3 种：第 1 种是电冰箱的电源线损坏，第 2 种是温控器损坏，第 3 种是供电电路开路。

将温控器的旋钮调至最大，看照明灯能否发光，若能够发光，说明调整不当；若不能，则测电冰箱有无 220V 市电电压输入，若没有，检查市电插座及供电系统；若有，检查供电电路。

 提示 大部分电冰箱的温控器仅有一对触点，不对照明灯控制，照明灯仅受门开关的控制。

（2）照明灯亮，但压缩机不转

照明灯亮，但压缩机不转的故障原因主要有 3 种：第 1 种是温控器异常，第 2 种是过载保护器损坏，第 3 种是压缩机或其供电电路开路。

首先用指针型万用表的"R×1"挡或数字型万用表的通断测量挡测温控器开关的阻值，若阻值过大，说明它损坏，需要更换；若阻值为 0，说明它正常。接着，测过载保护器两端的阻值，若阻值过大，说明它已开路损坏，需要更换；若阻值为 0，说明它正常。再测压缩机运行绕组两端有无 220V 供电电压，若没有，检查供电线路；若有，检查压缩机。

（3）电动机不转，有"嗡嗡"声

该故障的主要原因：1）启动器损坏，2）压缩机异常。

首先，用万用表的电阻挡测压缩机绕组的阻值，若阻值小于正常值，说明绕组有短路现象，需要修复或更换压缩机；若阻值正常，则检查启动器。当然，也可以先检查启动器，后检查压缩机。

（4）冷藏室结冰，压缩机不停机

该故障的原因主要是温控器异常。

首先，将温控器旋钮左旋到头，再用指针型万用表的"R×1"挡或数字型万用表的通断测量挡测温控器开关的阻值，若阻值仍然为 0，说明触点短路；若阻值为无穷大，说明温控器感温管等损坏。

（5）不能进行温度补偿

该故障的主要原因：1）补偿开关开路，2）是补偿加热丝开路。

接通补偿开关，测补偿加热丝两端有无 220V 电压，若有，说明补偿加热丝开路；若没有，测补偿开关的阻值，若阻值为无穷大，说明开关损坏；若阻值为 0，检查供电电路。

二、电脑控制型电冰箱的检测

电脑控制型电冰箱的控制系统采用了电脑控制技术，下面以海尔 HCD-237@/257@/287@ 电脑控制型电冰箱为例进行介绍。该机的电气系统原理图如图 7-2 所示。

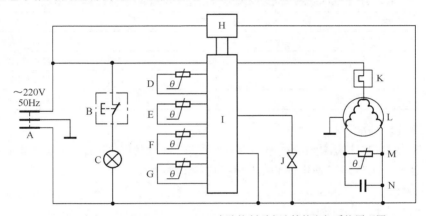

图 7-2　海尔 HCD-237@/257@/287@电脑控制型电冰箱的电气系统原理图

1. 工作原理

该机的系统控制电路由主控板、温度传感器（负温度系数热敏电阻）等构成。它具有自动制冷、自动化霜、开机延迟、超温报警等功能。

（1）制冷控制

该机的控制系统为了实现冷冻室和冷藏室温度的不同控制，不仅需要控制压缩机的运行时间，还要控制电磁阀的工作状态。

当冷冻室、冷藏室的温度升高到设置值并被冷冻室、冷藏室的温度传感器检测后，它们的阻值减小，经主控板上的阻抗信号/电压信号转换电路转换为电压信号传送给 CPU，被 CPU 检测后输出制冷控制信号，控制继电器接通压缩机的供电回路，启动压缩机运转，开始制冷，同时输出的电磁阀控制信号使电磁阀 J 关闭通往冷冻室毛细管的端口，而打开通往冷藏室毛细管的端口。这样，制冷剂可以通过冷藏室蒸发器、冷冻室蒸发器对冷藏室和冷冻室进行降温。随着压缩机的不断运行，冷藏室和冷冻室的温度开始下降。当冷藏室的温度达到设置温度后，冷藏室的温度传感器的阻值增大，被 CPU 检测后，CPU 输出电磁阀控制信号，使电磁阀 J 关闭通往冷藏室毛细管的端口，而打开通往冷冻室毛细管的端口，此时制冷剂仅通过冷冻室蒸发器，继续对冷冻室进行降温。当冷冻室的温度达到要求后，冷冻室的温度传感器的阻值增大，被 CPU 检测后，CPU 输出停机信号，控制继电器切断压缩机的供电回路，压缩机停转，制冷结束。

（2）门开关及其控制

该机冷藏室设置了门开关。该开关不仅控制照明灯的工作状态，还要控制风扇电动机的工作状态。

当冷藏室的箱门关闭时门开关断开，使照明灯熄灭；当冷藏室打开时门开关闭合，使照明灯发光。

（3）故障自诊断功能

为了便于生产和维修，该系统设置了故障自诊断功能（简称为自诊功能）。当该机温度传感器异常被主控制板上的 CPU 检测后，CPU 控制显示屏的温度显示栏显示故障代码，提醒维修人员故障原因。故障代码与故障原因的关系如表 7-1 所示。

表 7-1　　　海尔 HCD-237@/257@/287@电脑控制型电冰箱的故障代码与故障原因

序　号	故 障 代 码	故 障 原 因
1	F1	冷藏室传感器故障
2	F2	环境传感器故障
3	F3	环境温度传感器故障
4	F4	冷冻室温度传感器故障

（4）故障处理功能

当主控板上的 CPU 检测到冷冻室、冷藏室温度传感器都异常后，在非化霜状态下，控制压缩机进入定时控制状态，使电冰箱的制冷功能得到保障。

2．故障检测

（1）整机不工作

该机产生该故障主要是由于市电供电系统、电源板上的电源短路或主控板异常所致。

首先，用万用表的交流电压挡检测市电插座有无 220V 市电电压，若没有，检查供电系统；若有，将电源线插入市电插座，测电源线另一端电压，若电压不正常，说明电源线异常；若电压为 220V，说明故障发生在电冰箱的电路板上。拆下电路板后，查看电源板上的熔断器是否熔断，若熔断，检查击穿短路或漏电的元器件；若正常，检查电源电路。

（2）显示正常，但压缩机不运转

显示正常，但压缩机不运转，说明压缩机或其供电电路异常。该故障的主要原因有：一是 CPU 未输出压缩机运转信号，二是压缩机供电继电器及其驱动电路异常，三是压缩机或其过载保护器异常等。

测压缩机运行绕组两端有无市电电压，若有，检查压缩机；若无，检查电脑板能否输出市电电压，若能，检查过载保护器；若不能，检查压缩机供电电路。首先，测压缩机供电继电器的激励管是否导通，若能导通，检查继电器及供电系统；若不能，检查该管和 CPU。

（3）显示故障代码"F1"

显示故障代码"F1"，说明冷藏室传感器 D 或其阻抗信号/电压信号转换电路异常。首先，测传感器 D 是否正常，若不正常，更换同型号的热敏电阻即可；若正常，查阻抗信号/电压信号转换电路的阻容元件。

 提示　显示故障代码"F2"、"F3"、"F4"故障的检修思路和方法与"F1"代码代表的故障相同，不再介绍。

第二节　使用万用表检测洗衣机

洗衣服是人们日常生活中必不可少的一项劳动，而洗衣机将人们从繁重的洗衣服劳动中解脱出来。随着人们生活水平的提高，洗衣机已走进千家万户。下面介绍用万用表检测机械控制型和电脑控制型洗衣机电气系统的方法与技巧。

一、机械控制型洗衣机的检测

典型的机械控制型洗衣机的电气系统由电动机、定时器、开关、启动器等构成，如图7-3所示。

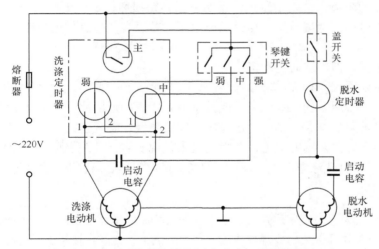

图7-3　典型机械控制型洗衣机的电气系统原理图

1. 工作原理

（1）洗涤控制

该机的面板上有个琴键开关，通过该开关就可以选择"强"、"中"、"弱"洗3种方式。当按压强洗开关时，220V市电电压通过该开关、定时器的主凸轮组触点、洗涤电动机构成回路，在启动电容的配合下，洗涤电动机开始运转，实现衣物的洗涤。由于强洗开关直接将市电电压送到洗涤电动机，所以强洗状态下电动机是连续且单向运转的。

当按压中洗或弱洗开关时，定时器内相应的凸轮组触点分别为洗涤电动机两个端子轮流供电，所以洗涤电动机是正转、反转交替运行的。

（2）脱水控制

当盖严脱水桶的上盖使盖开关接通，并且旋转脱水定时器使其触点接通后，市电电压不仅加到脱水电动机的一次绕组两端，而且在启动电容 C 的作用下，使流过二次绕组的电流超前一次绕组 90°的相位差，于是一、二次绕组形成两相旋转磁场，驱动转子运转，带动脱水桶旋转，实现衣物的甩干脱水。

2. 故障检测

（1）两个电动机都不转

两个电机不转的故障说明该机没有市电电压输入或定时器的开关处于关闭状态。该故障原因主要有 3 种：第 1 种是洗衣机的电源线损坏，第 2 种是电动机损坏导致熔断器熔断，第 3 种是供电线路开路。

首先查看熔断器是否正常，若熔断，检查两个电动机的绕组是否短路；若熔断器正常，用万用表的二极管挡检测供电电路是否断路即可。

（2）脱水电动机转，但洗涤电动机不转，无"嗡嗡"声

该故障的主要原因：1）洗涤定时器异常，2）琴键开关损坏，3）洗涤电动机或其供电电路开路。

首先，用指针型万用表的"R×1"挡或数字型万用表的通断测量挡测洗涤定时器主凸轮组触点间的阻值，若阻值过大，说明它已损坏，需要更换；若阻值为 0，说明它正常。接着，测琴键开关两端的阻值，若阻值过大，说明它已开路损坏，需要更换；若阻值为 0，说明它正常。再测洗涤电动机两端有无 220V 供电电压，若没有，检查供电电路；若有，修复或更换电动机。

（3）强洗正常，但中洗时电动机不转

该故障的主要原因：1）洗涤定时器异常，2）琴键开关损坏，3）供电电路开路。

首先用指针型万用表的"R×1"挡或数字型万用表的通断测量挡测洗涤定时器中洗凸轮组触点间阻值，若阻值过大，说明它已损坏，需要更换；若阻值为 0，说明它正常。接着，测琴键开关的中洗开关两端的阻值，若阻值过大，说明它已开路损坏，需要更换；若阻值为 0，说明它正常。再测洗涤电动机两端有无 220V 供电电压，若没有，检查供电电路；若有，修复或更换电动机。

 方法 与 技巧　由于强洗开关不常用，所以中洗开关损坏后，可焊下强洗开关上的引线并包扎好，而将中洗开关的引线焊在强洗开关的触点上，这样在按强洗开关时，实际工作在中洗状态。

（4）洗涤正常，但不能脱水

该故障的主要原因：1）脱水桶盖开关异常，2）脱水定时器损坏，3）脱水电动机或其供电电路开路。

首先，测量脱水电动机两端有无 220V 供电电压，若有，修复或更换电动机；若没有，检查供电电路。此时，测量脱水桶盖开关能否接通，若不能，维修或更换；若正常，测脱水定时器是否正常，若不正常，更换即可；若正常，检查线路。

（5）电动机不转，有"嗡嗡"声

该故障的主要原因：1）启动电容损坏，2）是电动机异常。下面以脱水电动机为例进行介绍。

首先，用万用表的"R×1"挡或"R×10"挡测脱水电动机的绕组阻值，若阻值小于正常值，说明绕组有短路现象，需要修复或更换电动机；若阻值正常，则检查启动电容。当然，也可以先检查启动电容，后检查电动机。

提示

电动机绕组短路时，通常会发出焦味并且电动机的表面会烫手。

二、电脑控制型洗衣机的检测

电脑控制型洗衣机的控制系统采用了电脑控制技术，下面以小天鹅 XQB30-8 型全自动洗衣机为例进行介绍。该机的电气系统原理图如图 7-4 所示，电路原理图如图 7-5 所示。

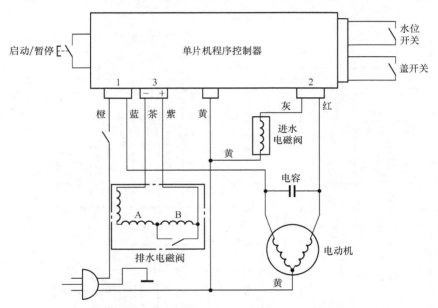

图 7-4 小天鹅 XQB30-8 型全自动洗衣机的电气系统原理图

1. 工作原理

（1）电源电路

如图 7-5 所示，接通电源开关 S 后，市电电压通过 C1 滤波后，加到变压器 Tr 的一次绕组上，由它降压后输出 10V 左右（与市电电压高低有关）的交流电压。该电压经 VD1～VD4 全桥整流、C1 滤波产生 14V 直流电压，再通过限流电阻 R3、稳压管 VD5、二极管 VD6、调整管 VT1 稳压输出 5.6V 电压。该电压一路通过 VD8 输出，经 C6 滤波后为操作控制电路供电；另一路通过 VD7 输出，经 C4、C5 滤波后，为微处理器（CPU）IC（14021WFW）等电路供电。

市电输入回路的 ZNR 是压敏电阻，它的作用是防止市电电压过高损坏变压器 Tr 等元器件。市电电压升高时，ZNR 击穿，使输入回路的熔断器熔断（图中未画出），实现市电过电压保护。

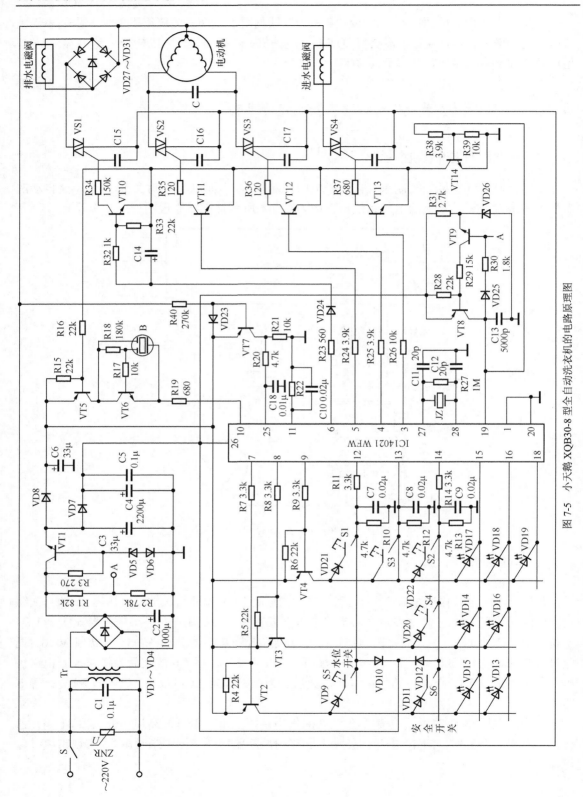

图 7-5 小天鹅 XQB30-8 型全自动洗衣机的电路原理图

（2）CPU 电路

如图 7-5 所示，CPU 电路是以 IC（14021WFW）为核心构成的，14021WFW 的引脚功能如表 7-2 所示。

表 7-2　　　　　　　　　　微处理器 14021WFW 的引脚功能

脚　位	功　　能	脚　位	功　　能
①	接地	⑮	显示屏驱动信号输出
②	未用	⑯	显示屏驱动信号输出
③	进水电磁阀控制信号输出	⑰	未用
④	电动机正转控制信号输出	⑱	显示屏驱动信号输出
⑤	电动机反转控制信号输出	⑲	欠电压保护信号输入
⑥	排水电磁阀控制信号输出	⑳	接地
⑦	键控扫描信号输出	㉑	未用
⑧	键控扫描信号输出	㉒	未用
⑨	键控扫描信号输出	㉓	未用
⑩	蜂鸣器驱动信号输出	㉔	未用
⑪	复位	㉕	50Hz 同步信号输入
⑫	键控信号输入	㉖	供电
⑬	键控信号输入	㉗	时钟振荡器
⑭	键控信号输入	㉘	时钟振荡器

5V 供电：接通开关 S，待电源电路工作后，由其输出的 5V 电压经电容 C4、C5 滤波，加到 IC 的供电端㉖脚，为 IC 供电。

复位：该机的复位电路由 IC 和⑪脚外接的 R22、C10 构成。该电路在开机瞬间为 IC 内的存储器、寄存器等电路提供复位信号，使它们清零复位。经一段时间的延迟后复位结束，IC 开始工作。

时钟振荡：IC 得到供电后，它内部的振荡器与㉗、㉘脚外接的晶体振荡器 JZ 和移相电容 C11、C12 通过振荡产生时钟信号。该信号经分频后协调各部位的工作，并作为 IC 输出各种控制信号的基准脉冲源。

（3）市电欠电压保护电路

如图 7-5 所示，市电电压经变压器 Tr 降压，再通过 VD1～VD4 桥式整流、C2 滤波后产生的直流电压，经 R1、R2 分压后产生取样电压。该电压在市电正常时使 VT9 导通，通过 R29 使 VT8 导通，VT8 的 c 极输出的电压不仅为 IC 的⑲脚提供高电平取样信号，而且通过 R38、R39 分压限流后使 VT14 导通，将放大管 VT11～VT13 的 e 极接地，使它们可以工作。

（4）市电过零检测电路

为了保证双向晶闸管（双向可控硅）不在导通瞬间过电流损坏，需要设置市电过零检测（同步控制）电路。

如图 7-5 所示，该电路由 VT7、R40、R20 和滤波电容 C18 组成。由市电电压通过 R40 限流，再经 VT7 倒相放大产生 100Hz 的交流信号。该信号作为基准信号通过 R20 限流、C18 滤波后，加到 IC 的㉕脚。IC 对㉕脚输入的信号检测后，输出双向晶闸管驱动信号，确保双向晶闸管在市电电压的过零点处导通，从而避免了双向晶闸管在导通瞬间因导通损耗大而损坏。

（5）进水控制电路

如图 7-5 所示，需要加水时，IC③脚输出的 100Hz 过零驱动信号经 R26 限流，再经 VT13 放大，使双向晶闸管 VS4 导通，为加水电磁阀的线圈通电，使其产生磁场后，电磁阀内的阀芯打开，自来水流入水桶，实现注水功能。

（6）洗涤控制电路

如图 7-5 所示，需要洗涤时，IC④、⑤脚输出电动机驱动信号。⑤脚输出的低电平信号使 VT11 截止，双向晶闸管 VS2 截止，而④脚输出的 100Hz 过零驱动信号经 R25 限流，再经 VT12 放大，使双向晶闸管 VS3 导通，为电动机供电，使电动机正向运转。当 IC 的④脚输出低电平信号时 VT12 截止，VS3 截止，而⑤脚输出的 100Hz 过零驱动信号经 R24 限流，再经 VT11 放大，使 VS2 导通，为电动机供电，使电动机反向运转。

（7）排水控制电路

如图 7-5 所示，需要排水时，IC⑥脚输出的 100Hz 过零驱动信号通过 R23 限流，再通过 VD24 隔离、C14 滤波、R32 限流后，经 VT10 放大，使双向晶闸管 VS1 导通，市电电压经 VD27～VD31 整流后，为排水电磁阀的线圈通电，使其产生磁场后，电磁阀内的阀芯打开，将桶内的水排出。

（8）蜂鸣器控制电路

如图 7-5 所示，当程序结束或需要报警时，IC⑩脚输出的 3kHz 左右的音频信号经 R19 限流，再经 VT6 放大后，驱动蜂鸣器 B 鸣叫。

2．故障检测

（1）指示灯不亮，蜂鸣器也不叫，并且熔断器熔断

该故障说明该机没有市电输入电路或电动机异常。

首先，查看熔断器是否正常，若熔断，用指针万用表"R×1"挡或数字型万用表通断测量挡检测压敏电阻 ZNR、滤波电容 C1 是否击穿，若击穿，更换即可；若正常，检测电动机的绕组是否匝间短路，若短路，需要修复或更换；若正常，多为熔断器自身损坏，更换熔断器即可。

提 示
在市电电压比较稳定的地区，ZNR 损坏后可以不安装。

（2）指示灯不亮，蜂鸣器也不叫，但熔丝管正常

该故障说明该机没有市电电压输入或电源电路、CPU 电路未工作。

首先，测电源输出的 5V 电压是否正常，若不正常，测 VT1 的 c 极电压是否正常，若正常，说明 5V 电源或它的负载异常。怀疑负载短路时可利用万用表电阻挡测该元器件的供电端对地阻值，若阻值较小，则说明该器件短路。若短路点不好查找，可结合开路法，即分别断开单元电路的供电端子，再通过测供电端子对地电阻的阻值，就可查出故障点；若负载正常，则检查 VT1、VD5、VD6、R3。若 VT1 的 c 极电压也不正常，测变压器 Tr 的一次绕组有无市电电压输入，若没有，检查开关 S 和市电输入电路；若正常，检查 Tr。Tr 损坏必须要检查 C2、VD1～VD4 是否正常，以免再次损坏。

若 5V 供电电路正常，检查操作键是否正常，若正常，则检查 CPU 电路。检查 CPU 电路时，首先要确认它的⑪、㉗、㉘脚外接元器件正常后，才能怀疑 CPU 损坏。

（3）不能进水

该故障主要是由于进水管、进水电磁阀及其供电电路异常所致。

检查进水管正常，怀疑进水电磁阀未工作或工作异常。

首先，测进水电磁阀的线圈有无 220V 市电电压，若有，修复或更换进水电磁阀；若没有供电，说明供电及其控制电路异常。首先，测 IC 的③脚有无驱动信号输出，若有，检查 R26、VT13、R37、VS4；若没有，检查 IC 及其控制电路。

 提示

　　电动机不能正转或不能反转以及不能排水的检修思路和不能进水故障相同。

（4）水到位后，不能洗涤，电动机不转

水到位后，不能洗涤，电动机不转，说明 CPU 电路异常、电动机或其供电电路开路。

首先检查电动机的绕组两端有无 220V 供电电压，若有，修复或更换电动机；若没有，测 IC 及其控制电路。

第八章 使用万用表检测彩电

彩电是普及率最高的家用电器。下面介绍使用万用表检测彩电主要电路的方法和技巧。

第一节 使用万用表检测 CRT 彩电

一、开关电源

在第五章介绍集成电路时，分析了几种由集成电路构成的彩电开关电源，下面以常见的三洋 A3 机芯彩电为例介绍分离元件构成的开关电源的检测方法。该电源电路由市电电压输入、消磁电路、主电源、微处理器（CPU）电源和待机控制电路组成，如图 8-1 所示。

1. 市电滤波与副电源

接通电源开关 S501 后，220V 市电电压经熔丝管 F501 输入，利用 C501、L502、C502 滤除电网中的高频干扰脉冲后，不但送到开关电源，而且通过变压器 T581 降压后，获得 15V 左右（与市电电压高低成正比）的交流电压。该电压经 VD582 整流、C581 滤波获得的 20V 左右直流电压送到 V581 的 c 极，同时经 R582 在 VD581 两端形成 5.6V 直流电压，该电压加到 V581 的 b 极后，它的 e 极输出 5V 电压。5V 电压经 C700 滤波后不仅为微处理器电路供电，而且经 R796 限流使电源指示灯 VD704 发光，表明副电源已工作。

2. 主电源电路

（1）功率变换

经线路滤波器滤波后的市电电压通过 R502 限流，由 VD503～VD506 全桥整流，经 L503 和 C507 滤波，在 C507 两端产生 300V 左右直流电压。

300V 电压一路开关变压器 T511 一次绕组（3-7 绕组）加到开关管 V513 的 c 极，为其供电；另一路经 R520、R521、R522 为 V513 的 b 极提供启动电流，使 V513 导通。V513 导通后，其导通电流在 T511 的一次绕组上产生上正、下负电动势，致使 T511 的正反馈绕组（1-2 绕组）产生的脉冲电压经 R519、C514、R524、V513 的 be 结构成回路，使 V513 因正反馈雪崩过程进入初始振荡状态。完成初始振荡进入稳定状态后，由 VD517 取代 C514 为 V513 提供受控的激励脉冲电压。L511 用于改善激励电压的波形。

开关电源工作后，T511 的 11-12 绕组产生的脉冲电压经 VD551 整流，C561 滤波获得 130V 电压，为行输出电路供电；11-13 绕组产生的脉冲电压经 VD552 整流，C562 滤波获得 180V 电压，为视频输出放大器供电；11-14 绕组产生的脉冲电压经 VD553 整流，C563 滤波获得 24V 电压，为场输出电路供电；10-15 绕组产生的脉冲电压经 VD554 整流，C564 滤波获得 15V 电压，经 R569 限流后由 12V 稳压器 N551 获得 12V 电压，为高、中频信号处理等电路供电；10-16 绕组产生的脉冲电压经 VD555 整流，C565 滤波获得 18V 电压，为伴音功放供电。

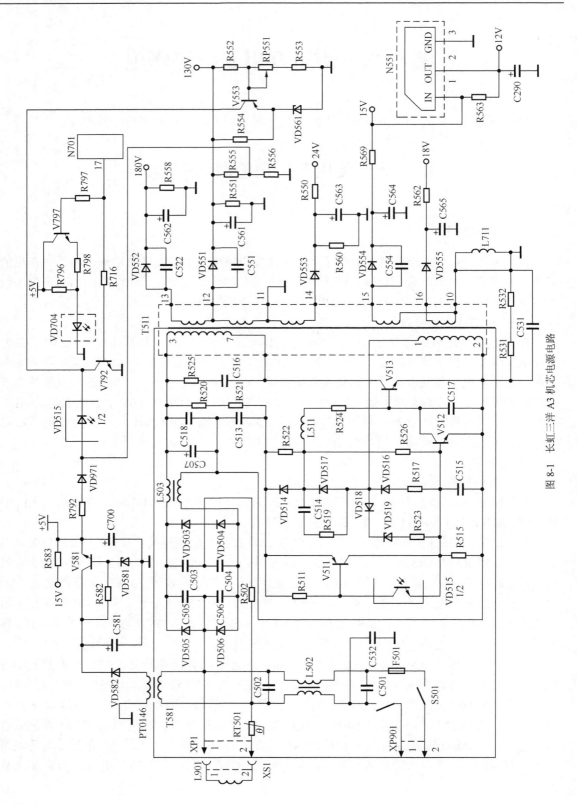

图 8-1 长虹三洋 A3 机芯电源电路

开关变压器 T511 一次绕组两端接的 C516、R525 构成了尖峰吸收回路。它用于在开关管 V513 截止瞬间，吸收 T511 一次绕组上产生的过高尖峰脉冲，以免 V513 过电压损坏。

（2）稳压控制

市电升高或负载变轻引起开关电源输出电压升高时，C561 两端升高的+B 电压不仅经 R555、R556 分压限流后，为光耦合器 VD515 的①脚提供的电压升高，而且经 R552、RP551、R553 取样后，使误差放大管 V553 的 b 极输入的电压升高，因 V553 的 e 极由稳压管 VD561 提供基准电压，所以 V553 导通加强，流过 VD515 内发光二极管的电流增大，使其发光加强，VD515 内的光敏三极管因受光加强而导通加强，使放大管 V511 导通加强，其 c 极输出的电压升高，使调频、调宽管 V512 提前导通，V513 导通时间缩短，开关变压器 T511 储能下降，输出电压下降到规定电压值，实现稳压控制。反之，稳压控制过程相反。

调整可调电阻 RP551 可在一定范围内，改变开关电源输出电压的大小。

（3）限压控制

当误差取样、放大电路或光耦合器 VD515 异常，导致 V511 的 b 极不能输入稳压控制信号时，开关管 V513 导通时间增大，引起开关变压器 T511 各个绕组产生的脉冲电压升高，此时 T511 的 1-2 绕组升高的脉冲电压经 VD518 整流获得的电压升高。该电压使稳压管 VD519 击穿导通，通过 R523 为 C515 充电，可在一定范围内限制 V513 的导通时间，以免 V513 过电压损坏。不过，即使该电路动作，开关电源输出的电压也会升高，部分彩电的 B+电压可达到 180V 左右，所以仍会导致行输出管、场输出块等器件过电压损坏。

3．遥控开/关机电路

遥控开/关机控制电路由微处理器 N701、光电耦合器 VD515 等元器件构成。

（1）待机控制

遥控关机时，微处理器 N701 待机控制端⑰脚输出的控制信号为高电平，经 R716 限流使待机控制管 V792 导通，致使光耦合器 VD515 的②脚电位急剧下降到约 4V，所以 VD515 内的发光二极管发光达到最大，VD515 内的光敏三极管饱和导通，致使 V511 和调宽管 V512 相继饱和导通，开关管 V513 截止，开关电源停止工作，行场扫描等电路停止工作，该机进入待机状态。

（2）开机控制

遥控开机时，N701 的⑰脚输出的控制信号变为低电平，使 V792 截止，不影响 VD515 的②脚电位，开关电源在稳压控制电路的控制下正常工作，负载电路获得供电后进入收看状态。

4．故障检测

（1）整机不工作，指示灯不亮

该故障的主要原因：1）无市电电压输入，2）消磁电路异常，3）开关电源异常，4）微处理器电源未工作。

首先，检查熔丝管 F501 是否正常，若正常，说明故障发生在市电输入电路或微处理器电源。首先，用万用表的交流电压挡测变压器 T581 的一次绕组有无市电电压输入，若没有，检查电源开关 S501 和供电电路；若有市电电压输入，测 C581 两端电压是否正常，若无电压，检查 T581、VD582；若电压正常，检查 V581、VD581、R582、C700。若 F501 熔断，说明消磁电路、开关电源异常。首先，用数字型万用表的通断测量挡在路测 C507 两端阻值，若阻值为 0 或较小，说明 C507 或开关管 V513 击穿；若 C507 两端阻值正常，则在路测整流管 VD503～VD506 的正、反向导通压降，若为 0，说明整流管击穿；若导通压降正常，检查消磁电阻 RT501。

 注意 开关管 V513 击穿必须要检查尖峰脉冲吸收元件、滤波电容 C507 和稳压控制电路，以免更换后的开关管再次损坏。

（2）指示灯亮，但开关电源无电压输出且无叫声

该故障的主要原因：1）待机控制电路异常，2）开关电源未工作。

测待机控制管 V792 的 b 极电压，若电压为 0，说明待机控制电路正常，脱开 V792 的 c 极后，若开关电源能够工作，说明 V792 击穿；若脱开后，开关电源仍无电压输出，说明开关电源异常。首先，测开关管 V513 的 b 极电压，若电压为 0，说明电阻 R520、R521、R524 开路或调宽管 V512、误差放大管 V511 的 c、e 极间击穿，可以在断电后，采用数字型万用表通断测量挡在路检测进行确认。若 V513 的 b 极有启动电压，说明正反馈回路异常，主要检查 R519、C514。

（3）开关电源输出电压极低，有高频叫声

该故障说明该机开关电源已工作，但由于自身原因或负载短路，导致开关电源工作在低频振荡状态所致。

首先，用数字型万用表的通断测量挡在路测开关变压器 T511 二次绕组所接的整流管 VD551～VD555 的正、反向导通压降，若数值为 0，说明该整流管或其负载有元器件击穿短路，通过脱开整流管的一个引脚后测量就可以确认是整流管击穿，还是负载有元器件击穿；若数值正常，检查 C515、V511、VD517、C514、VD519。

确认负载击穿，如行输出管击穿时，不能轻易更换，必须确认开关电源正常后，才能更换，以免再次损坏。这是因为该机开关电源未设置过电压保护电路。首先，焊下损坏的行输出管后，脱开 R569、R562 的一个引脚，在滤波电容 C561 两端接一只 100W 白炽灯，将万用表置于直流“250V”挡，将表笔接在 R551 两端，开机后，若白炽灯发光正常，且万用表测出的电压值为 130V 左右，说明开关电源正常，行输出管损坏是由于自身原因或行输出变压器异常等原因所致；若白炽灯发光过亮且测出的电压值超过 130V，迅速关机，说明开关电源的稳压控制电路异常。检查该电路时，先用导线短接误差放大器 V553 的 c、e 极，若电压低于正常值，说明 R552、RP551、V553 异常；若电压仍高，说明取样电阻 R555 阻值增大，否则，检查放大器 V511 和光耦合器 VD515。

（4）屏幕上有条纹干扰

该故障主要是由于末级视频电路供电低且纹波大所致。对于 A3 机芯彩电，主要是 180V 供电的滤波电容 C562 容量不足所致。用直流 250V 电压挡测 C562 两端电压低于 180V 即可确认。查看焊下的 C562 通常会发现它引脚上有漏液的痕迹。另外，C515、V512 异常也会产生该故障。不过，它们异常时开关变压器会发出高频叫声。

5. 维修参考数据

长虹 C2151 型彩电开关电源三极管的引脚电压数据如表 8-1 所示，光电耦合器 VD515（PC817 或 TLP621）的引脚功能和电压数据如表 8-2 所示，电压输出端电压与对地电阻数据

如表 8-3 所示。

表 8-1　　　　　长虹 C2151 型彩电开关电源三极管在开机、待机时的电压数据

电压(V)　　　　管号	待 机 状 态			开 机 状 态		
	b	c	e	b	c	e
V511（2SA608）	0.16	0.16	0.3	9.5	−0.28	10
V512（2SC3807）	0.16	0	0	−0.3	−0.2	0
V513（2SC4429）	0	302	0	−0.17	300	0
V533（2SC536）	0	0	0	6.9	39	6.1

表 8-2　　　　　长虹 C2151 型彩电开关电源光电耦合器的引脚功能和电压数据

脚 位	功 能	电压（V）		对地电阻（kΩ）	
		开 机	待 机	正 测	反 测
①	发光二极管正极	36.2	1.2	6.5	15
②	发光二极管负极	35.3	0.1	9.5	∞
③	光敏三极管 e 极	−1.1	0.5	6.5	5
④	光敏三极管 c 极	10	0.5	19	31

表 8-3　　　　长虹 C2151 型彩电开关电源输出端电压和对地电阻（整流管两端）数据

电压输出端		180V 输出端	130V 输出端	26V 输出端	18V 输出端	15V 输出端
电压(V)		179	130	26	18	15.2
电阻/kΩ	正测	4	3.5	1.3	4	0.4
	反测	120	13	110	100	0.4

二、行扫描电路

下面以康佳 K 型彩电为例介绍行扫描电路的检测方法。该电路以超级单片 TDA9383 为核心构成，如图 8-2 所示。

1. 行扫描小信号处理电路

在 N101（TDA9383）内部，视频信号或含复合同步信号的亮度信号经同步分离电路处理，获得行同步信号送到 AFC1（HPLL1）电路，同时内置的 1 600f_H 压控振荡器（VCO）产生的振荡脉冲经分频获得的行频脉冲也送到 AFC1 电路，两者进行相位比较后获得的误差电流通过⑰脚外接的 C478、R479、C475 低通滤波产生直流误差控制电压。该电压对压控振荡器实施控制，使行频信号 f_H 与行同步信号准确同步。

由于微处理器电路晶体振荡器产生的 12MHz 频率信号为压控振荡器提供基准频率，所以该振荡器无须设置晶体振荡器。

同步后的行频信号送到 AFC2（HPLL2）电路，同时行输出变压器 T402⑩脚输出的行逆程脉冲经 R423、C426、R436 限流耦合，由 N101 的㉞脚输入到 AFC2 电路，与同步后行频脉冲在 AFC2 电路比较后，获得的误差电流经⑯脚外接的 C479 滤波后获得控制电压，对振荡器实施控制，确保㉝脚输出的行激励信号相位的准确，也就保证了图像与光栅相对位置的准确。VD405、VD406 用作保护。

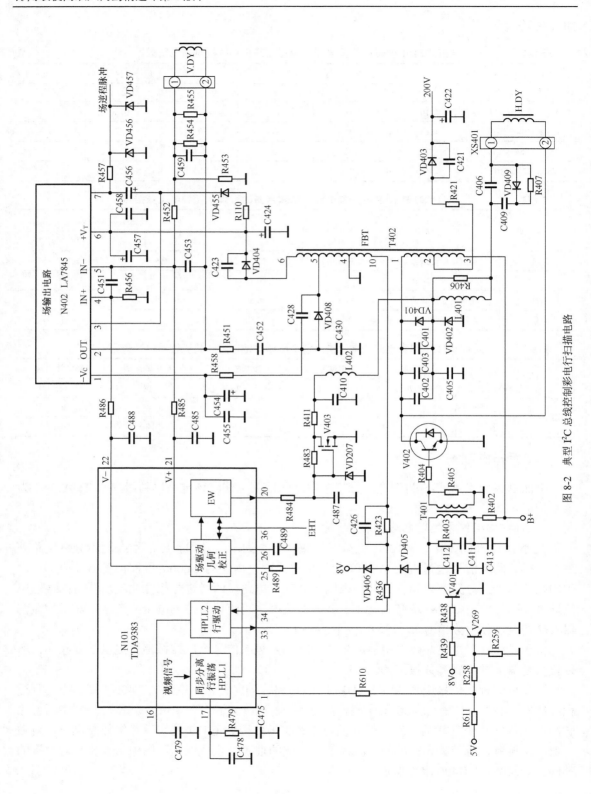

图 8-2　典型 I²C 总线控制彩电行扫描电路

2. 行激励、行输出电路

N101（TDA9383）㉝脚输出的行激励脉冲信号 R438 限流后，使行激励管 V401 工作在开关状态，行激励变压器 T401 二次绕组输出的激励信号经 R404 限流，使行输出管 V402 工作在开关状态。B+电压经 R402 限流、C413 滤波获得的电压为行激励电路供电。C412、R403、C411、C413 用来抑制 V401 截止期间产生的尖峰脉冲，以免 V401 过电压损坏。

该机为了便于水平枕形失真、梯形失真的校正和行幅调整，采用了 DDD 型行输出电路。T402 是行输出变压器，连接器 XS401 接的 H.DY 是行偏转线圈，C406 是 S 校正电容，L401 是行线性校正电感，C401～C403 和 C405 是行逆程电容，VD401、VD402 是阻尼管，L402 是调制电感，C410 是调制电容。C401～C403、C406、VD401 和行偏转线圈构成偏转谐振回路，C406 两端电压是该回路的电源；C405、L402、C410、VD402 构成的是调制谐振回路，C410 两端电压是该回路的电源；由 T402 一次绕组、分布电容和 V402 内的阻尼管构成的是主谐振回路，B+电压是该回路的电源。

3 个谐振回路在行输出管 V402 的控制下，具有相同的谐振频率。由偏转谐振回路形成行频锯齿波电流，以便行偏转线圈完成行扫描；调制回路可实现水平失真校正和行幅调节；主回路形成行逆程脉冲。该脉冲经 T402 转换为多种脉冲电压，这些脉冲电压经整流后，除了为显像管灯丝、阳极、加速极等提供电压外，还为视频输出、场输出等电路供电。

3. 水平几何失真/梯形失真校正、行幅控制

如图 8-2 所示，该机的水平枕形失真、梯形失真的校正及行幅调整电路由 TDA9383 内部电路和相关电路构成。

N101（TDA9383）⑳脚输出的场频锯齿波脉冲经 R484 限流，由场效应管 V403 倒相放大后，通过调制电感 L402 使阻尼管 VD401、VD402 中点电压按场频抛物波变化，从而调制了行偏转电流，实现了水平枕形失真的校正。

⑳脚输出的场频抛物波脉冲受 I^2C 总线调整。调整场频抛物波的幅度时，实现水平枕形失真的校正；调整场频抛物波的前后沿时间，实现梯形失真的校正；调整场频抛物波的起始电平，可校正四脚（拐角）失真；调整抛物波的直流分量时，可改变 VD401、VD402 中点的直流电压的高低，实现行幅调整。VD402 两端电压升高时行偏转电流下降，使行幅减小。反之，行幅变大。

4. 故障检测

（1）无光栅、无高压且无叫声

无光栅说明行扫描电路或显像管电路未工作。对于图 8-2 所示的行扫描电路，引起该故障的原因主要是行振荡器、行激励电路、行输出电路异常。

首先，测扫描芯片 N101（TDA9383）的 33 脚有无激励信号输出，若有，说明故障发生在行激励、行输出电路；若无信号输出，说明行振荡、PLL 电路异常。当行振荡、PLL 电路异常时，主要检查 C479、C478、C475、R479；若它们正常，多为 N101 异常。确认故障发生在行激励、行输出电路时，测行激励管 V401 的 b 极电压，正常时为 0.4V，若没有电压，检测 V269 的 b 极有无导通电压，若有，检查待机控制电路；若没有，查 R439、R438 是否开路以及 V269 的 ce 结、V401 的 be 结是否击穿；若电压正常，测 V401 的 c 极电压，若电压过低，查 R402 是否阻值增大，T401 是否开路或引脚脱焊，C413、C412、V401 是否击穿；若电压过高，说明 V401 开路；若电压正常，测 V402 的 b 极电压是否为 −0.1V 左右电压，

若是，检查行输出变压器 T402；若不是，检查 T401、V402。

（2）无光栅、无高压，但有"吱"的一声

该故障的主要原因是行激励电路、行输出电路异常。

首先，在路测行输出管 V402 的 c、e 极间阻值，若阻值为 0，说明 V402 击穿。通过悬空它们的一个引脚后，再测量就可以确认。V402 击穿，还要检查它击穿的原因。行输出管击穿的原因主要有：一是行输出变压器 T402 损坏，二是行逆程电容容量减小，三是行激励电路的 T401、C413、C412 异常。

（3）无光栅，有高压

引起该故障的主要原因是行输出变压器 T402 的聚焦极、加速极供电组件损坏，不能为显像管提供正常的加速极电压。

（4）枕形失真

大屏幕彩电设置了水平枕形失真校正电路，该电路异常就会产生光栅水平两侧内凹的枕形失真故障。引起该故障的主要原因：1）N101 未输出场频抛物波信号，2）放大器 V403 异常，3）调制电容 C410 漏液失容，4）调制电感 L402 异常。

首先，查看 L402、V403 的引脚是否脱焊，若脱焊，需要补焊；若正常，检查 C410 是否容量不足，若是，更换同规格的无极性的电解电容即可排除故障。若 C410 正常，查放大器 V403 是否开路、D207 是否短路，若异常，更换即可；若正常，依次查 L402、C487、R484、N101。

（5）行幅大

大屏幕彩电的行输出电路采用 DDD 型行输出电路。DDD 型行输出电路的下阻尼管两端电压低于正常值时，会产生行幅大的故障。

在路测下阻尼二极管 VD402 两端阻值是否过小，若是，说明 VD402、C405、C410 击穿；若正常，检查 V403、R411 及总线的行幅调整数据是否正常，若都正常，检查 N101（TDA9383）。

本节主要介绍使用万用表检测 I^2C 总线控制型彩电场扫描电路的方法。

三、场扫描电路

下面以康佳 K 型彩电为例介绍场扫描电路的原理维修方法。该电路以超级单品 TDA9383 和 OCL 型功率放大器 LA7845 为核心构成，如图 8-2 所示。

1. 场扫描小信号处理电路

已被行同步信号锁定的行频脉冲送到场分频电路，同时视频信号或含复合同步信号的亮度信号经同步分离电路处理，获得的场同步信号也送到场分频电路，在场同步脉冲的控制下，分频电路对行频信号进行分频获得场频脉冲。该脉冲作为信号源触发单稳态电路，对㉖脚外接的锯齿波脉冲形成电容 C489 恒流充电，该脉冲经几何失真电路处理，再经驱动电路放大后由㉑、㉒脚输出。㉕脚外接的 R489 是场信号源的定时电阻，改变 R489 可改变参考电流的大小，相继可改变锯齿波电容的充电速度，实现对场频高低的控制。

CPU 通过 I^2C 总线对场几何失真校正电路实施控制，可完成场中心、场 S 形失真校正、场线性失真校正、场幅度调整。

2. 场输出电路

该机采用以三洋公司生产的 LA7845 为核心构成的 OCL 型场输出电路。LA7845 的引脚功能和维修参考数据如表 8-4 所示。

表 8-4 LA7845 的引脚功能和维修参考数据

脚 位	脚 名	功 能	电压（V）		电 阻	
			有信号	无信号	黑表笔测	红表笔测
①	−V$_C$	负电源供电端	−12.5	−12.5	5kΩ	120 kΩ
②	OUT	场锯齿波信号输出端	0.35	0.35	11Ω	11Ω
③	PVCC	功率放大器供电端	16	16	∞	7.5 kΩ
④	IN +	上升沿锯齿波信号输入端	0.85	0.8	2kΩ	2 kΩ
⑤	IN−	下降沿锯齿波信号输入端	0.85	0.8	2kΩ	2kΩ
⑥	+V$_P$	正电源供电端	16	16	30kΩ	2kΩ
⑦	Vflb	泵电源/场回扫脉冲输出端	−10.3	−10.3	19kΩ	18kΩ

N101（TDA9383）的㉒、㉑脚输出的上升沿和下降沿的场频锯齿波脉冲信号分别经 R486、R485 送到 N402（LA7845）的④、⑤脚，经 N402 内的功率放大器比较放大后由②脚输出，通过场偏转线圈 V.DY、电阻 R453 构成回路，回路中的电流利用场偏转线圈实现垂直扫描。场扫描电流在 R453 两端获得的交流负反馈电压通过 R452 送到 N402 的⑤脚，以稳定放大器的工作点和改善线性。

场输出电路正常工作后，由 N402 的⑦脚输出的场逆程脉冲经 R457 限流、VD456 限压获得的脉冲信号送到保护电路。

由行输出变压器 T402⑥脚输出的脉冲电压经 VD404 整流、C424 滤波获得 17.5V（实测为 16V）电压，加到 N402 的⑥脚，为它提供正电源供电。同时，T402⑤脚输出的脉冲电压经 VD408 整流、C430 滤波获得−13.5V（实测为−12.5V）电压，该电压再经 R458 送到 N402 的①脚，为它提供负电源供电。为了提高放大器的工作效率和缩短逆程时间，N402 内的功率放大器在逆程期间采用泵电源供电方式。泵电源由 N402⑥、⑦脚内部电路与外接的 VD456、C456 组成。

3. 故障检测

（1）水平一条亮线

该故障的主要原因：1）场扫描电路工作异常，2）场扫描电路没有供电。

首先，判断故障是发生在场小信号处理电路，还是在场输出电路。测 N101 的 21、22 脚有无场激励信号输出，若有，说明场输出电路异常；若没有，说明场小信号处理电路异常。若 N101 无场激励信号输出，只要检查 C489 和 N101。若有信号输出，先测 N402 的⑥、1 脚供电电压是否正常，若不正常，检查供电电路；若正常，检查 R453、N402 和场偏转线圈。

（2）场幅、场线性不正常

该故障的主要原因：1）总线失调，2）锯齿波形成电容 C486 异常，3）供电电路，4）负反馈电路异常。

首先，进入维修模式，调整场幅、场线性选项后若故障线性消失，说明是由于失调所致；

若无效，测 N402 的供电是否正常，若不正常，检查供电电路；若供电正常，检查 C489、R452、N402。

四、视频末级放大电路

下面介绍分离元件构成的视频末级放大电路和集成电路构成的视频末级放大电路的检测方法。

1. 由分离元件构成的视频末级放大电路

下面以长虹 R2118A 型彩电的视频末级放大电路为例，介绍由分离元件构成的视频末级放大电路，如图 8-3 所示。

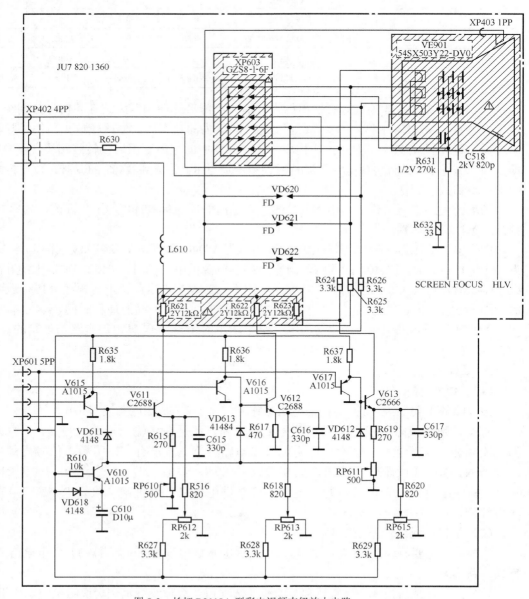

图 8-3 长虹 R2118A 型彩电视频末级放大电路

（1）信号放大

V611、V612、V613 为 3 个末级视放输出管，与有关元器件一起构成深度负反馈型放大器，工作在宽频带放大状态，分别放大蓝（B）、绿（G）、红（R）3 个基色信号，其放大过程简述如下。

XP601 输入的 B 基色信号（TV 处理器 LA7688N 的㉝脚通过 R233 获得）输入到显像管尾板后，加到射随器 V615 的 b 极，由其放大后从 e 极输出的 B 信号再经 V611 放大，从 c 极输出，经隔离耦合电阻 R626 加到显像管的蓝（B）枪阴极；同样，XP601 的②、①脚输入的 G、R 信号经各自的放大通道放大后，分别送到显像管 G 极和 R 极。显像管的 B、G、R 三枪输入 B、G、R 激励信号后，完成电光转换，重现图像画面。

（2）白平衡调整

3 个视放管的 b 极输入端分别加了 3 个射随器 V615、V616 和 V617。它们有两个作用：一是，在 TV 处理集成电路 LA7688N 和视放管之间起缓冲和隔离作用；二是，可以提高视放管 V611、V612 和 V613 的 b 极电位，有利于进行白平衡调整。

3 个视放管的 e 极均接有两组电阻器，一组用于调整暗平衡，另一组用于调整亮平衡。当 LA7688N 亮度控制一定，即 R、G、B 信号的直流钳位电压一定时，调 RP612、RP613、RP615 可改变 V611、V612、V613 的 e 极直流电位，也就调整了它们 c 极输出直流电压，即调整显像管各电子枪的截止电压，以补偿显像管 R、G、B 三枪截止电压的不一致性，实现暗平衡调整。因此，RP612、RP613 和 RP615 统称为暗平衡调节电位器。

图中的 RP610 和 RP611 称为亮平衡调节电位器，它们分别接在 V611 和 V613 的 e 极，作为 V611、V613 e 极负反馈电阻的一部分，调节 RP610 或 RP611 可改变视放管 V611 或 V613 的负反馈量，从而调整 B 基色放大器或 R 基色放大器的增益，改变 B 或 R 基色信号的激励幅度，所以 RP610 又称为 B 激励调节电位器，RP611 又被称为 R 激励调节电位器。图中 V612 的 e 极只接固定电阻 R617，因此，G 基色放大器的增益是不可调的，输出的激励信号幅度固定。具体地说，为了补偿荧光粉发光效率的不一致，该电路白平衡的调整是以固定绿视放的亮度信号，将其作为基准来进行的。通过调节 RP610 和 RP611 来改变 B、R 两种激励信号的幅度，使 3 种基色激励信号的幅度达到一个合适的比例，实现白平衡中的亮平衡调整。

（3）消亮点电路

本机设置了由 V610、VD610～VD613、R610 构成的泄放型关机消亮点电路。正常工作时，电源电压经 VD610 对 C610 充电，同时经 R610 使 V610 截止，不影响视频末级放大管的正常工作。当关机瞬间，电源电压消失，V610 的 b 极电位为 0，所以 V610 导通，由它的 c 极输出的电压通过 V611～V613 加到 V611、V612、V613 的 b 极，使它们的导通程度达到最大，显像管的束电流达到最大，使第二阳极存储的电荷迅速释放，避免屏幕上出现关机亮点。

2．由集成电路构成的视频末级放大电路

下面以长虹 D2983 型彩电的视频末级放大电路为例，介绍由集成电路构成的视频末级放大电路。该机的视放放大电路以厚膜集成电路 TDA6107Q 为核心构成，如图 8-4 所示。

由于 3 路视放末级输出电路集成在一块电路内，因此热均衡性好，对白平衡十分有利。同时，电路内设置了显像管高压放电保护、过热保护等保护电路，使这一部分工作更加可靠稳定。TDA6107Q 的引脚功能和维修参考数据如表 8-5 所示。

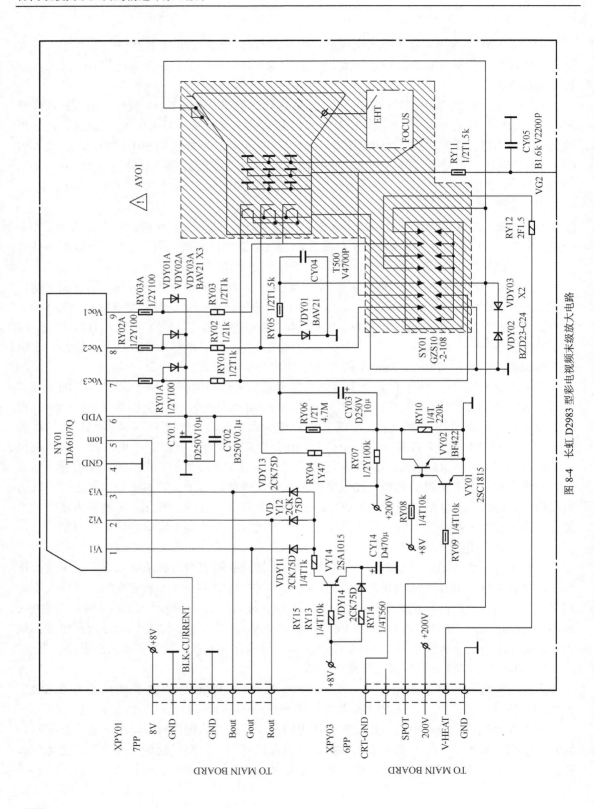

图 8-4　长虹 D2983 型彩电视频末级放大电路

表 8-5   **TDA6107Q 的引脚功能和维修参考数据**

脚 位	脚 名	功 能	电压（V）		对地电阻（kΩ）
			静态	动态	
①	Vi1	G（绿色）信号输入端	1.3	3.62	4.9
②	Vi2	R（红色）信号输入端	1.3	3.58	4.9
③	Vi3	B（蓝色）信号输入端	2	3.69	4.9
④	GND	接地端	0	0	0
⑤	Iom	黑电流检测信号输出端	6.45	6.5	5.5
⑥	VDD	供电端	200	200	4
⑦	Voc3	蓝激励信号输出端	148.9	64	5.2
⑧	Voc2	红激励信号输出端	181.6	70	5.2
⑨	Voc1	绿激励信号输出端	178.3	66	5.2

注：电压数据由数字型万用表测得，电阻数据由 500 型指针型万用表测得。

（1）信号放大

连接器 XPY01 输入的 3 路基色信号（来自 TDA8843 的⑲、⑳、㉑脚）由 NY01（TDA6107Q）的①、②、③脚输入，经 NY01 内部的宽频带放大器放大后，由⑦、⑧、⑨脚输出 3 路负极性的基色信号，经 RY01、RY01A，RY02、RY02A，RY03、RY03A 隔离电阻接显像管阴极。连接器 XPY03 输入的 200V 电压（来自行输出电路），经退耦电路 RY04、CY01、CY02 加到 NY01 的⑥脚。二极管 VDY01A、VDY02A、VDY03A 为阴极电位钳位二极管，它们可使 NY01 的⑦、⑧、⑨脚上的电压最高不超过 200V，防止显像管内部瞬间打火，造成 NY01 过电压损坏。NY01 的⑤脚输出的黑电流变化取样电压由连接器 XPY01 返回到 TDA8843 的⑱脚，以进行黑电流连续校正。

（2）消亮点电路

本电路设置了两种消亮点电路。一种是由 VY14、VDY14、CY14 以及 VDY11～VDY13 构成的泄放型关机消亮点电路。正常工作时，由于 CY14 两端通过导通的 VDY14 和 RY13 充得 8V 电压，VY14 的 e 极和 b 极等电位而截止，对 TDA6107Q 正常工作无影响。当关机瞬间，供电 8V 电压消失，VY14 的 b 极电位为 0，e 极电位仍维持 8V 不变（VDY14 反向截止），该电压通过饱和导通的 VY14、RY15 以及 VDY11～VDY13 加到 TDA6107Q 三基色输入端，使输入电压升高到最高电压，电路输出端电压最低，显像管的束电流达到最大，使第二阳极存储的电荷迅速释放，避免屏幕上出现关机亮点。

另一种是由 VY01、VY02、CY03、VDY01、RY06、RY07 等构成的截止型消亮点电路。正常工作时，连接器 XPY03 输入的 SPOT 电压（来自行输出电路）由 R462、R463 分压加到 VY01 b 极使 VY01 饱和、VY02 截止，200V 电压经 RY06、VDY01 对 CY03 充电，使 CY03 正端充至 200V，负端由于 VDY01 的导通得到 0.7V 的电压。这一电压即为显像管栅极电压。当关机行输出级停止工作后，VY01 因 b 极电压迅速为零而截止，VY02 饱和。由于 CY03 电容两端电压不能突变，其正端经导通的 VY02 接地为零电压，负端将突变为-200V，这一负电压使显像管栅极电压突变为负值，致使栅—阴电位差增大，显像管阴极不能发射电子，达到消亮点的目的。

上面两套关机消亮点电路如果同时工作显然是矛盾的。由 8V 供电电源在关机时的变化可以看出，关机瞬间，泄放型关机消亮点电路首先工作。此时行输出级由于退耦电路电容上的电压逐渐下降，尚可以工作一小段时间，此时束电流的增大使光栅很亮并逐渐减小。显像管第二阳极由于电荷大量释放电压迅速降低。当行输出级停止工作后，截止型关机消亮点电路才投入工作，直到阴极彻底冷却。这一工作机制可以结合两种消亮点电路的优点，使关机消亮点的作用更完善。

 提示 传统彩电（51cm以下）一般不设专门的关机消亮点电路。这是由于彩电显像管荧光屏后方有一荫罩板，对关机时产生的电子集中能量进行吸收，不会使荧光粉烧蚀。

另外，由于彩电行、场扫描电路都具有较大时间常数的退耦电路，关机瞬间光栅不会骤然消失，此时视放级供电由于滤波电路时间常数较小，电压迅速降低，使显像管阴极电位同时迅速降低，在光栅尚未完全消失时，较强的束电流使第二阳极电荷得到中和，实际构成了泄放型关机消亮点电路。

如果在大屏幕电视机中仍沿用上述方法，必将使荫罩板中心区在每次关机时受较强电子流的轰击，由于其面积尺寸远大于传统彩电，很容易发生形变，造成会聚的变化。因此大屏幕电视机必须设立关机消亮点电路。

3. 故障检测

（1）单色光栅且有回扫线

该故障说明单色光栅的放大电路或显像管异常。比如，在检修光栅为红色且有回扫线故障时，说明R信号放大电路异常，导致显像管RK极电位过低，或显像管RK异常，导致RK极发射电流过大。

如图8-3所示，首先，断电后拔下显像管尾板，测显像管尾板上的RK极电压是否恢复到正常值，若是，说明显像管异常；若电压仍低，说明放大电路异常。测V617的b极电压，若高于V616的b极电压，说明前级电路异常；若V617的b极电压正常，测V613的b极电压是否正常，若不正常，查V617；若正常，检查R623、R624、V613和VD622。

（2）光栅缺色

该故障说明缺色光栅的放大电路或显像管异常。比如，在检修光栅为黄色故障时，说明B信号放大电路异常，导致显像管BK极电位过高，或显像管BK异常，导致BK极不能发射电子。

如图8-3所示，首先，测显像管尾板上的BK极电压是否过高，若电压基本正常，说明显像管BK极老化，可通过测量显像管阴极发射电流来确认；若电压达到最大，说明放大电路异常。测V615的b极电压，若低于V616的b极电压，说明V616的bc结击穿或前级电路异常；若V616的b极电压正常，测V611的e极电压是否正常，若不正常，检查白平衡调整电路；若正常，查V611。

（3）光栅亮度高且失控

该故障说明视频末级放大器的供电不足或消亮点电路异常。如图8-3所示，通过测量L610引脚电压，就可以确认供电是否正常，若电压低，检查供电电路的整流管和滤波电容；若V610的c极电压高，查V610是否漏电即可。

第二节　使用万用表检测液晶彩电

一、液晶彩电的电路构成

液晶彩电的电路由电源电路、微控制器电路、液晶屏驱动电路、高中频信号处理电路、伴音电路、机外信号输入接口电路、时序逻辑控制电路、背光灯供电电路（高压逆变器或LED驱动电路）、视频解码电路、扫描格式变换电路等构成，如图8-5所示。

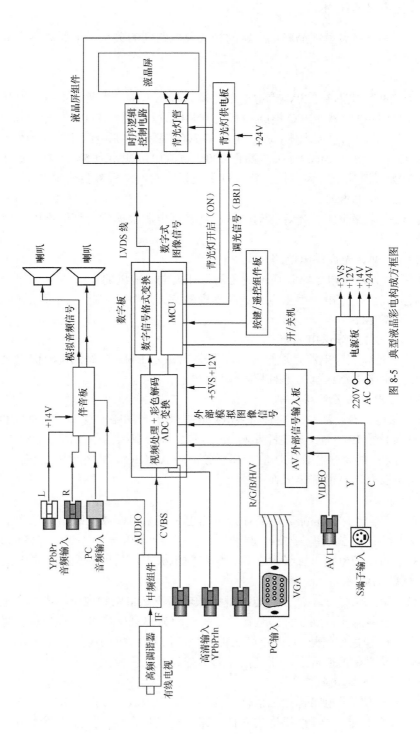

图 8-5 典型液晶彩电构成方框图

二、单元电路的作用

为了让大家熟悉典型液晶彩电电路的构成及电路间的关系，下面对各个单元电路的功能进行简单介绍。

1. 电源电路

电源电路的作用是将 220V 市电电压变换为直流电压，为负载供电。液晶彩电的电源电路通常由 300V 供电电路、PFC 电路和开关电源构成。其中，300V 供电电路是将 220V 市电电压变换为 300V 脉动直流电压；PFC 电路将 300V 脉动直流电压变换为 400V 左右的直流电压，完成对市电的功率校正；开关电源将 400V 直流电压变换为 5V、12V（或 14V）、24V（或 18V、28V）等直流电压，为主板、背光灯供电板、TCON 板等负载供电。

2. 背光灯供电电路

背光灯供电电路也叫背光灯驱动电路，背光灯电源根据背光灯的不同采用的结构和工作方式不同。

（1）CCFL 型背光灯供电电路

CCFL 型背光灯供电电路是通过逆变器将开关电源输出的 12～24V 或 400V 电压变换为 1000V 左右的高压交流电，用于点亮液晶屏内的背光灯管。因此，该背光灯电路也叫高压逆变器或高压逆变电路。

（2）LED 型背光灯供电电路

LED 型背光灯供电电路是通过升压型开关电源为 LED 灯提供直流供电电压。该电路构成比 CCFL 型供电电路结构简单且故障率低。

3. 高频、中频信号处理电路

和 CRT 彩电一样，液晶彩电的高频电路也是将来自闭路电视或卫星接收机传送的 RF 信号转换成中频信号 IF，而中频电路是将 IF 信号变换为视频全电视信号 CVBS 和第二伴音中频信号 SIF，或者直接输出 CVSB 信号和音频信号 AUDIO。早期液晶彩电的高频、中频电路都设置在模拟板上，目前都集成在主板上。

4. 伴音电路

和 CRT 彩电一样，液晶彩电的伴音电路也是将来自中频电路第二伴音中频信号进行解调、音效放大，再通过功率放大后，驱动扬声器还原音频信号。不过，伴音电路的质量更高。早期液晶彩电的伴音电路单独设置在伴音板或模拟板上，目前多集成在主板上。

5. 视频解码电路

和 CRT 高清彩电一样，液晶彩电的视频频电路也是将中频电路输出的全电视信号 CVBS 进行解码后，根据需要得到 3 种信号：第一种是解调出亮度信号 Y 和色度信号 C；第二种是得到亮度信号 C 和色差信号 U、V；第三种是亮度信号 Y 和三基色信号 RGB。早期液晶电视的解码电路多设置在模拟板上，新型液晶彩电都设置在主板上。

6. 数字信号式变换电路

数字信号格式信号电路包括扫描格式变换和图像缩放电路两部分。

和 CRT 高清彩电一样，扫描格式变换电路的功能是将隔行扫描的图像信号变换为逐行扫描的图像信号，送图像缩放电路。

由于液晶显示屏的像素多少及其位置是固定的，但电视信号和外部输入的信号的分辨率却有所不同，所以通过缩放电路将不同分辨率的信号变换为与液晶屏对应的分辨率后，才能保证液晶屏显示正常的图像画面。

 提 示 早期液晶彩电隔行/逐行扫描变换电路、图像缩放电路多采用单独的集成电路，并且设置在数字板上。新型液晶彩电都将它们与视频处理电路集成在一块芯片内，设置在主板上。

7．时序逻辑控制电路

时序逻辑控制电路的功能是将主板输出的 TTL 或 LVDS 格式的图像信号转换为 RSDS 格式的数字图像信号，以满足液晶屏驱动电路放大的要求。

8．液晶显示屏组件

液晶显示屏组件的作用是能够显示出清晰的画面。它是液晶彩电的核心器件，主要由液晶屏幕（液晶面板）、液晶屏驱动电路、背光灯等构成。

驱动电路的作用是将来自逻辑板的 RSDS 格式数字图像信号进行源极驱动和栅极驱动电路放大后，就可以驱动液晶屏屏幕内的液晶工作在开关状态，最终使液晶屏幕上重现图像。

背光灯就是为液晶面板提供光源。

9．微控制器电路

微控制器电路由微控制器（MCU）、电可擦写存储器（E^{2}PROM）、操作键、遥控接收头以及红外遥控发射器组成，其中 MCU 是该电路的控制中心。微控制器电路可以完成的功能是：调谐选台、频道切换、音量和静音调整，亮度、对比度、色饱和度调整，屏幕字符显示，开/关机及指示灯控制，参数调整等。

 提 示 液晶彩电内微控制器也叫微处理器，用 CPU 表示。早期液晶彩电的微控制器采用单独的芯片，目前的液晶彩电都将该电路与视频处理、音频处理等电路集成在一起，成为多功能芯片，也称主控芯片。

10．操作控制电路

和 CRT 彩电一样，按键、遥控接收电路也是由按键（操作键）、遥控接收头构成。按键可以为 MCU 提供用户的手动操作信号，遥控接收头通过对遥控器发出的红外光信号识别处理后，提供给 MCU。MCU 将按键或遥控接收头送来的控制信号处理后，就可以通过 I^{2}C 总线或相应的端口输出控制信号，对被控电路进行控制，实现操作控制功能。

三、液晶彩电典型的电路板配置

液晶彩电根据发展历程、屏幕大小和采用的技术不同，采用的电路板配置方案主要有多板配置、4 板配置、3 板配置、2 板配置、单板配置等。下面介绍一些典型电路板配置方案。

1．4 板结构

典型 4 板结构的液晶彩电如图 8-6 所示。它主要由电源板、主板、TCON 板（时序逻辑板）、高压板（背光灯供电板）、操作板构成。

电源板也称电源电路板，它上面的电路就是电源电路。

主板上的电路不仅包括高频/中频电路、视频电路、数字信号格式变换电路、伴音电路，而且还包括微控制器电路。因此，主板也称信号处理板或控制板。

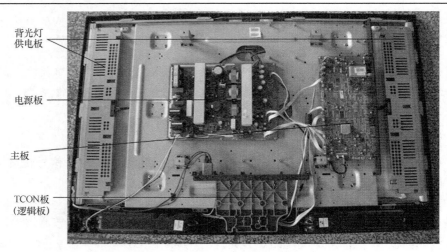

图 8-6 液晶彩电典型的 4 板结构

背光灯供电板上安装了高压逆变器（背光灯是 CCFL 灯管）或是直流电源（背光灯是 LED 灯条）。

时序逻辑板（在屏蔽罩下面）也叫液晶屏时序信号控制板或定时板，它上面安装了时序信号处理电路、驱动电路。

2. 3 板结构

典型 3 板结构如图 8-7 所示。它主要由电源/背光灯供电板、主板、液晶屏时序逻辑控制板（TCON 板）、操作板构成。

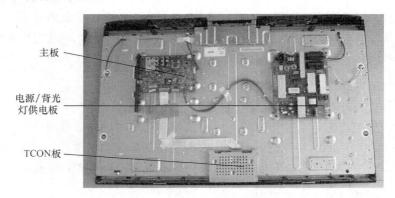

图 8-7 液晶彩电典型 3 板结构

图 8-7 所示电路板结构与图 8-6 所示的结构相比，就是利用一块电源、背光灯供电一体板取代了电源板、背光灯供电板。

3. 2 板、单板结构

2 板方案的液晶彩电与 3 板方案的液晶彩电相比，是将 TCON 板与模拟/数字板再次集成，构成了一块信号处理板，即整机由 LIPS 板和信号处理板构成。而单板方案的液晶彩电与 2 板方案的液晶彩电相比，是将 2 板结构的两块电路板由组合在一起，即超级电路板。

四、液晶屏故障检测与代换方法

液晶屏的英文是 Liquid Crystal Display，简写为 LCD，因液晶屏的屏幕由玻璃制成，因清洁不当或被硬物划碰都会损坏，并且部分液晶屏内的背光灯故障率也较高。

1. 液晶屏的识别

液晶屏是液晶彩电内最好识别的器件，典型的液晶屏实物如图 8-8 所示。

（a）正面　　　　　　　　　　　　（b）背面

图 8-8　典型液晶屏实物

2. 液晶屏的工作条件电路

虽然液晶彩电逻辑板种类繁多，但它们都有相同的工作条件电路。液晶屏的工作条件就两个：一个是背光灯供电板为液晶屏内的背光灯提供工作电压，使背光灯发光；另一个是逻辑板为液晶屏提供正常的驱动信号。

3. 液晶屏的故障现象

液晶屏常见的故障有黑屏（常暗）、白屏（常亮）、花屏、色斑、暗点、亮点、一条红色或绿色的竖线、水平亮线等故障。常见的花屏等故障如图 8-9 所示。

（a）花屏 1　　　　　　　　　　　　（b）花屏 2

（c）花屏 3　　　　　　　　　　　　(d)花屏 4

图 8-9　液晶屏常见的花屏故障现象

（e）花屏 5　　　　　　　　　　　　　（f）花屏 6

图 8-9　液晶屏常见的花屏故障现象（续）

4. 液晶屏故障判断方法与技巧

判断液晶屏时，可以采用查看法、代换法、波形测量法、经验法。

若屏幕有划痕或裂痕，通过查看就可以确认，如图 8-10 所示。若屏幕正常，确认背光灯供电板、逻辑板正常后，通常就可以怀疑液晶屏异常。当然，也可以确认背光灯亮，并且逻辑板输出信号正常时，则说明液晶屏异常；若背光灯在开机瞬间亮，随后熄灭，确认背光灯供电板正常后，则说明液晶屏内的背光灯或其附件异常，导致背光灯供电板进入保护状态。

破损
部件

图 8-10　破损的液晶屏

5. 液晶屏的代换方法

液晶屏出现屏幕破裂、划伤或其驱动电路损坏等故障，无法修复时，则需要采用更换液晶屏的方法排除故障。维修时，最好采用同型号的液晶屏更换。

五、背光灯供电板

1. 背光灯供电板的识别

背光灯供电板也叫背光灯驱动板，它按液晶屏背光灯种类不同，又可分为两种：一种用于驱动冷阴极荧光灯管（CCFL）的高压逆变板；另一种是用于驱动 LED 灯条的背光灯供电板。前者应用在普通 LCD 液晶彩电中，后者应用在 LED 背光液晶彩电中。

（1）高压逆变板

普通 LCD 液晶彩电的背光灯采用冷阴极荧光灯管（CCFL），这种背光灯需要 800~1050V（启动时可达到 1100~1300V）的交流电压才能点亮，但电源电路或外置电源适配合器提供都是较低的直流电压，这就需要一个电压变换电路将电源电压转换为满足 CCFL 正常工作所需要的交流电压，这个电路就是高压逆变电路（Inverter）。因此，CCFL 背光灯驱动电路也叫逆变器。采用独立电源的液晶彩电，逆变器为单独的电路板（一块或多块），这种板常称为高压逆变器板或称背光灯升压板，简称高压板或逆变板。

灯管型背光灯使用的高压逆变板根据灯管的连接方式，又分两种：一种是灯管采用独立供电方式的，需要高压逆变板上有许多体积相对小的高压变压器为灯管供电，如图 8-11（a）所示；背光灯采用并联供电方式的，需要高压逆变板上有 1 个或 2 个体积相对大的高压变压器为灯管供电，如图 8-11（b）所示。

（a）灯管独立供电方式的高压逆变板

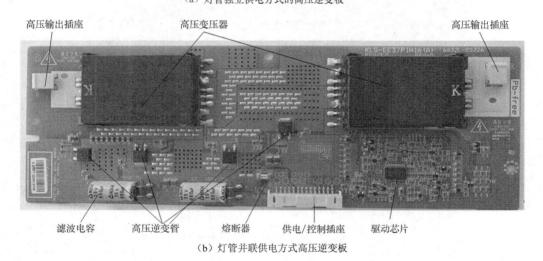

（b）灯管并联供电方式高压逆变板

图 8-11　典型液晶彩电高压逆变板实物

（2）LED 背光灯供电板

LED 背光灯供电电路的功能是输出点亮 LED 灯条所需的直流电压。因此，LED 背光供电电路不再叫"逆变器"。典型的 LED 背光灯驱动板的实物如图 8-12 所示。

 提示　LED 供电板输出的直流电压有的为几十伏，有的为一百多伏，也有为二百余伏的。

2. 背光灯供电板的基本原理

（1）CCFL 型背光灯供电原理

CCFL 灯管的背光灯供电电路主要由振荡脉冲形成及其调制电路、高压逆变电路两部分构成，如图 8-13 所示。驱动器 IC 内部集成了稳压器、振荡器、PWM 调制器等电路。

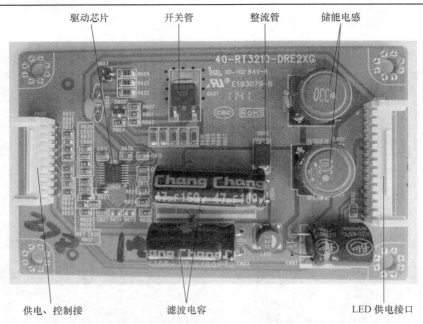

图 8-12　典型液晶彩电 LED 背光灯驱动板实物

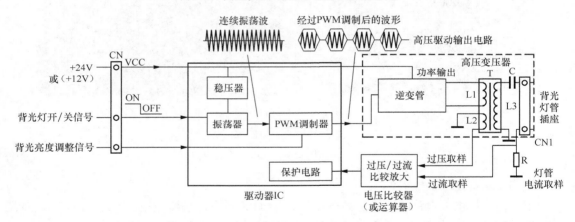

图 8-13　灯管式背光灯供电电路构成方框图

1）供电

来自电源板的供电电压 VCC 经连接器 CN 输入到背光灯供电板后，不仅为高压逆变输出电路供电，而且通过 IC 内的稳压器稳压，输出振荡器、PWM 调制器等电路工作所需的供电电压。

2）背光灯开关控制

来自主板 MCU 电路的背光灯开/关信号 ON/OFF 经 CN 输入到高压逆变板，就会控制驱动 IC 内的振荡器是否工作，当 IC 输入的是开机信号时，IC 内的振荡器开始振荡，产生的振荡脉冲经 PWM 调制器调制后产生驱动信号，驱动逆变管工作在开关状态。逆变管工作在开关状态后，高压变压器 T 就会输出高压脉冲，经 C 耦合，利用背光灯管插座输出给背光灯供电，背光灯得电后发光。

3）背光亮度控制信号

在液晶彩电中，亮度调整有两种方式：一种是调整背光灯亮度法；另一种是调整 RGB 信号的直流电平法。目前，液晶彩电多采用调整背光灯亮度法。

调整背光灯亮度法：在调节屏幕亮度时，主板输出的背光亮度调整信号通过 CN 输入到逆变板，对 IC 内的 PWM 调制器进行控制，可以改变 IC 输出的驱动信号占空比大小。占空比大时，逆变管导通时间延长，高压变压器 T 输出电压升高，背光灯因供电电压升高而发光加强，屏幕变亮；反之，若驱动信号的占空比减小，逆变管导通时间缩短，T 输出电压减小，背光灯发光减弱，屏幕变暗。

调整 RGB 信号的直流电平法：使用该方法调整亮度的液晶彩电，它的逆变器板上一般不需要设置亮度调整端，其亮度调整是在主板上的 Scaler 电路内完成。因此，这种亮度调整方法一般称为信号调整法。

4）背光灯发光异常（断路）保护

高压逆变电路向 CCFL 背光灯供电并点亮它时，要求液晶屏整个屏幕的亮度均匀、稳定。在实际应用中，为了防止某只灯管不亮，导致液晶屏上局部出现暗区，所以逆变板上必须设置一个 CCFL 发光状态检测电路，始终监控所有灯管的发光状态。当某只或某几只灯管损坏或性能不良时，输出一个背光灯发光异常（背光灯断路）的检测信号反馈给背光灯控制芯片，关闭逆变器的高压输出。

5）背光灯过流保护

过流保护电路由驱动器 IC、过压/过流比较放大电路、取样电阻 R 构成。背光灯的导通电流不仅使它发光，而且在 R 两端产生取样电压。当灯管异常，导致 R 两端产生的取样电压增大，利用过压/过流比较放大电路处理后，为 IC 提供保护信号，IC 内的保护电路动作，不再输出激励信号，逆变器停止工作，避免了逆变管等元器件过流损坏，实现过流保护。

6）背光灯过压保护

过压保护电路由驱动器 IC、过压/过流比较放大电路、取样绕组 L2 构成。当振荡频率偏移、谐振电容异常等原因导致高压变压器 T 输出的电压升高，使取样绕组 L2 产生的取样电压升高，利用压/过流比较放大电路处理后，为 IC 提供保护信号，IC 内的保护电路动作，IC 不再输出激励信号，逆变器停止工作，避免了逆变管、背光灯等元器件过压损坏，实现过压保护。

 提示
许多新型的背光灯供电板还设置了背光灯断路、供电欠压保护电路。

（2）LED 背光灯供电原理

LED 背光灯的供电原理和 CCFL 供电原理基本相同，不同的是，LED 供电电路比较简单，并且它为 LED 背光灯提供的是直流电压。典型的 LED 背光灯供电电路如图 8-14 所示。

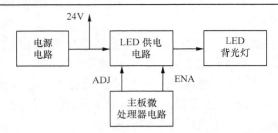

图 8-14　创维 5800-P32EXM-0200 型 IP 板电路构成方框图

3．强制启动背光灯电路的方法

需要强制启动背光灯电路时，主要找准的点是：逆变器或 LED 驱动电路的开/关控制（点灯控制）、背光灯亮度控制端子与 5V 电压端子连接在一起，就可以强制启动背光灯供电电路了。当然背光灯供电电路正常工作还需要有工作电压输入。

 提 示　背光灯开/关控制信号输入端子常标注为 BL-ON、BL LIGHT ON/OFF、ON/OFF，它们都是英文 Backlight ON/OFF Contro Voltage 的缩写。背光灯开/关控制信号也是由主板上的 MCU 提供。另外，部分液晶彩电将背光灯开/关控制信号称为背光灯使能信号，用 BKLT EN、ENA、EN、ASK 等符号表示。大部分背光灯供电板采用高电平开启方式，开机时应由低电平（0V）跳变为高电平（3～5V），关机时变为 0。

背光灯发光强度调整（屏幕亮度调整）信号输入端子通常标为 PWM、BL-ADJ、DIM、Brightness、Vipwm/Vepwm 等，该信号来自主板是的 MCU。该电压通常为 0～3V、0～3.5V 或 0～5V，也就是与 MCU 的供电高低有关。

4．常见的故障现象

液晶彩电背光灯供电板异常，产生的故障主要是：1）无电压输出，产生黑屏、伴音正常的故障；2）输出电压低，产生屏幕亮度低的故障；3）输出电压异常，会在开机后背光灯亮一下就灭。

5．故障现检测方法

（1）察看法

察看背光灯供电板上的电阻、芯片外观是否正常，若出现变色或炸裂，说明它已损坏。

察看高压变压器（或储能电感）的外观有无变形，磁芯是否破碎，引脚是否脱焊、引脚附近有无打火的痕迹。

察看背光灯供电板上的开关管（或逆变管）、插座引脚有无脱焊等。

察看背光灯供电板上的电阻、电容、集成电路等贴片元器件是否脱落或其引脚是否脱焊。

（2）电压测量法

LED 背光灯供电板输出电压：LED 灯条的供电电压是直流电压，其电压值一般在一百多伏到两百余伏，因此，可以用万用表直流电压 250V 挡测该板输出的电压值，就可以确认它是否正常。

CCFL 背光灯供电板输出电压：由于 CCFL 背光灯供电板输出的是高频交流电，电压高达一千伏左右，所以以往的报刊、书籍上介绍，不能使用普通万用表去直接测量它的输出电压，可采用拉弧、检测感应电压等方法进行估测。实际是可以采用数字万用表测量的，测量方法如下。

采用 DT9205 型数字万用表的 700V 交流电压挡测量时，电压为 154V，如图 8-15a 所示；采用 200V 交流电压挡测量时，电压为 119.3V，如图 8-15b 所示。在测量时，若表笔与高压变压器输出端接触不良时，会出现粉红色的弧光，这也说明有高压输出；若无拉弧且无电压，说明高压变压器无高压输出。

 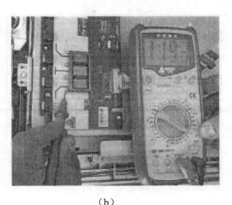

（a）　　　　　　　　　　　　　　　　（b）

图 8-15　三星 LA32S81B 型液晶彩电高压变压器输出电压检测

> 提示　由于被测彩电的高压变压器输出的是高频脉冲电压，而数字万用表交流电压挡是为测量低频交流电压设置的，所以测量的数值较正常值（1000V 左右）低于背光灯供电板工作电压；背光灯供电电路的工作电压由电源板提供，若背光灯供电板有工作电压输入，而没有高压输出，说明背光灯供电板异常，如图 8-16 所示。

图 8-16　三星 LA32S81B 型液晶彩电高压逆变器供电电压的检测

背光灯开/关控制信号：大部分背光灯供电板采用高电平（3～5V）方式启动，低电平关闭。如果背光灯供电板没有该控制信号输入，背光灯供电板不能工作。三星 LA32S81B 型液晶彩电的背光灯开/关控制电压检测如图 8-17 所示。

背光灯亮度控制信号：当检修亮度异常的故障时，背光灯亮度控制信号也是主要的原因。三星 LA32S81B 型液晶彩电的背光灯亮度控制信号检测如图 8-18 所示。该电压是随亮度变化而不同，但无论怎么变化，电压不能为 5V 或 0V。如果该电压值为 5V 或 0V，肯定会引起亮度异常的故障。

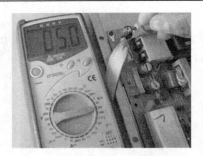

图 8-17　三星 LA32S81B 型液晶彩电背光灯
开/关控制信号的检测

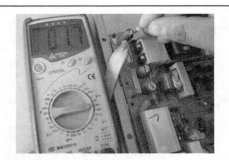

图 8-18　三星 LA32S81B 型液晶彩电背
光灯亮度控制信号的检测

（3）假负载法

由于背光灯供电板具有完善的保护电路，当背光灯异常时保护电路会动作，产生背光灯供电板启动后又停止工作的故障。为了判断故障是背光灯异常所致，还是背光灯供电板异常所致，应采用假负载来确定故障原因。

1）CCFL 背光灯供电板的假负载

CCFL 背光灯供电板（逆变板）的假负载最好选用 CCFL 背光灯管，当然也可以使用专用维修工装，比如，长虹快益点电器的 KYD-PWV2.0 就是液晶彩电 CCFL 背光灯供电板的专用假负载工装，它可满足 1～8 个高压输出接口的 CCFL 背光灯供电板维修，如图 8-19 所示。

接假负载后，若逆变板可以正常工作，则说明该背光灯供电板正常，故障是背光灯异常所致；若故障依旧，说明背光灯供电板异常。

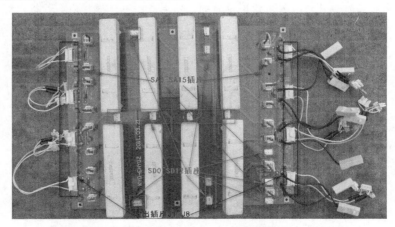

图 8-19　液晶彩电 CCFL 背光灯供电板接假负载工装示意图

　提示　若没有此类假负载工装，也可以用 150k/10W 水泥电阻和发光二极管串联后制成逆变器假负载。

2）LED 背光供电板的假负载

部分 LED 背光灯供电板的假负载比较简单，可以选用一只 40W～100W/220V 的白炽灯。将它接在背光灯供电板输出端子的引脚上，如图 8-20 所示。若白炽灯发光且其两端电压正常，则说明背光灯供电板正常，故障是背光灯异常所致。若故障依旧，说明背光灯供电板异常。

图 8-20　液晶彩电 LED 背光灯供电板接假负载示意图

 注意　目前，许多新型 LED 背光灯板的保护功能比较完善，即使电路板正常，接白炽灯作假负载后，也不会发光。因此，维修时要注意区别，以免误判。

6．背光灯供电板的代换方法

无论 LED 背光灯供电板，还是 CCFL 背光灯供电板（高压逆变板）损坏后，尽可能采用修复电路板的方法排除故障。若不能修复，再采用更换相同电路板的方法来排除故障。

 提示　由于不同的液晶屏内使用的背光灯管或 LED 灯条不仅数量不同，并且点灯时间和启动特性也不同，所以当背光灯供电板损坏后，多采用可以互换的背光灯供电板代换。对于买不到代换板的，则尽可能修复故障板。

 注意　目前，许多维修人员采用万能背光灯供电板代换的方法进行修复。但大部分的万能背光灯供电板的质量并不可靠，虽然可以点亮背光灯，但故障率较高，甚至还会缩短背光灯的使用寿命。

六、电源板

电源板是将 220V 交流电变成+5V、+12V、+24V 的直流电（主要针对独立型开关电源来说，某些机型可能无+24V 或+12V 电压输出，视具体机型而定），为主板、逆变器等电路供电。

1．电源板的分类

液晶彩电的开关电源根据安装方式可分为独立型、整合型两大类。

（1）独立型

独立型电源板就是电源电路、待机控制电路、保护电路构成，如图 8-21 所示。在液晶彩电中，采用这类电源板的最为常见，虽然型号多种多样，但输出电压多为以下四组：+5VS，供给 CPU 及开/待机控制电路；+5V 电压为信号处理电路供电；+12V 电压为主板部分电路供电；+24V 电压为逆变器供电，有些机型逆变器供电电压也为+12V。部分电源板还会输出一组+18V 电压，为伴音功放电路供电。

（2）整合型（IP 板）

这种电路板将开关电源和背光灯供电电路整合在同一块电路板上，如图 8-22 所示，这种板常称为开关电源+背光灯供电整合板或一体板，也称为 IP 板。

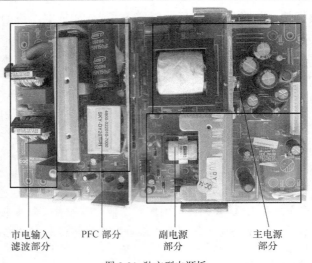

市电输入　　　PFC 部分　　　副电源　　　　　主电源
滤波部分　　　　　　　　　 部分　　　　　　部分

图 8-21　独立型电源板

 提示　以往 IP 多被指电源+CCFL 背光灯供电板，实际 IP 板的全称是 LIPS 板。LIPS 的英
文 LCD Integrated Power Supply 的缩写，可译为液晶显示器（彩电）集成电源或一
体化电源。因此 IP 板还包括电源+LED 背光灯供电板。

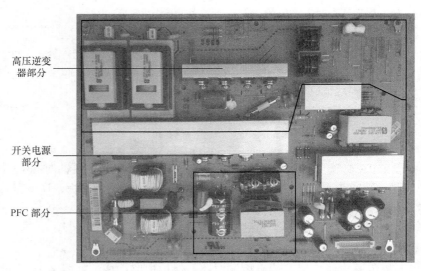

高压逆变
器部分

开关电源
部分

PFC 部分

图 8-22　开关电源+背光灯供电一体板

　　IP 板的开关电源与独立型电源相比，最大区别是：这种电源送给逆变器的供电电压并不
是+24V 或+12V，而是市电整流滤波及 PFC（功率因素校正）变换后的+390V 左右的直流电
压。逆变器将+390V 电压通过 DC/AC 升压达到灯管所需高压。

　　这种电路省去了 24V 电压的转换，减少了功率损耗，提高了效率，但对逆变器部分的元
器件提出了更高要求。

2. 液晶彩电电源板构成与简要工作原理

液晶彩电的开关电源比 CRT 彩电开关电源要复杂得多，加上环保节能要求，因此在电源系统引入了流行的有源功率校正和同步整流技术，因而电路结构十分复杂。

液晶彩电的开关电源主要由交流抗干扰电路、整流滤波电路、功率因数校正（PFC）电路及主、副电源电路组成，如图 8-23 所示。其中，主、副电源均采用并联型开关电源，与大多数 CRT 彩电的开关电源一样，其工作原理与检修方法也基本相同，下面重点介绍一下 CRT 彩电中所没有的功率因数校正电路。

 提示

IP 板和独立型电源板相比，主要是增加了背光灯供电电路。

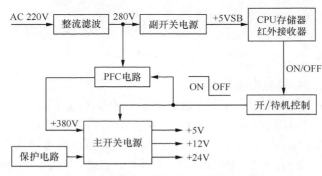

图 8-23 液晶彩电独立型电源板组成方框图

功率因数校正电路即 PFC 电路，它的作用是提高电路的功率因数，同时也能增加电路的抗干扰性能。PFC 电路处于整流桥和大电解波滤电容之间。

因主动式功率因数校正电路的功率因数可达接近 1，所以广泛应用在液晶电视开关电源内。它主要由大电感（PFC 电感）、大容量滤波电容（大容量电解电容）、开关管、续流二极管以及功率校正控制器（芯片）等组成。常用的功率校正控制器有 TDA4863、TDA16888、UCC28051、NPC 1650、NPC1653、ICEIPCS01 等，其中 TDA16888 是新一代单片 PFC+PWM 二合一电源控制器。

通电后，副电源先工作，输出+5V 电压送至信号处理板，作为信号处理板上控制系统电路待机工作的电源电压，整机进入待机状态。当按压本机面板或遥控器上的开机键后，信号处理板送来的开/待机控制电压使 PFC 电路与主开关电源电路工作，整机进入工作状态。

3. 电源板的故障现象

液晶彩电电源板常见故障有三大类：一是主副电源均无输出，其故障现象为三无（无背光、无图像、无声），电源指示灯不亮；二是副电源有+5VSB 电压输出，但主电源无输出，其故障现象为电源指示灯亮，但不能二次开机；三是主电源异常，引起保护电路动作，通常表现为二次开机后随即返回到待机状态，或开机后背光亮一下就灭。

4. 电源板的强制启动方法

（1）强制启动电源的方法

接假负载判断电源板及其负载是否正常或对新购置的电源板进行单独检测时，都需要对电源板强制开机后，通过检测其输出电压判断它是否正常。对于 STB 控制电压在开机状态为高电平的电源板，强制启动时，可用一段焊锡或导线将电源板的开/待机控制脚与+5VSB 输出端连在一起，如图 8-24 所示。对于 STB 在开机状态为低电平的电源板，强制启动时，则通过焊锡或导线将 STB 端与地相连。

图 8-24　强制启动电源的方法

（2）强制启动背光灯供电电路的方法

需要强制启动背光灯电路时，主要找准的点是：逆变器或 LED 驱动电路的开/关控制、背光灯亮度控制。实际操作过程中，启动背光灯供电电路是在强制启动电源的基础上进行的。下面以 LG 37LG20RC 型彩电为例进行介绍强制启动背光灯供电电路的方法。将插座 P201 的POWER-ON、5.2V、P-DIM、INV ON/OF 这四个脚的焊点连在一起，就可以强制启动逆变器，如图 8-25 所示。

图 8-25　强制启动背光灯供电电路的方法

5. 电源板故障判断方法与技巧

（1）直观检查法

1）检查电源板与其他电路板的连接器（插头、插座、排线）是否接触不良、引脚是否脱焊。

2）检查开关变压器、PFC 储能电感的外观有无变色，磁芯是否破碎，引脚是否脱焊、引脚附近有无打火痕迹。

3）检查大功率开关管（电源开关管、PFC 开关管）的引脚是否脱焊，插座引脚有无脱焊等。

4）检查电源板上的电阻有无烧糊，电容、集成电路有无炸裂。

5）检查电源板上的贴片电阻、贴片电容、集成电路等元器件的引脚是否脱焊。

（2）电压测量法

1）测量待机 5V 电压

液晶彩电在接通电源后，副电源就会工作，输出待机 5V 电压（通常标为+5VSB），为 MCU（或 CPU）及遥控、按键电路供电。维修时，应先测副电源输出的+5V 电压是否正常，若不正常，在确认其负载无短路的情况下，就可以确定电源板的副电源不工作或工作异常。

 提示 部分电源板的副电源有+5VSB 和 M5V 两种输出电压。M5V 即主 5V，该电压为主板上小信号处理电路供电，该电压一般在二次开机，主电源输出+12V 电压后才会输出。对于这种电源板，只要测量+5VSB 电压是否正常即可。

2）测量主电源输出电压

若副电源输出的+5VSB 电压正常，二次开机后测量主电源输出的各组电压是否正常。

3）开/待机控制电压

若主电源无输出，可在二次开机时测量电源的开/待机控制信号输入端有无开机信号输入，若没有，检查主板；若有，在确认主电源各输出电压负载均正常的情况下，就可确认电源板有故障。

（3）电阻测量法

1）在路检查电源熔断器（保险管）是否熔断，如熔断器已断，说明发生短路过电流故障。

2）在路检查电源板的负载对地阻值是否过小，若过小，说明负载发生短路或漏电故障。

6. 电源板的代换方法

目前，液晶彩电与电源板的配套有两种情况：一种是同系列、不同型号的液晶彩电因采用相同的液晶屏而采用同一型号的电源板；另一种同一型号的液晶彩电，因采用不同尺寸的液晶屏，可能会采用不同型号的电源板。厂家的售后维修人员在维修工作中，可以更换同型号的电源板，而普通维修人员很难买到同型号的电源板。因此，掌握电源板的代换技能是十分重要的。

（1）直接代换

第一，输出电压和被代换电源板输出电压一致；第二，代换电源板的最大输出功率应相同或略高于原电源板；第三，电源板的尺寸和连接器（插头）是一样的。比如，长虹的 GP01型电源板可直接代换 GP05 板，并且可与 FSP084-1CD02C 型电源板互换；又比如，长虹 GP02、GP02-1、GP11 型电源板不仅可直接互换，而且可以和 FSP205-4E01（C）、FSP205-4E01、FSP179-4F01 型电源板板相互代换；再比如，长虹 GP09 型电源板可与 FSP205-3E01、FSP205-3E01C 型电源板互换。

（2）间接代换

只要保证电源板输出电压相同，功率相同或略大，并且有足够的安装空间。若满足这些条件，就可以间接代换。

七、主板故障检测与代换技能

主板是也叫主控板、信号处理板，它的功能是最多的，不仅可以接收信号、信号选择、视频解码、格式变换、伴音信号处理，而且还是整机的控制中心，所以电路结构复杂、元器件众多。

1. 主板的识别

主板是液晶彩电内体积最大的一块电路板，典型的主板实物如图 8-26 所示。

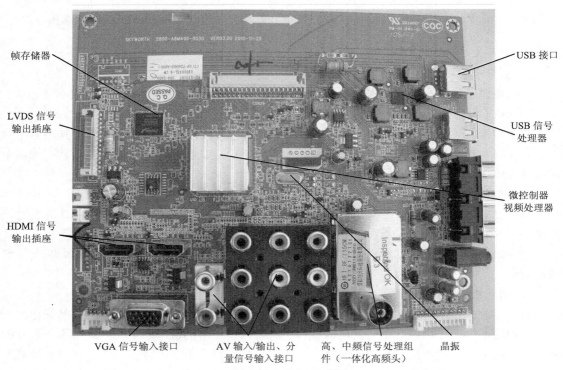

图 8-26 液晶彩电典型主板实物

2. 主板的工作条件电路

虽然液晶彩电主板种类繁多，但它们都有相同的工作条件电路。主板的工作条件电路比较简单，就是供电和控制电路，如图 8-27 所示。

电源板上的副电源工作后，由它提供的 5VS 电压为主板上的微控制器（MCU）电路供电；按遥控器或面板的开机键开机后，MCU 应为主电源提供开机信号，主电源工作后，由其提供的 12V 电压不仅为主板上的伴音功放电路供电，而且经低压稳压电源输出 5V、3.3V、1.8V 等直流电压为信号处理电路供电。

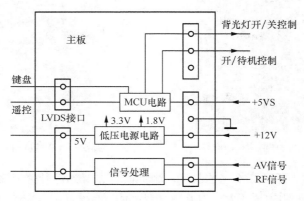

图 8-27　主板工作条件电路

3．主板的故障现象

液晶彩电主板常见故障：一是整机不工作，二是始终处于待机状态，三是开机后自动返回待机状态，四是无光栅、无屏显、有伴音，五是黑屏（或白屏）、有屏显、有伴音，六是图像正常，无伴音或伴音异常，七是 TV 或 AV 等机外某个接收状态无信号，八是缺少部分功能。

4．主板故障判断方法与技巧

（1）直观检查法

1）对于 TV 或 AV、HDMI、VGA 某个模式无图像、无伴音故障，确认信号源正常后，则说明主板异常。

2）对于 TV、AV 模式都出现黑屏或白屏（无图像）或图像异常、伴音正常的故障，则说明主板异常。

3）对于 TV、AV 模式都出现图像正常，无伴音或伴音异常的故障，则说明主板异常。少量液晶彩电的伴音功放电路未设置在主板上，对于此类彩电还需要检测伴音功放板。

4）对于频道数量不够或跑台故障，则说明主板异常。

5）对于图像正常，无屏显的故障，则说明主板异常。

6）对于黑屏、无伴音、待机指示灯亮故障，遥控开机指示灯无变化时，多为主板异常。

（2）测量电压法

1）对于整机不工作的故障，测待机电源输出的 5VSB（5.3V）电压是否正常，若正常，说明主板异常，如图 8-28 所示。若电压较低，断开主板的供电后，电压依旧，说明电源板异常；若电压恢复正常，还说明主板异常。

2）对于始终处于待机状态的故障，测主板的开/待机控制信号输出端有无开机信号输出，若有，说明主板正常，如图 8-29 所示；若没有，认主板的 5VSB 供电正常后，则说明主板上的 MCU 电路异常。

图 8-28　主板 5VSB 电压的检测

图 8-29　主板待机/开机控制信号的检测

3）对于伴音正常，背光灯不亮的故障，测主板有无背光灯开关控制信号、背光灯亮度控制信号输出，若有，说明主板正常，如图 8-30 所示；若没有，则说明主板异常。

（a）背光灯点灯控制

（b）背光灯亮度控制

图 8-30　主板背光灯开关、亮度控制信号的检测

4）对于伴音正常，背光灯亮，但黑屏故障时，测主板低压电源输出电压是否正常，如图 8-31 所示。若输出电压为 0，则说明主板异常。

（a）3.3V 电压的检测

（b）1.2V 电压的检测

图 8-31　主板 3.3V、1.2V 稳压器的检测

5）对于伴音正常，背光灯亮，但黑屏故障时，测主板 LVDS 接口上的屏驱动电路的供电是否正常，如图 8-32 所示。若供电为 0，则说明主板异常。

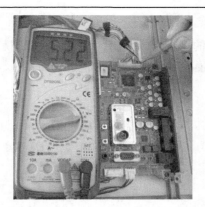

图 8-32　液晶屏驱动电路供电电压的检测

6）对于伴音正常，背光灯亮，但黑屏故障时，测主板 LVDS 接口上的驱动信号输出脚静态和动态电压，如图 8-33 所示。若电压相同时，则说明主板异常。

（a）有信号　　　　　　　　　　　　　　　（b）无信号

图 8-33　数字万用表测量液晶屏驱动信号输出脚电压

若采用指针万用表测量 LVDS 接口的动态电压时，表针会轻微的摆动，如图 8-34 所示。

图 8-34　指针万用表测量液晶屏驱动信号输出脚电压

7）对无伴音的故障，测量伴音电路的供电是否正常，若正常，说明主板的伴音电路异常，若不正常，检查电源电路。

（3）代换法

若不能准确判断主板是否正常时，也可以采用同型号正常的主板对原主板进行代换检查，代换后若故障消失，则说明被代换的主板异常。

5. 代换主板的注意事项和方法

LCD 液晶电视不同系列的主板有较大的区别，有些是配双高频头，有些是配单高频头的；有的具有 USB 功能，有的没有 USB 功能。但同一系列的主板，除了配显示屏不一样，其他的功能基本都一样。

（1）注意事项

1）要看逻辑板的工作电压是否与主板输出电压相同

不同的逻辑板的供电电压不同，所以代换主板板时应注意主板输出的电压与逻辑板的工作电压相符，以免工作电压过高导致逻辑板电路过压损坏。

提 示 部分液晶彩电的主板上靠近 LVDS 插口附近有一个切换逻辑板供电电压的电子开关，该开关由场效应管和电感、跳线等构成。根据使用的液晶屏选择跳线位置，就可以改变逻辑板的供电电压。因此，更换主板时应该注意跳线的位置是否正确，以免更换主板后导致液晶屏的逻辑板过压损坏。

2）主板的 LVDS 线插接口部分要与屏的 LVDS 线的功能一一对应

高清（1366×768）液晶屏采用单 8 位 LVDS 传输方式，包括 8 位数据线、2 位时钟线，共 10 根信号线；全高清（1920×1080）液晶屏采用双 8 位 LVDS 传输方式，包括 8 位奇数据线、8 位偶数据线、2 位奇数和 2 位偶数时钟线，共 20 根信号线。

3）更换主板后，需要重新抄写主板上的程序

在总线模式中能设置液晶屏参数的机器，更换主板后必须要调试液晶屏参数等项目的数据，以免出现遥控器按键功能错乱、图像闪烁、花屏、读 U 盘异常等故障。

（2）更换技巧

更换主板时，应在插好除液晶屏驱动线（俗称上屏线）以外的所有连线，开机后背光灯应该亮，屏幕显示灰屏/黑屏，测液晶屏驱动电路的供电电压（俗称上屏电压），查询三位区隔码确定符合液晶屏的供电要求后，再插好液晶屏驱动线试机，以免液晶屏驱动电压过高，导致液晶屏过压损坏。

提 示 目前，许多业余维修人员采用万能主板的代换方法，虽然简单易行，但存在性能差、隐患大的缺点。

八、逻辑板故障检测与代换技能

逻辑板也叫时序控制板（T-CON），它较易出现接触不良的故障，而元器件的故障率较低。

1. 逻辑板的识别

逻辑板的体积较小，元器件较少，输出接口为扁平插座，并且引脚较多，典型的逻辑板实物如图 8-35 所示。

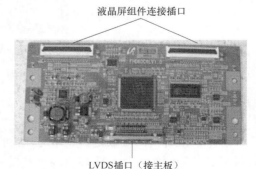

液晶屏组件连接插口

LVDS插口（接主板）

图 8-35　液晶彩电典型逻辑板实物

2．逻辑板的工作条件电路

虽然液晶彩电逻辑板种类繁多，但它们都有相同的工作条件电路。逻辑板的工作条件电路比较简单，就是供电电路和信号输入电路。在开机状态下，从主板 LVDS 接口输出的 5V 或 12V 电压（少部分液晶彩电为 3.3V 或 18V）输入到逻辑板后，再利用稳压电源变换为 VGL、VGH、VCOM 电压，为时序转换控制电路、帧存储器等电路的供电。同时，从 LVDS 接口输出的 LVDS 信号经逻辑板电路处理后，为液晶屏驱动电路降低摆幅差分信号。基本电路如图 8-36 所示。

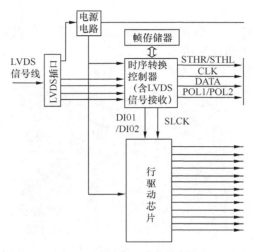

图 8-36　逻辑板工作条件电路

3．逻辑板的故障现象

液晶彩电逻辑板常见故障：1）黑屏或白屏，2）花屏，3）竖线或横线干扰，4）图像异常，5）无图像，6）屏幕亮暗交替变化。常见的故障如图 8-37 所示。

图 8-37　逻辑板损坏后常见的故障现象

4. 逻辑板故障判断方法

（1）直观检查法

1）对于花屏且图像内有较多细小彩点故障，查看逻辑板与主板、液晶屏间的排线是否接触不良，可通过插拔来确认。

2）对于不定时花屏或无图像故障，查看逻辑板的 LVDS 排线是否接触不良，可通过插拔来确认。

3）对于无图像、花屏、黑屏、白屏等故障，可查看逻辑板上的元器件引脚有无脱焊。

（2）测量电压法

1）对于无图像、无字符，伴音正常的故障，该故障多为主板或逻辑板电路异常。可测量逻辑板上 LVDS 输入接口的供电脚电压是否正常，若电压正常，检查逻辑板、液晶屏驱动电路，如图 8-38 所示；若供电异常，检查主板和排线。

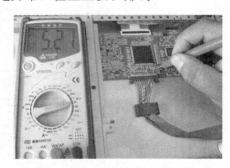

图 8-38　三星 LA32S81B 型液晶彩电逻辑板供电电压的测量

2）对于图像出现拖尾、负像等异常现象时，在确认主板的 LVDS 输出接口信号脚的动态、静态电压正常后，则检查逻辑板与 LVDS 连线。

3）对于无图像、无字符，屏幕上彩色线条、干扰线等故障时，在确认主板的 LVDS 输出接口信号脚的动态、静态电压正常后，则检查逻辑板与主板间的 LVDS 排线。

（3）代换法

若不能准确判断逻辑板是否正常时，也可以采用同型号正常的逻辑板对原逻辑板进行代换检查，代换后若故障排除，则说明被代换的逻辑板异常。

5. 逻辑板的代换

逻辑板是由液晶屏厂家或配套厂家提供，所以维修时最好采用相同型号的逻辑板更换。